SICHUANSHENG GONGCHENG JIANSHE BIAOZHUN SHEJI

四川省工程建设标准设计

四川省农村居住建筑抗震加固图集

四川省建筑标准设计办公室

图集号 川2017G128-TY

西南交通大学出版社
·成 都·

图书在版编目（CIP）数据

四川省农村居住建筑抗震加固图集 / 四川省建筑科学研究院主编. —成都：西南交通大学出版社，2018.8
ISBN 978-7-5643-6175-4

Ⅰ. ①四… Ⅱ. ①四… Ⅲ. ①农村住宅 – 抗震加固 – 防震设计 – 四川 – 图集 Ⅳ. ①TU241.4-64

中国版本图书馆 CIP 数据核字（2018）第 102249 号

责任编辑　姜锡伟
助理编辑　王同晓
封面设计　何东琳设计工作室

四川省农村居住建筑抗震加固图集
主编　四川省建筑科学研究院

出版发行	西南交通大学出版社 （四川省成都市二环路北一段 111 号 西南交通大学创新大厦 21 楼）
发行部电话	028-87600564　028-87600533
邮政编码	610031
网址	http://www.xnjdcbs.com
印刷	四川煤田地质制图印刷厂
成品尺寸	260 mm × 185 mm
印张	10
字数	244 千
版次	2018 年 8 月第 1 版
印次	2018 年 8 月第 1 次
书号	ISBN 978-7-5643-6175-4
定价	109.00 元

四川省住房和城乡建设厅

川建标发〔2018〕65号

四川省住房和城乡建设厅关于发布《四川省农村居住建筑抗震加固图集》为省标通用图集的通知

各市（州）及扩权试点县（市）住房城乡建设行政主管部门：

由四川省建筑标准设计办公室组织、四川省建筑科学研究院主编的《四川省农村居住建筑抗震加固图集》，经审查通过，现批准为四川省建筑标准设计通用图集，图集编号为川2017G128-TY，自2018年3月1日起施行。

该图集由四川省住房和城乡建设厅负责管理，四川省建筑科学研究院负责具体解释工作，四川省建筑标准设计办公室负责出版、发行工作。

特此通知。

四川省住房和城乡建设厅

2018年1月23日

《四川省农村居住建筑抗震加固图集》

编审人员名单

主 编 单 位 四川省建筑科学研究院

参 编 单 位 四川省建筑工程质量检测中心
四川省建筑新技术工程公司
四川通信科研规划设计有限责任公司

编制组负责人 肖承波

编 制 组 成 员 吴 体 高永昭 陈雪莲 李德超 凌程建 陈 华
蒋智勇 甘立刚 侯 伟 孙 广 宋世军

审 查 组 长 尤亚平

审 查 组 成 员 王泽云 毕 琼 黄 良 王建平

总目录

总说明

1 编制概况

为减轻地震破坏，减少人员伤亡和经济损失，规范既有农村居住建筑（以下简称农村住房）的抗震加固方法和措施，本图集根据四川省住房和城乡建设厅《关于同意编制<四川省超限高层建筑抗震设计图示>等七部省标通用图集的批复》（川建标发〔2017〕195号）立项编制。主编单位为四川省建筑科学研究院，参编单位为四川省建筑工程质量检测中心、四川省建筑新技术工程公司和四川通信科研规划设计有限责任公司。

2 总体要求

2.1 对抗震鉴定不满足抗震要求的农村住房，可根据不符合抗震要求及其危害程度、加固难易程度、加固费用等因素进行综合分析，采取相应的加固、改造或拆建更新等抗震减灾对策。

2.2 对建造于抗震危险地段（见表2.2）的农村住房，应予异地迁建。对建造于抗震不利地段（见表2.2）的农村住房，可结合当地村镇规划予以迁建；暂时不能迁建的，应采取应急加固的安全措施。

表2.2 不利和危险地段的划分

地段类别	地质、地形、地貌
不利地段	软弱土，液化土，条状突出的山嘴，高耸孤立的山丘，非岩质的陡坡，河岸和边坡的边缘，平面分布上成因、岩性、状态明显不均匀的土层（含故河道、疏松的断层破碎带、暗埋的塘浜沟谷和半填半挖地基），地表存在结构性裂缝等
危险地段	地震时可能发生滑坡、崩塌、地陷、地裂、泥石流等及发震断裂带上可能发生地表位错的部位

2.3 农村住房的抗震加固应依据其抗震鉴定结论及指出的问题，结合当地城乡建设规划、自然资源、建设条件、建筑风貌、环境保护等因素的具体要求，因地制宜、分类指导地进行设计和施工。

2.4 农村住房的抗震加固，可在消除建筑正常使用条件下的安全隐患基础上实施，也可依照不同要求的相关技术标准同步实施。抗震加固方案应意图明确、受力传力途径合理、加固方法成熟可靠且易于实施。

2.5 本图集贯彻农村住房抗震加固的设防目标：经抗震加固的农村住房，在后续使用年限内，当遭受低于本地区抗震设防烈度的多遇地震影响时，主体结构一般不发生损坏或可能发生轻微破坏，不加修理或稍加修理即可继续使用；当遭受相当于本地区抗震设防烈度的地震影响时，主体结构一般不发生严重破坏，经修理后仍可继续使用；当遭受高于本地区抗震设防烈度的罕遇地震影响时，主体结构一般不致倒塌或发生危及生命的严重破坏。

2.6 抗震加固的设防烈度必须按国家规定的权限审批、颁发的文件（图件），以及技术标准确定。

2.7 农村住房的抗震加固及施工质量验收，除应符合本图集明确的要求外，尚应符合现行相关标准及办法的规定。

3 适用范围

3.1 本图集适用于抗震设防烈度为6度、7度、8度和9度地区农村住房的抗震加固，不适用于新建农村住房、文物建筑及文保建筑的抗震设计和施工。“抗震设防烈度为6度、7度、8度、9度”，一般简写为“6度、7度、8度、9度”。

3.2 本图集适用于四川省农村居民自建两层（含两层）及以下，跨度不大于6m，且单体建筑面积不超过300m²的居住建筑的抗震加固。

3.3 本图集包括钢筋混凝土框架结构房屋、砖砌体结构房屋、混凝土小型空心砌块结构房屋、石结构房屋、木结构房屋和屋盖的抗震加固。

4 设计依据

4.1 主要设计依据

（1）《既有村镇建筑抗震鉴定和加固技术规程》CECS 325：2012

（2）《四川省农村居住建筑抗震技术规程》DBJ 51/016-2013

（3）《四川省农村居住建筑抗震构造图集》DBJT20-63(川14G172)

（4）《农村危房改造抗震安全基本要求（试行）》住建部建村〔2011〕115号

总说明							图集号	川2017G128-TY
审核	李德超	[签名]	校对	蒋智勇	蒋智勇	设计 陈雪莲 陈雪莲	页	1

4.2 参考设计依据

（1）《建筑抗震鉴定标准》GB 50023-2009

（2）《砌体结构加固设计规范》GB 50702-2011

（3）《混凝土结构加固设计规范》GB 50367-2013

（4）《工程结构加固材料安全性鉴定技术规范》GB 50728-2011

（5）《建筑结构加固工程施工质量验收规范》GB 50550-2010

（6）《建筑抗震加固技术规程》JGJ 116-2009

（7）《抹灰砂浆技术规程》JGJ/T 220-2010

5 基本规定

5.1 农村住房的抗震加固，可分为房屋结构体系加固和构造措施加固两大部分。根据抗震鉴定结果，经综合分析后可全面或分别采取加强结构体系整体性、提高结构体系抗震承载力和加强结构构件抗震构造等措施。

5.2 当房屋地基基础无严重静载缺陷，但存在不严重的软弱土、液化土和不均匀土层时，宜优先采取提高房屋上部结构整体性，合理调整荷载、增设圈梁及加强连接、加固墙体等措施，提高房屋抵抗不均匀沉降的能力。

5.3 房屋抗震加固方案应符合以下规定:

5.3.1 对原结构平立面不规则的房屋，宜结合消除或减轻原结构体系的扭转、应力集中等抗震不利因素进行抗震加固。

5.3.2 新增或加固竖向承重结构构件，应从结构构件的竖向承载能力、抗侧向能力和支撑联系的整体作用考虑。加固后墙、柱等竖向结构构件宜在原房屋平面布局内对称，沿竖向应上下连续和设置可靠的基础。

5.3.3 当对新增结构构件或结构构件局部加强时，应使其对结构体系或构件的质量和刚度均匀、对称，避免因局部加强造成结构刚度显著不均匀或突变，避免对未加固部分和相关的结构构件、地基基础造成不利的影响。

5.3.4 结构构件节点的抗震加固，应保证其强度和变形能力不低于被连接构件的强度和变形能力；新增构件与原有构件间的连接应满足构件承载能力和结构整体性的要求，结构构件和非结构构件的连接构造措施应可靠。

5.3.5 屋盖系统的抗震加固，应从更换或补强屋盖已损伤、腐朽、虫蚀的结构构件，减轻屋面覆土等屋面重量，加强屋盖构件节点连接、屋盖支撑等方面综合考虑。

5.3.6 木结构房屋围护墙的抗震加固，应从围护墙自身的稳定性和抗震能力考虑；围护墙与主体结构的连接，应以不影响主体结构安全为原则;应采取适宜的防护措施，防止围护墙向房屋室内侧倾斜、塌落。

5.3.7 对不符合抗震要求的女儿墙、门脸、檐口及出外墙的装饰物、出屋顶烟囱等易倒塌伤人的非结构构件，应予以拆除或采取降低高度或抗震加固等措施。

5.4 抗震加固主要材料应符合以下规定:

5.4.1 抗震加固所用的材料的性能指标，除应符合本图集的要求外，尚应满足国家现行有关标准的要求。当加固所用材料与原结构材料相同时，其强度等级不应低于原结构材料的实际强度等级。

5.4.2 砌体结构房屋抗震加固中新增砌体墙或墙体局部置换所用的块材，宜采用与原结构同类的块材，块材强度除应满足本说明第5.4.1条要求外。砖的强度等级不应低于MU10; 混凝土小型空心砌块的强度等级: 6度、7度时不应低于MU7.5，8度、9度时不应低于MU10。

5.4.3 砌体结构抗震加固用的砌筑砂浆可采用水泥砂浆或水泥石灰混合砂浆，但基础、地下室、防潮层以下及其他潮湿部位应采用水泥砂浆。砂浆强度等级除应满足本说明第5.4.1条要求外。烧结普通砖、多孔砖、混凝土普通砖砌体和石砌体的砌筑砂浆强度等级: 6度、7度时不应低于M2.5，8度、9度时不应低于M5。混凝土小型空心砌块的砌筑砂浆强度等级: 6度、7度时不应低于Mb5，8度、9度时不应低于Mb7.5。

5.4.4 结构构件抗震加固所用的受力钢材应采用符合国家相关标准的合格品，不应使用废旧钢材。钢筋应采用机械调直，不应采用人工砸直的方式进行加工处理。外露铁件应做防锈处理。

5.4.5 抗震加固所用的受力钢筋宜优先采用延性、韧性和焊接性能较好的普通钢筋，宜采用HRB335级、HRB400级钢筋；箍筋宜选用HPB300级、HRB335级钢筋。

5.4.6 当抗震等级为二级、三级的框架和斜撑构件（含梯段）抗震加固用的纵向受力钢筋采用普通钢筋时，钢筋的抗拉强度实测值与屈服强度实测值的比值不应小于1.25，钢筋的屈服强度实测值与屈服强度标准值的比值不应大于1.3，且钢筋在最大拉力下的总伸长率实测值不应小于9%。

5.4.7 钢板、型钢、扁钢、钢管、扒钉、连接件等铁件应采用Q235或Q345钢材；螺栓可采用5.6级普通螺栓，其抗拉强度设计值不小于210 MPa，抗剪强度设计值不小于190 MPa；当后锚固件为螺杆时，应采用全螺纹的螺杆，不得采用锚入部位无螺纹的螺杆。

5.4.8 钢材连接用焊条应为符合国家相关标准的合格品。E43型用于HPB300级钢焊接，E50型用于HRB335级、HRB400级钢焊接。

5.4.9 抗震加固用的水泥应采用强度等级不低于32.5级的硅酸盐水泥或普通硅酸盐水泥，也可采用强度等级不低于42.5级的矿渣硅酸盐水泥或火山灰质硅酸盐水泥。严禁使用过期或质量不合格的水泥，以及混用不同品种的水泥。

5.4.10 结构构件抗震加固用的混凝土应采用减缩细石混凝土，当不考虑新增混凝土收缩影响时，可采用普通混凝土。混凝土中的石子粒径应为5~20 mm，砂子宜为中砂或粗砂。混凝土的强度除应满足本说明第5.4.1条的要求外，尚应满足：基础不应低于C15，上部结构构件不应低于C20，当采用HRB400级钢筋时，不应低于C25。

5.4.11 结构加固用胶粘剂（包括粘钢胶、粘碳纤维布胶、种植钢筋和螺栓的用胶）性能应符合现行国家标准《工程结构加固材料安全性鉴定技术规范》GB 50728-2011第4.2.2条的规定。

5.4.12 结构加固用碳纤维布，应选用聚丙烯腈基不大于15K的小丝束纤维，严禁采用预浸法生产的纤维织物。其性能应符合现行国家标准《工程结构加固材料安全性鉴定技术规范》GB 50728的规定。

5.4.13 抗震加固所用的木材应选用干燥、结疤少、无腐朽的木材。用于结构受力的木构件宜选用原木、方木和板材，木材材质要求应满足本图集“第（五）分册　木结构房屋”的相关要求。腐朽、疵病、严重开裂而丧失承载能力的木结构构件应予更换或增设构件加固。

5.4.14 构件中钢筋的混凝土保护层厚度应满足下列要求：

（1）构件中受力钢筋的保护层厚度不应小于钢筋的公称直径；

（2）最外层钢筋的保护层厚度应符合表5.4.14的要求。

表5.4.14　混凝土保护层的最小厚度　　单位：mm

环境条件	板、墙	梁、柱
一类：室内干燥环境；无侵蚀性静水浸没环境。	15	20
二a类：室内潮湿环境；非严寒和非寒冷地区的露天环境；非严寒和非寒冷地区与无侵蚀性的水或土壤直接接触的环境；严寒和寒冷地区的冰冻线以下与无侵蚀性的水或土壤直接接触的环境。	20	25
二b类：干湿交替环境；水位频繁变动环境；严寒寒冷地区的露天环境；严寒和寒冷地区冰冻线以上与无侵蚀性的水或土壤直接接触的环境。	25	35

注：混凝土强度等级不大于C25时，表中保护层厚度数值应增加5 mm。

5.4.15 当采用预制钢筋混凝土构件时，其产品质量必须符合国家现行相关标准和抗震设计要求，外观质量不应有严重缺陷，不应有影响结构性能和安装、使用功能的尺寸偏差。

5.4.16 毛石墙抗震加固所用的毛石，应选用质地坚实、无风化、无裂纹剥落的石材，其形状不宜过于细长、扁薄、尖锥或圆球状；砌筑砂浆及其强度等级应按砖砌体砌筑砂浆的规定实施；砌筑方法应为满铺满砌，不得采用干码甩浆和空心夹层的砌筑方法。

5.5 抗震加固施工及质量验收除应满足《四川省农村居住建筑施工技术导则》（川建发〔2012〕14号）的要求外，尚应符合以下规定：

5.5.1 抗震加固的设计方、施工方和房主，应就加固方案进行技术交底和沟通，明确抗震加固的内容和要求，并制订有效可行的施工方案。

5.5.2 施工方应确保抗震加固的材料符合国家现行标准的规定，施工中应采取有效质量控制措施，并有相应的质量记录。

5.5.3 施工时应采取避免或减少损伤原结构的措施，应按要求对原结构构件进行清理、修整和支护。当承重构件需要置换或局部支承部位需要卸载时，应预先采取临时支护等安全措施。

5.5.4 施工中发现原结构构件或相关隐蔽部位的构造有严重缺陷时，以及在加固过程中发现结构构件变形增大、裂缝扩展或数量增多等异常情况时，应暂停施工，并采取安全措施，及时会同加固维修方案设计人员商定处理措施。

5.5.5 抗震加固方法应尽可能减少对住户生产及生活的影响。

5.6 抗震加固施工质量验收，应符合下列要求：

5.6.1 满足房屋抗震加固设计及现行相关技术标准要求。

5.6.2 抗震加固主要材料的材质证明资料应齐全、合格和有效。

5.6.3 施工过程中未发生质量事故，或已对质量事故处理并验收合格。

5.6.4 现场外观检查无质量问题。

6 其他

6.1 ϕ——表示钢筋直径的符号。如ϕ14表示直径为14 mm的钢筋。

6.2 本图集的尺寸均以毫米（mm）为单位，标高以米（m）为单位，图中未注明尺寸之处应由抗震加固设计方依据建筑的实际情况确定。

6.3 本图集的单个详图索引方法如下：

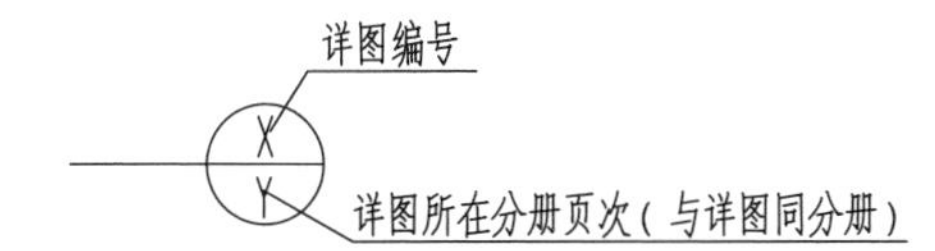

7 其余未注明事项应满足《既有村镇住宅建筑抗震鉴定和加固技术规程》CECS 325:2012和《四川省农村居住建筑抗震技术规程》DBJ 51/016-2013等规范（标准）的要求。

总说明						图集号	川2017G128-TY
审核	李德超	校对	蒋智勇	设计	陈雪莲	页	4

四川省农村居住建筑抗震加固图集

(钢筋混凝土框架结构房屋)

批准部门： 四川省住房和城乡建设厅

主编单位： 四川省建筑科学研究院

参编单位： 四川省建筑工程质量检测中心
四川省建筑新技术工程公司
四川通信科研规划设计有限责任公司

批准文号： 川建标发〔2018〕65号

图 集 号： 川2017G128-TY(一)

实施日期： 2018年3月1日

主编单位负责人：

主编单位技术负责人：

技 术 审 定 人：

设 计 负 责 人：

目 录

目录								图集号	川2017G128-TY(一)
审核	陈雪莲		校对	孙 广		设计	李德超	页	1

四川省农村居住建筑抗震加固图集

(钢筋混凝土框架结构房屋)

批准部门：四川省住房和城乡建设厅
主编单位：四川省建筑科学研究院
参编单位：四川省建筑工程质量检测中心
四川省建筑新技术工程公司
四川通信科研规划设计有限责任公司

批准文号：川建标发〔2018〕65号
图集号：川2017G128-TY(一)
实施日期：2018年3月1日

主编单位负责人：
主编单位技术负责人：
技术审定人：
设计负责人：

目 录

说明

1 一般规定

1.1 本分册适用于两层（含两层）及以下钢筋混凝土框架结构农村住房的抗震加固。说明中未尽事宜，可详见节点详图说明。

1.2 加固方案应根据抗震鉴定结论及指出的隐患和缺陷，结合结构构件特点及加固施工条件，按安全可靠、经济合理的原则确定。

1.3 新增结构构件和局部结构增强的抗震加固应避免产生结构扭转，形成短柱或强梁弱柱、强杆件弱节点等抗震不利影响，构造措施应保证新增构件与原结构连接可靠。

1.4 钢筋混凝土框架结构房屋的抗震加固等级应符合表1.4的要求。

表1.4 钢筋混凝土框架结构房屋的抗震等级

	设防烈度		
	6度	7度	8度、9度
抗震等级	四级	三级	二级

1.5 当框架结构构件的混凝土强度等级低于C20时，应采取相应措施进行抗震加固。

1.6 当框架柱出现下列情况时，应对框架柱进行抗震加固：

1.6.1 截面的高度和宽度小于300 mm，圆柱截面的直径小于350 mm。

1.6.2 柱截面纵向配筋的最小总配筋率：抗震加固等级二级时小于0.8%，三级时小于0.7%，四级时小于0.6%。

1.7 当框架梁出现下列情况时，应对框架梁进行抗震加固：

1.7.1 截面的宽度小于200 mm。

1.7.2 沿框架梁全长顶面、底面的配筋：抗震等级二级时少于2ϕ14，且分别少于梁顶面、底面两端纵向配筋中较大截面面积的1/4；三级、四级时少于2ϕ12。

1.8 当填充墙出现下列情况时，应采取相应措施进行抗震加固：

1.8.1 轻质填充墙块材强度等级低于MU2.5，砌筑砂浆强度等级低于M2.5。

1.8.2 填充墙墙顶与框架梁无连接或连接不满足要求，或填充墙与框架柱拉结筋设置不满足要求。

1.8.3 填充墙长度超过8 m或层高2倍，且未设置钢筋混凝土构造柱。

1.8.4 填充墙高超过4 m且墙半高处未设置钢筋混凝土水平系梁。

1.8.5 8度、9度时，楼梯间和人员通道的填充墙未采用钢丝网砂浆面层加强。

1.9 加固用材料的性能应符合现行国家标准的规定，并符合下列要求：

1.9.1 结构加固用的混凝土，其强度等级应比原结构提高一级，且不应低于C20，当采用HRB400级钢筋时，不应低于C25。

1.9.2 对悬挑构件加固用的胶粘剂和植筋直径大于22 mm时的植筋胶，应采用A级胶；对一般结构构件加固用的胶粘剂可采用B级胶。植筋用的胶粘剂应采用改性环氧树脂胶粘剂或改性乙烯基酯类结构胶粘剂。

1.9.3 浸渍、粘结纤维复合材的胶粘剂和粘贴钢板、型钢的胶粘剂应采用专门配制的改性环氧树脂胶粘剂。承重结构加固工程中不得使用不饱和聚酯树脂、醇酸树脂等胶粘剂。

1.9.4 外露铁件应有可靠的防腐、防锈处理措施。

2 加固方法

2.1 抗震加固可分为以提高结构构件抗震承载力为主和以加强房屋整体性的抗震构造措施为主两类，可按表2.1选用。

表2.1 钢筋混凝土框架结构加固方法选择

待加固结构现状		可采用加固方法	
		梁、柱截面加固	新增抗震墙
承载力	大部分构件不满足要求		√
	少部分构件不满足要求	√	
构造	单向或单跨框架		√
	最小配筋率不满足要求	√	
	柱轴压比不满足要求	√	√
	构件局部损伤	√	

说明								图集号	川2017G128-TY(一)
审核	陈雪莲	陈雪莲	校对	孙　广	孙广	设计	李德超	页	3

2.2 框架结构构件承载力抗震加固方法可采用增大截面加固法、粘贴钢板加固法、粘贴纤维复合材加固法，可按表2.2选用。

表2.2 构件抗震承载力加固方法选择

待加固结构现状		可采用加固方法		
		加大截面	粘贴钢板	粘贴碳纤维布
梁	配筋不满足要求	✓	✓	✓
	裂缝或挠度不满足要求	✓	✓	
柱	配筋不满足要求	✓	✓	✓
	柱轴压比不满足要求	✓		
	短柱或延性不足			✓

2.3 采用新增抗震墙加固时，其抗震墙设置宜符合下列要求：

2.3.1 抗震墙宜贯通房屋全高；

2.3.2 抗震墙设置在楼梯间，但不宜造成较明显的扭转效应；

2.3.3 抗震墙宜设置在框架的轴线位置；

2.3.4 翼墙宜在柱两侧对称布置。

2.4 钻孔植筋锚固

2.4.1 植筋：以专用的有机或无机胶粘剂将带肋钢筋或全螺纹螺杆种植于混凝土基材中的一种后锚固连接方法。植筋的边距C_1、C_2不应小于2.5d，间距S_1、S_2不应小于5d（见图2.4.1），植筋的孔径和参考锚固深度见表2.4.1-1、表2.4.1-2，其中，当为悬挑构件时，表2.4.1-2中的植筋深度应乘以系数1.5。

2.4.2 采用植筋锚固时，其锚固部位的原构件混凝土不得有局部缺陷。若有局部缺陷，应先进行补强或加固处理后再植筋。

2.4.2 原构件植筋锚孔应采用无振动钻机钻孔，避免对原有结构及钢筋造成破坏。

2.4.3 植筋焊接应在注胶前进行。当有困难确需后焊时，除应采取断续施焊的降温措施外，尚应要求施焊部位距注胶孔顶面的距离不应小于15d，且不应小于200 mm；同时应采用冰水浸渍的多层湿毛巾包裹植筋外露部分的根部。

表2.4.1-1 植筋直径对应的钻孔直径

钢筋直径/mm	钻孔直径/mm	钢筋直径/mm	钻孔直径/mm
12	15	20	25
14	18	22	28
16	20	25	32
18	22	28	35

表2.4.1-2 参考植筋受拉锚固深度

混凝土强度等级	植筋深度/mm	
	HRB335级钢	HRB400级钢
C20	36d	48d
C25	31d	41d
C30	23d	30d
C35	20d	23d

注：1. 表中d为钢筋直径。
2. 图中未明确的植筋锚固深度均按本表选用。

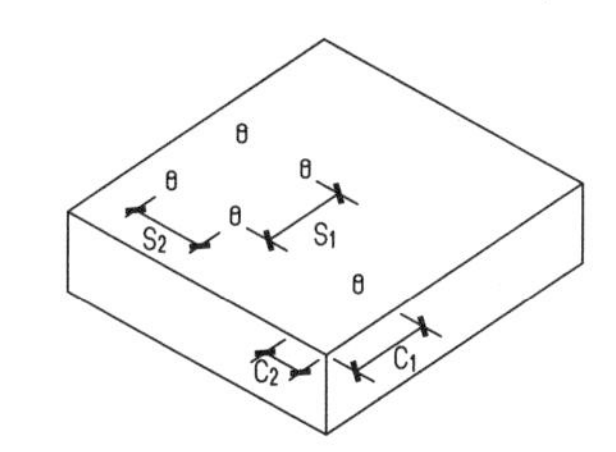

图2.4.1 植筋间距及边距示意

柱加固说明

1 增大截面法

1.1 柱增大截面法是增大原柱截面面积并增配钢筋，以提高其承载能力和满足正常使用的一种直接加固方法。

1.2 该方法适用于混凝土柱承载能力不满足要求、截面尺寸不满足要求，以及轴压比不满足要求等的加固。

1.3 增大截面法加固柱应根据柱的类型、截面形式、所处位置及受力情况等的不同，采用相应的加固构造方式。

1.4 纵向受力钢筋应由计算确定，但直径不宜小于16 mm；加密区箍筋的最大间距和最小直径应满足表1.4的要求。加密区范围应满足以下要求：

1）柱端，取截面高度（圆柱直径）、柱净高度1/6和500 mm三者的最大值；

2）底层柱端下端不小于柱净高的1/3；

3）刚性地面上下各500 mm；

4）因设置填充墙等形成的柱净高与柱截面高度之比不大于4的柱、二级框架的角柱，取全高。

表1.4 加密区新增箍筋的最大间距和最小直径

抗震等级	箍筋最大间距（采用最小值）/mm	箍筋最小直径/mm
二	100	8
三	150	8
四	150	6

1.5 新增混凝土层最小厚度为80 mm。

1.6 混凝土四面围套加固箍筋应封闭，单面、双面和三面围套的加固箍筋可在原构件混凝土中植筋锚固，也可与原箍筋采用焊接，焊缝长度：双面焊时不小于5d，单面焊时不小于10d，焊缝高度为5 mm。

1.7 新旧混凝土结合面应采取微振动器具打毛或人工剔槽，并清除所有混凝土碎块、浮渣、灰尘，用水将结合面冲洗干净。浇混凝土前，原结构混凝土界面应提前24小时浇水使界面充分湿润，并用1∶0.4水泥净浆涂刷一遍，在水泥净浆初凝前浇筑混凝土。

1.8 模板及模板支撑应可靠，模板的接缝不应漏浆。在浇筑混凝土前，模板内的杂物应清理干净；木模板应浇水湿润，但模板内不应有积水。

1.9 应在浇筑完毕后的12小时以内对混凝土保湿养护，养护时间不得少于7天。

1.10 本加固施工应请有经验、有资质的专业施工队伍进行施工。

2 粘贴碳纤维布加固法

2.1 碳纤维加固法是在原有的框架柱表面用胶粘材料粘贴碳纤维片材的加固方法。主要适用于短柱，以及柱延性或柱抗剪承载力不足的加固。待加固柱实测混凝土强度等级不得低于C15，且混凝土表面的正拉粘结强度不得低于1.5 MPa。

2.2 对短柱或柱延性不足的加固，应采用环向粘贴纤维布构成环向围束，环向围束的层数，对圆形截面宜为2层，对矩形截面宜为3层。环向围束上下层之间的搭接宽度不应小于50 mm。

2.3 纤维布环向截断点的延伸长度不应小于200 mm，各条带搭接位置应相互错开。

2.4 对碳纤维布粘贴部位混凝土经修整露出骨料新面，修复平整，并对较大孔洞、凹面、露筋等缺陷进行修补、复原；对构件截面的棱角，应打磨成圆弧半径不小于25 mm 的圆角。

2.5 柱抗剪加固的节点区可采用“连接钢板+等代箍筋”的方式进行处理，钢板可现场焊接，也可以为角钢，等代箍筋穿梁后与钢板焊接，箍筋穿梁形成的孔洞应采用胶粘剂灌注锚固。

2.6 碳纤维布的表面可采用砂浆保护层。碳纤维布粘贴完成后，在布表面刷一层结构胶，初凝前向其撒一层粗砂，增加与抹灰层的粘结。

2.7 本加固施工应请有经验、有资质的专业施工队伍进行施工。

3 粘贴钢板加固法

3.1 粘贴钢板加固法主要适用于柱抗剪承载力不足的加固，待加固柱实测混凝土强度等级不得低于C15，且混凝土表面的正拉粘结强度不得低于1.5 MPa。

3.2 钢板不应小于-40×40×4，加密区范围应按本说明1.4条的相关要求，加密区净间距宜为100～150 mm；非加密区净间距宜为200～300 mm。

3.3 节点部位箍板可等效换算为等代穿梁螺杆或钢筋，以便穿梁与角钢连接，穿梁的孔洞应采用胶粘剂灌注锚固。

3.4 粘贴钢板部位的柱角应打磨成圆角，其半径r≥7 mm。

3.5 粘贴钢板的原混凝土界面（粘合面）应采用花锤、砂轮机或高压水射流进行打毛，但在任何情况下均不应凿成沟槽。打毛处理后，应采用钢丝刷等工具清除表面松动的骨料、砂砾、浮渣和粉尘，并用清洁的压力水冲洗干净。

3.6 加固所用钢板表面可抹厚度不小于25 mm的M5水泥砂浆（应加钢丝网防裂、防空鼓、防脱落）作防护层，或采用其他有效的防护措施。

3.7 本加固施工应请有经验、有资质的专业施工队伍进行施工。

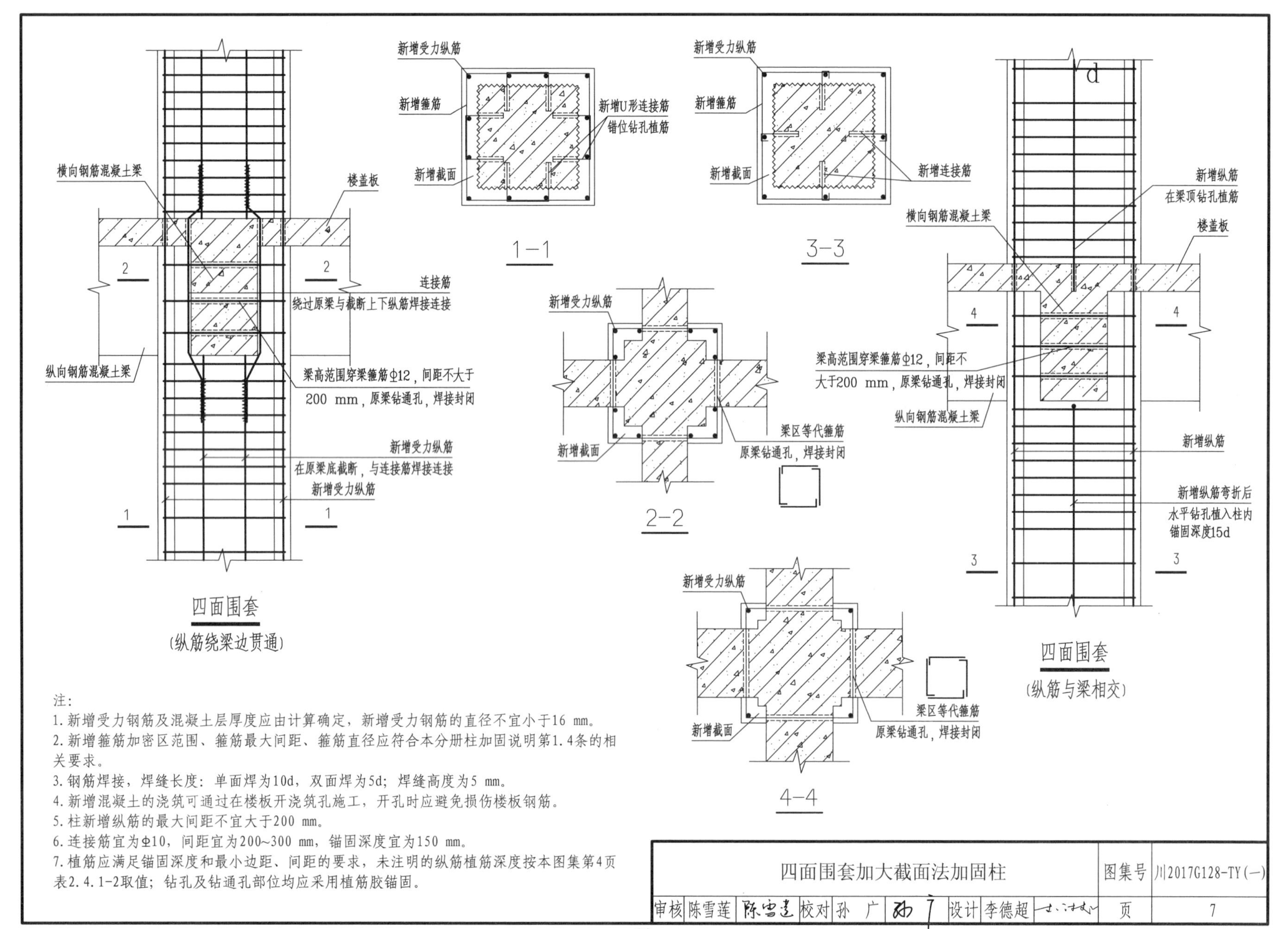

注：

1. 新增受力钢筋及混凝土层厚度应由计算确定，新增受力钢筋的直径不宜小于16 mm。
2. 新增箍筋加密区范围、箍筋最大间距、箍筋直径应符合本分册柱加固说明第1.4条的相关要求。
3. 钢筋焊接，焊缝长度：单面焊为10d，双面焊为5d；焊缝高度为5 mm。
4. 新增混凝土的浇筑可通过在楼板开浇筑孔施工，开孔时应避免损伤楼板钢筋。
5. 柱新增纵筋的最大间距不宜大于200 mm。
6. 连接筋宜为Φ10，间距宜为200~300 mm，锚固深度宜为150 mm。
7. 植筋应满足锚固深度和最小边距、间距的要求，未注明的纵筋植筋深度按本图集第4页表2.4.1-2取值；钻孔及钻通孔部位均应采用植筋胶锚固。

四面围套加大截面法加固柱								图集号	川2017G128-TY(一)
审核	陈雪莲	陈雪莲	校对	孙广	孙广	设计	李德超	页	7

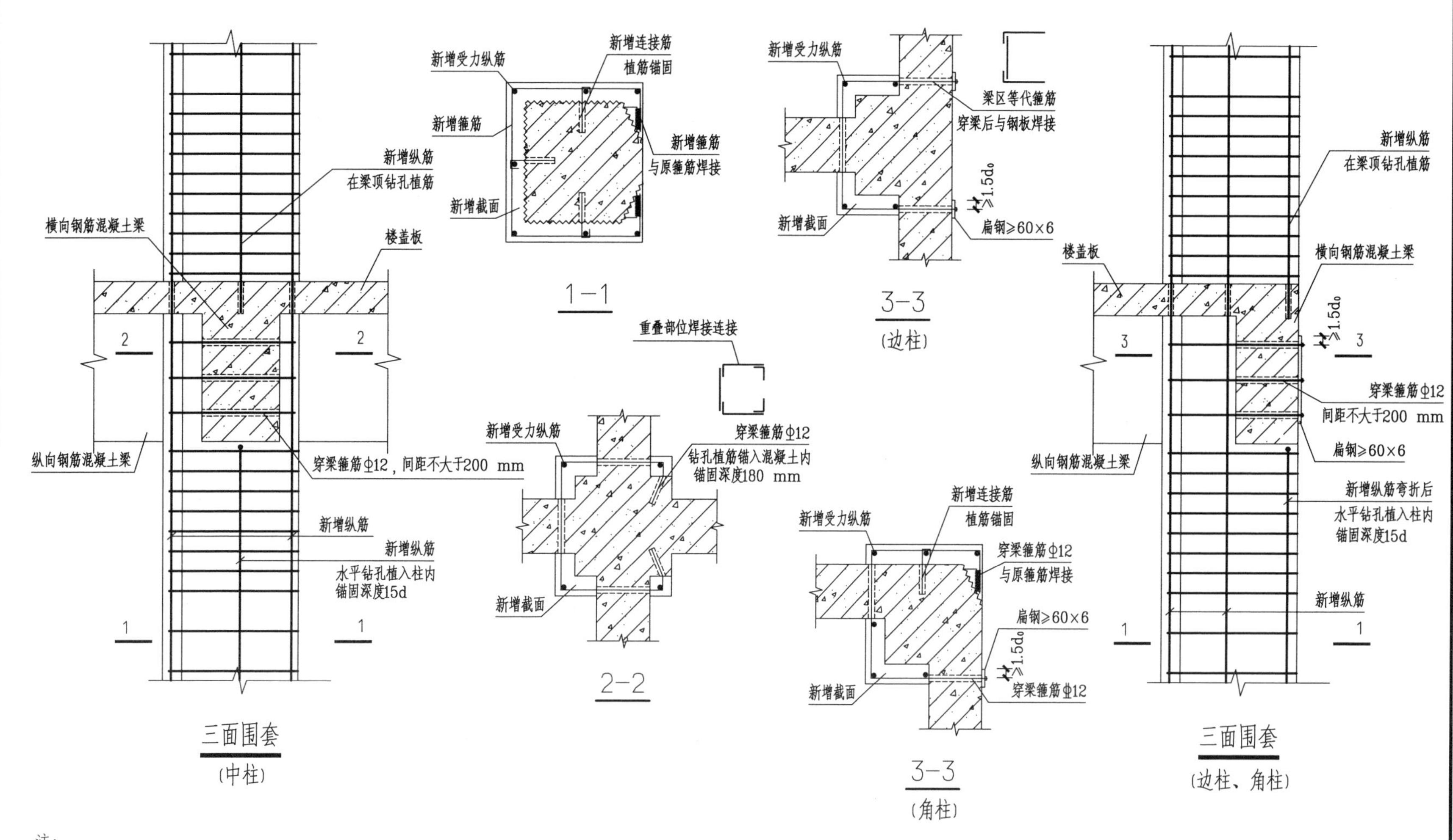

注:

1. 新增受力钢筋及混凝土层厚度应由计算确定，新增受力钢筋的直径不宜小于16 mm。
2. 未注明新增箍筋间距、直径宜与原箍筋相同；连接筋的宜为Φ10，间距宜为200~300 mm，锚固深度宜为150 mm。
3. 钢筋焊接，焊缝长度：单面焊为10d，双面焊为5d；焊缝高度为5 mm。
4. 新增混凝土可通过楼板开浇筑孔施工，开孔时应避免损伤楼板钢筋。
5. 柱新增纵筋的最大间距不宜大于200 mm。
6. 梁区等代箍筋在扁钢上采用钻成孔，孔径d_0为钢筋直径加2 mm；钢筋与扁钢间设置螺帽连接。
7. 植筋应满足锚固深度和最小边距、间距的要求，未注明的纵筋植筋深度按本图集第4页表2.4.1-2取值；钻孔及钻通孔部位均应采用植筋胶锚固。

三面围套加大截面法加固柱						图集号	川2017G128-TY(一)
审核	陈雪莲	校对	孙 广	设计	李德超	页	8

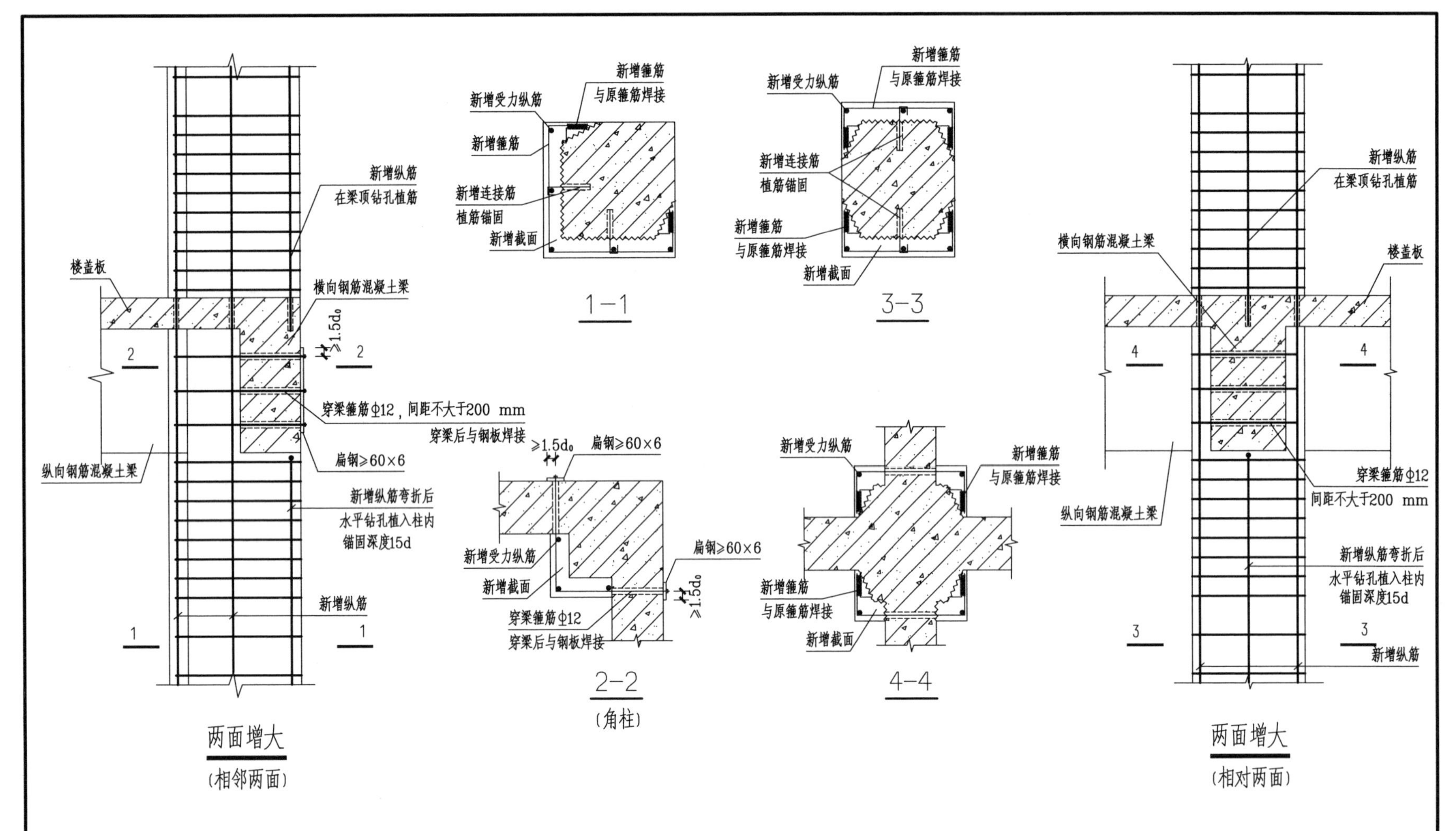

注：

1. 新增受力钢筋及混凝土层厚度应由计算确定，新增受力钢筋的直径不宜小于16 mm。
2. 未注明新增箍筋间距、直径宜与原箍筋相同；连接筋的宜为Φ10，间距宜为200~300 mm，锚固深度宜为150 mm。
3. 钢筋焊接，焊缝长度：单面焊为10d，双面焊为5d；焊缝高度为5 mm。
4. 新增混凝土可通过楼板开浇筑孔施工，开孔时应避免损伤楼板钢筋。
5. 柱新增纵筋的最大间距不宜大于200 mm。
6. 梁区等代箍筋在扁钢上采用钻成孔，孔径d_0为钢筋直径加2 mm；钢筋与扁钢间设置螺帽连接。
7. 植筋应满足锚固深度和最小边距、间距的要求，未注明的纵筋植筋深度按本图集第4页表2.4.1-2取值；钻孔及钻通孔部位均应采用植筋胶锚固。

两面加大截面法加固柱								图集号	川2017G128-TY(一)
审核	陈雪莲	陈雪莲	校对	孙 广	孙广	设计	李德超	页	9

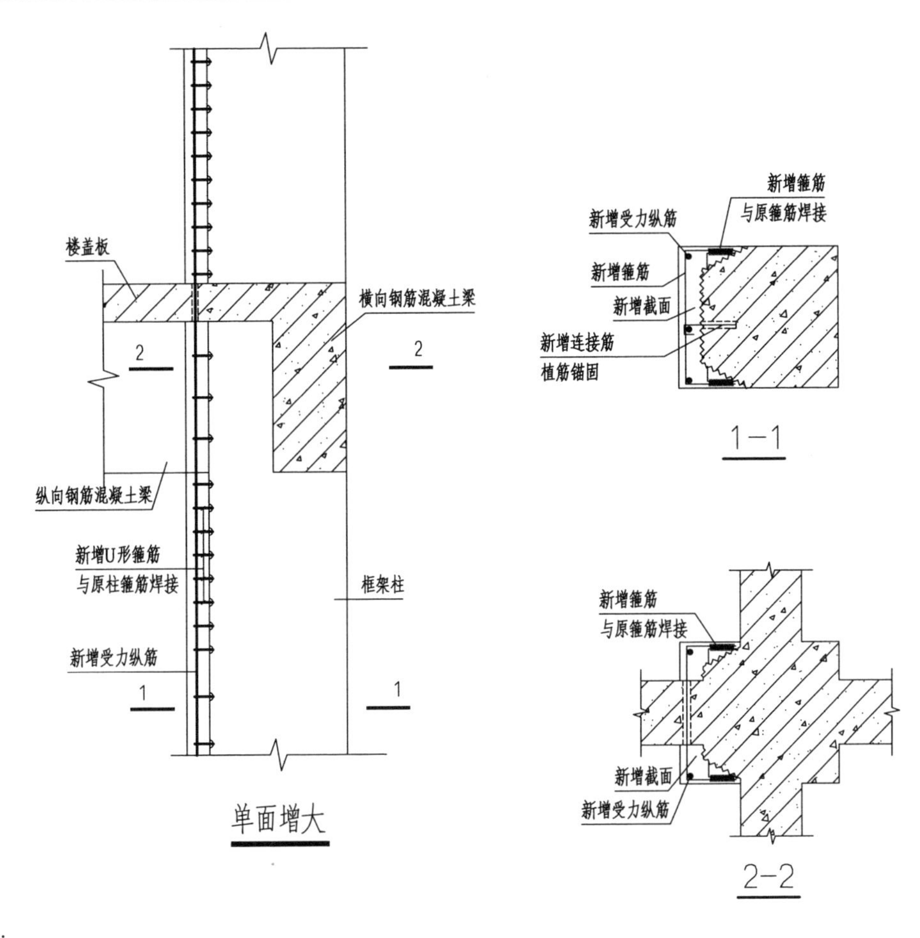

单面增大

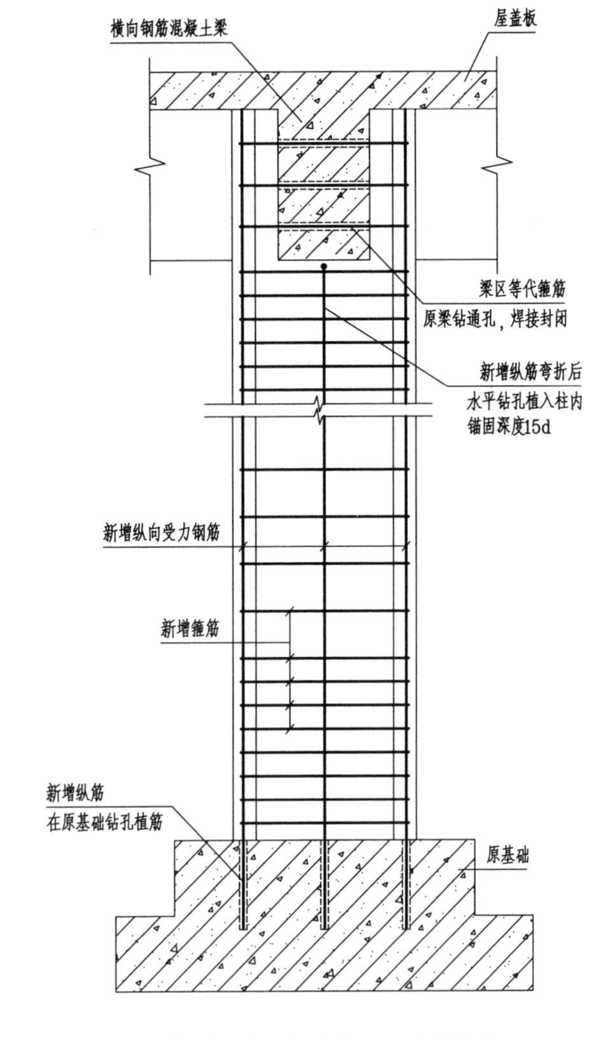

新增受力钢筋底部及屋盖处做法

注:
1. 新增受力钢筋及混凝土层厚度应由计算确定，新增受力钢筋的直径不宜小于16 mm。
2. 未注明新增箍筋间距、直径宜与原箍筋相同；连接筋的宜为Φ10，间距宜为200~300 mm，锚固深度宜为150 mm。
3. 钢筋焊接，焊缝长度：单面焊为10d，双面焊为5d；焊缝高度为5 mm。
4. 新增混凝土可通过楼板开浇筑孔施工，开孔时应避免损伤楼板钢筋。
5. 柱新增纵筋的最大间距不宜大于200 mm。
6. 植筋应满足锚固深度和最小边距、间距的要求，未注明的纵筋植筋深度按本图集第4页表2.4.1-2取值；钻孔及钻通孔部位均应采用植筋胶锚固。

单面加大截面法加固柱　新增受力钢筋底部及屋盖处做法								图集号	川2017G128-TY(一)
审核	陈雪莲	陈雪莲	校对	孙　广	孙广	设计	李德超	页	10

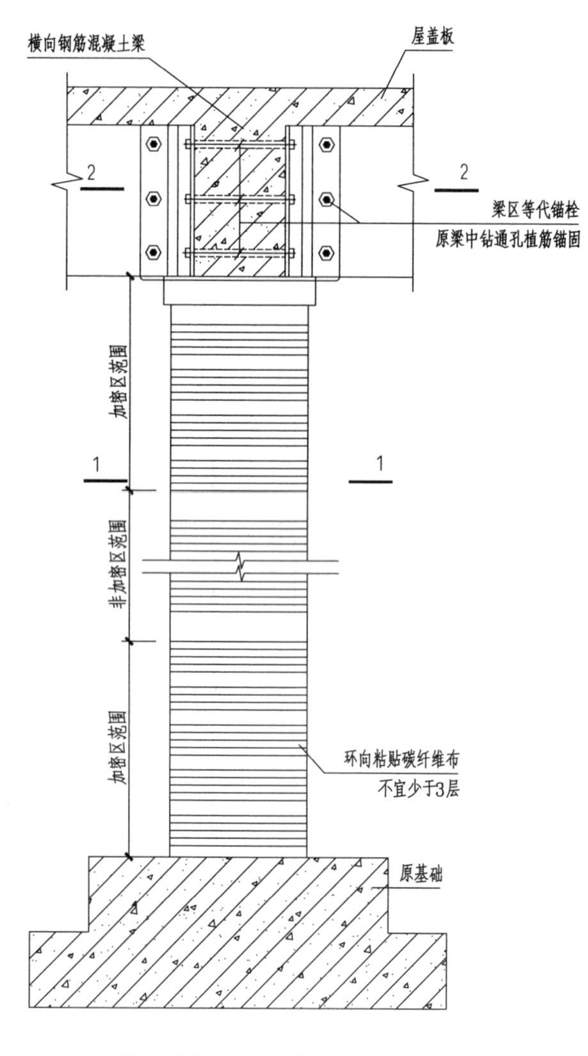

粘贴碳纤维布法抗剪加固

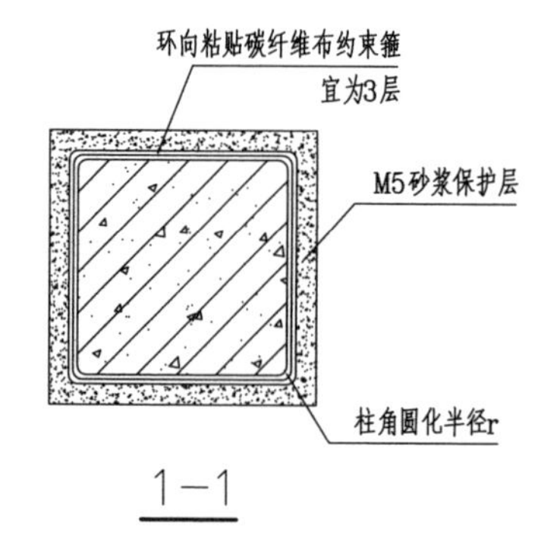

1—1

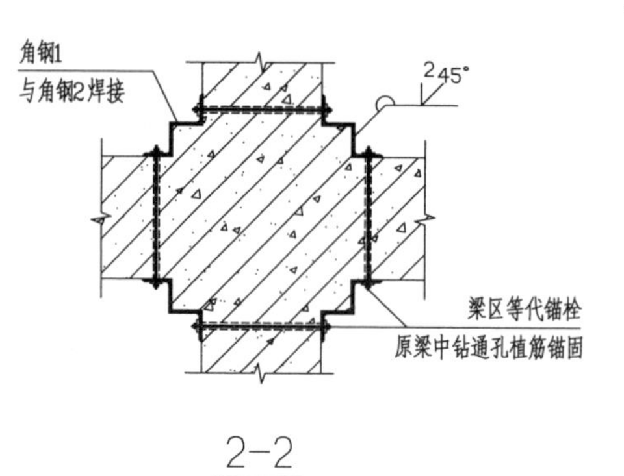

2—2

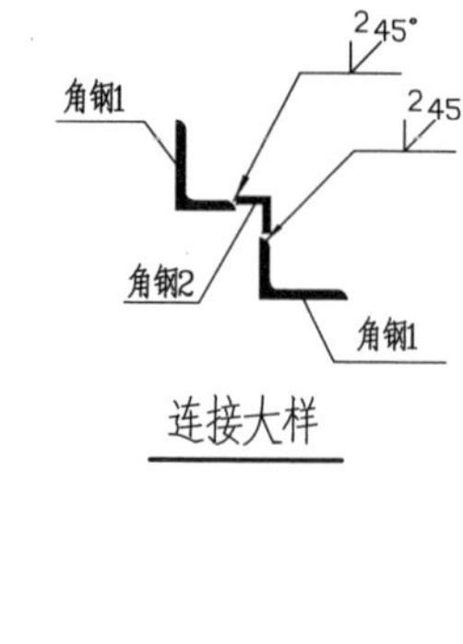

连接大样

注:
1. 柱四角打磨成圆角，圆化半径r不应小于25 mm。
2. 碳纤维布宽度宜为100 mm，碳纤维布环向截断点的延伸长度不应小于200 mm，各条带搭接位置应相互错开。加密区间距宜为200 mm，非加密区间距宜为300 mm。
3. 梁区等代螺栓在梁上钻通孔部位应采用植筋胶锚固。

粘贴碳纤维布法加固柱抗剪承载力								图集号	川2017G128-TY(一)
审核	陈雪莲	陈雪莲	校对	孙 广	孙广	设计	李德超	页	11

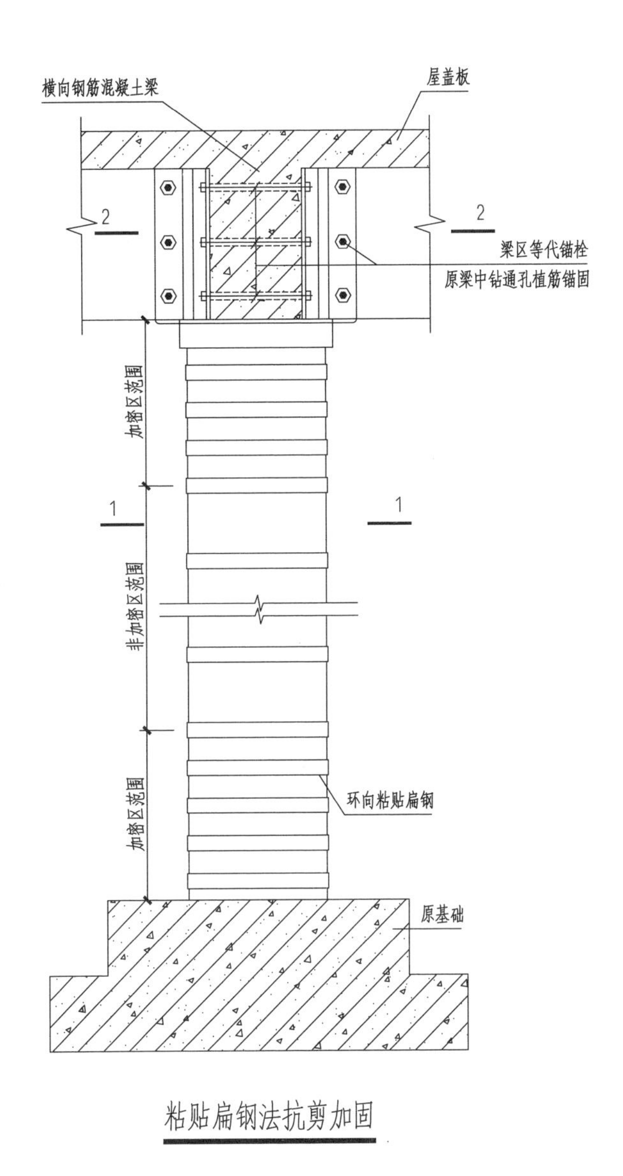

粘贴扁钢法抗剪加固

环向粘贴扁钢约束箍

M5砂浆保护层

1—1

角钢1
与角钢2焊接

2 45°

梁区等代锚栓
原梁中钻通孔植筋锚固

2—2

角钢1

2 45°

2 45°

角钢2

角钢1

连接大样

注：
1. 环向扁钢箍宜为-40×40×4，加密区间距宜为100 mm，非加密区间距宜为200 mm。
2. 梁区等代螺栓在梁上钻通孔部位应采用植筋胶锚固。

粘贴扁钢法加固柱抗剪承载力							图集号	川2017G128-TY(一)
审核	陈雪莲	陈雪莲	校对	孙 广	孙广	设计	李德超	页	12

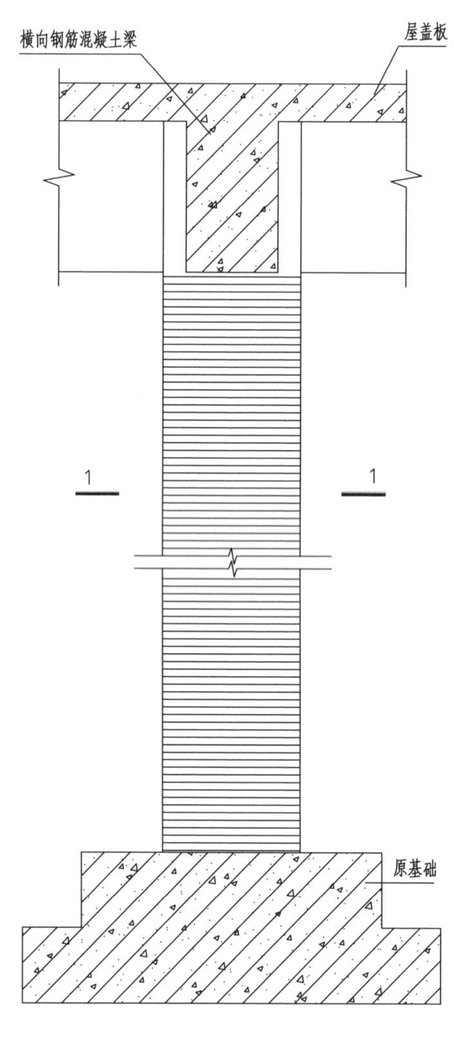

粘贴3层碳纤维布法加固

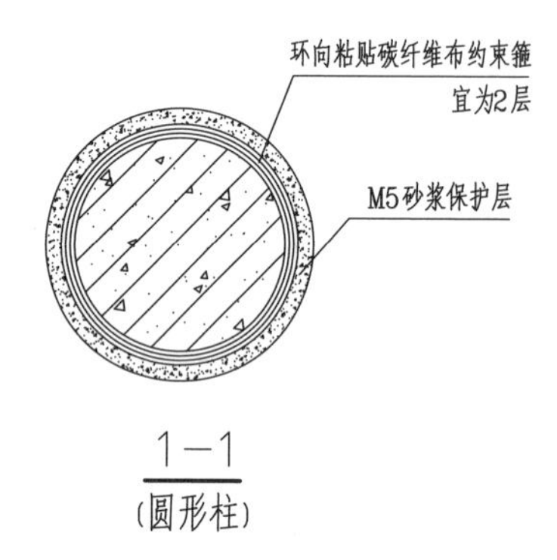

1—1
(圆形柱)

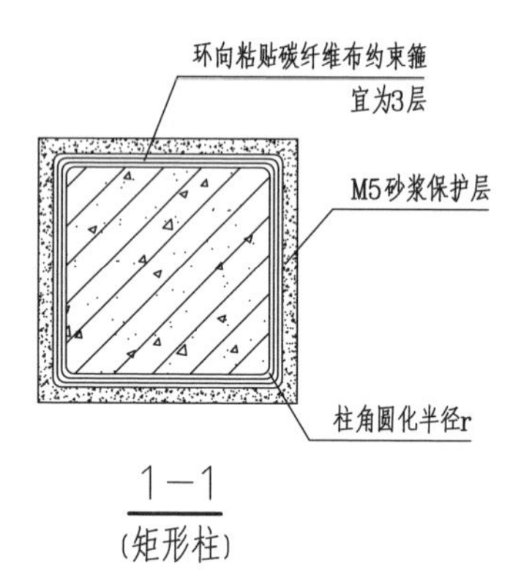

1—1
(矩形柱)

注:
1. 柱四角打磨成圆角，圆化半径r不应小于25 mm。
2. 环向围束上下层之间的搭接宽度不应小于50 mm，碳纤维布环向截断点的延伸长度不应小于200 mm，各条带搭接位置应相互错开。

粘贴碳纤维布法加固柱							图集号	川2017G128-TY(一)
审核	陈雪莲	陈雪莲	校对	孙 广	孙广	设计	李德超	李德超	页	13

梁加固说明

1 增大截面法

1.1 梁增大截面法是增大原梁截面面积并增配钢筋，以提高其承载能力和满足正常使用的一种直接加固方法。

1.2 该方法主要适用于混凝土梁承载能力不满足要求的加固。

1.3 增大截面法加固梁应根据梁的类型、截面形式、所处位置及受力情况等的不同，采用相应的加固构造方式。

1.4 新增纵向受力钢筋应由计算确定，但直径不宜小于16 mm；新增箍筋加密区长度：梁截面高度的1.5倍和500 mm两者中的最大值。梁端加密区新增箍筋的最大间距和最小直径应满足表1.4的要求。

表1.4　新增箍筋的最大间距和最小直径

抗震等级	箍筋最大间距（采用最小值）/mm	箍筋最小直径/mm
二	h_b/4, 8d, 100	8
三	h_b/4, 8d, 150	8
四	h_b/4, 8d, 150	6

注：d为纵向钢筋直径，h_b为梁截面高度。

1.5 新增混凝土层最小厚度为60 mm。

1.6 混凝土围套加固箍筋应封闭，单面或双面加固箍筋可采用U形箍，U形箍可与原箍筋焊接，焊缝长度：双面焊时不小于5d，单面焊时不小于10d；现浇梁顶板面U形箍也可采用植筋锚固于板。

1.7 新旧混凝土结合面应采取微振动器具打毛或人工剔槽，并清除所有混凝土碎块、浮渣、灰尘，用水将结合面冲洗干净。浇混凝土前，原结构混凝土界面应提前24小时浇水使界面充分湿润，并用1∶0.4水泥净浆涂刷一遍，在水泥净浆初凝前浇筑混凝土。

1.8 模板及模板支撑应可靠，模板的接缝不应漏浆。在浇筑混凝土前，模板内的杂物应清理干净；木模板应浇水湿润，但模板内不应有积水。

1.9 应在浇筑完毕后的12小时以内对混凝土加以覆盖并保湿养护，养护时间不得少于7天。

1.10 底模及其支架应在混凝土强度达到设计强度的100%时方可拆除。

2 粘贴钢板加固法

2.1 粘贴钢板法是提高框架梁抗震承载力的一种直接加固方法，适用于框架梁抗震承载能力不满足要求，以及对梁截面有严格控制的构件加固。

2.2 粘贴的受力钢板规格应由计算确定，钢板层数宜为一层，加固后的框架梁正截面受弯承载力的提高幅度不应超过40%。

2.3 待加固框架梁的现场实测混凝土强度等级不得低于C15，且混凝土表面的正拉粘结强度不得低于1.5 MPa。

2.4 主要受力钢板应采用锚栓进行附加锚固。梁底受弯纵向钢板端部应有可靠锚固，梁底钢板可采用封闭式扁钢箍锚固于柱或采用“U形钢板箍+锚栓”的方式锚固于梁端。

2.5 原构件混凝土界面（粘合面）经修整露出结构新面，对较大孔洞、凹面、露筋等缺陷进行修补，并修复平整、打毛处理；加固用钢板的界面（粘合面）应除锈、脱脂、打磨至露出金属光泽，并进行打毛和糙化处理。

2.6 为避免现场焊接高温对胶粘剂的不利影响，局部钢板不宜采用预粘工艺，可采用后灌工艺。

3 粘贴碳纤维布加固法

3.1 碳纤维加固法是在原有的框架梁表面用胶粘材料粘贴碳纤维片材的加固方法，是提高框架梁承载能力的一种直接加固方法。主要适用于框架梁抗震承载力不满足要求，以及梁截面有严格控制的加固。

3.2 加固所用碳纤维布规格，包括面积质量、宽度、层数、弹性模量及强度等，应由计算确定。加固后的框架梁正截面受弯承载力的提高幅度不应超过40%。

3.3 待加固框架梁的现场实测混凝土强度等级不得低于C15，且混凝土表面的正拉粘结强度不得低于1.5 MPa。

梁加固说明								图集号	川2017G128-TY(一)
审核	陈雪莲	陈雪莲	校对	孙　广	孙广	设计	李德超	页	14

3.4 对正截面受弯进行粘贴碳纤维布加固时，碳纤维布的纤维方向应沿纵向贴于梁的受拉面；对斜截面受剪进行加固时，纤维方向应沿横向环绕贴于梁周表面。弯剪同时加固时，先加固受弯，后加固受剪。

3.5 对加固碳纤维布粘贴部位混凝土经修整露出骨料新面，修复平整，并对较大孔洞、凹面、露筋等缺陷进行修补、复原；对构件截面的棱角应打磨圆化，框架柱圆化半径不小于25 mm，框架梁圆化半径不小于20 mm。

3.6 粘贴碳纤维布加固框架梁时，对梁顶纵向纤维布无障碍的，可通长直接贴于梁顶面；当有障碍时，可齐柱根贴于梁的有效翼缘内。碳纤维布在两端应向下弯折贴于端边梁侧面，其延伸长度应满足相关要求，转折处以角钢压条压结，尽端以钢板压结。

3.7 碳纤维布的表面可采用砂浆保护层。碳纤维布粘贴完成后，在布表面刷一层结构胶，初凝前向其撒一层粗砂，增加与抹灰层的粘结。

3.8 粘贴碳纤维布抗震加固的施工宜由有经验、有资质的专业施工队伍按照相关技术标准进行施工。

梁加固说明						图集号	川2017G128-TY(一)
审核	陈雪莲	校对	孙　广	设计	李德超	页	15

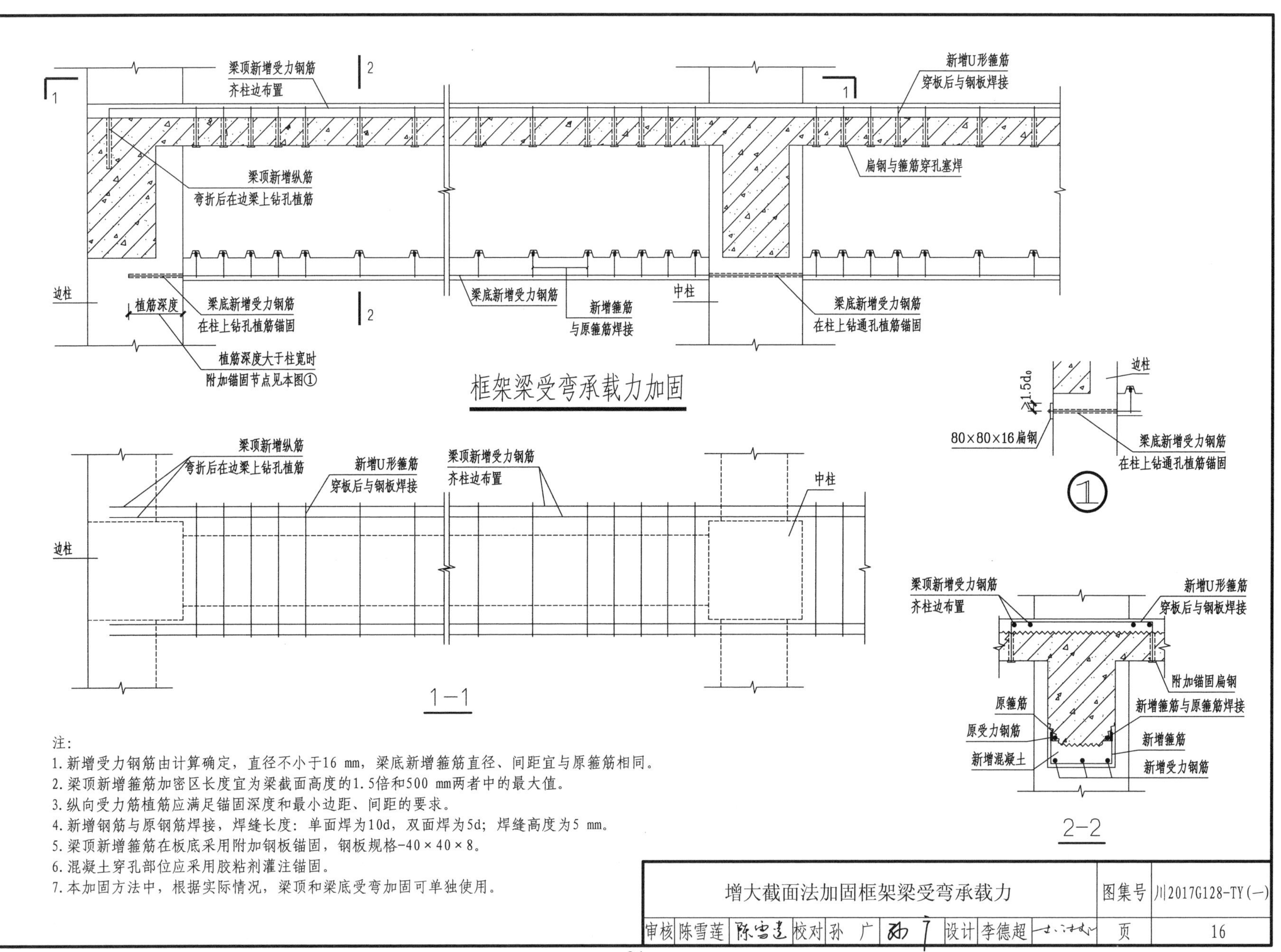
梁顶新增受力钢筋
齐柱边布置
新增U形箍筋
穿板后与钢板焊接
扁钢与箍筋穿孔塞焊
梁顶新增纵筋
弯折后在边梁上钻孔植筋
边柱
植筋深度
梁底新增受力钢筋
在柱上钻孔植筋锚固
梁底新增受力钢筋
新增箍筋
与原箍筋焊接
中柱
梁底新增受力钢筋
在柱上钻通孔植筋锚固
植筋深度大于柱宽时
附加锚固节点见本图①
框架梁受弯承载力加固
1.5d₀
边柱
80×80×16扁钢
梁底新增受力钢筋
在柱上钻通孔植筋锚固
①
梁顶新增纵筋
弯折后在边梁上钻孔植筋
新增U形箍筋
穿板后与钢板焊接
梁顶新增受力钢筋
齐柱边布置
中柱
边柱
1—1
梁顶新增受力钢筋
齐柱边布置
新增U形箍筋
穿板后与钢板焊接
附加锚固扁钢
原箍筋
新增箍筋与原箍筋焊接
原受力钢筋
新增箍筋
新增混凝土
新增受力钢筋
2—2
注:
1.新增受力钢筋由计算确定，直径不小于16 mm，梁底新增箍筋直径、间距宜与原箍筋相同。
2.梁顶新增箍筋加密区长度宜为梁截面高度的1.5倍和500 mm两者中的最大值。
3.纵向受力筋植筋应满足锚固深度和最小边距、间距的要求。
4.新增钢筋与原钢筋焊接，焊缝长度：单面焊为10d，双面焊为5d；焊缝高度为5 mm。
5.梁顶新增箍筋在板底采用附加钢板锚固，钢板规格-40×40×8。
6.混凝土穿孔部位应采用胶粘剂灌注锚固。
7.本加固方法中，根据实际情况，梁顶和梁底受弯加固可单独使用。
增大截面法加固框架梁受弯承载力
图集号
川2017G128-TY(一)
审核
陈雪莲
校对
孙 广
设计
李德超
页
16

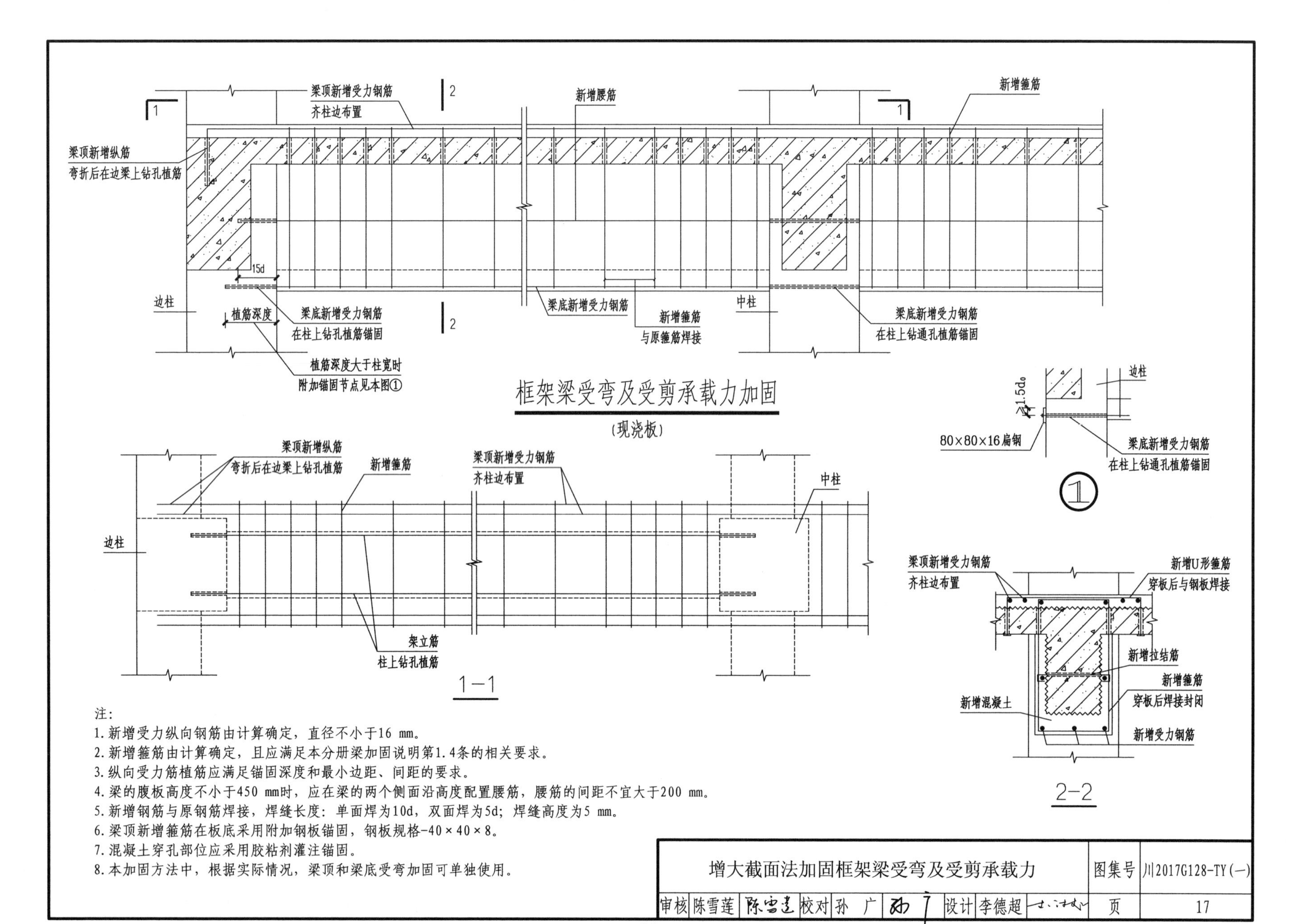

梁顶新增受力钢筋
齐柱边布置
新增腰筋
新增箍筋
梁顶新增纵筋
弯折后在边梁上钻孔植筋
15d
边柱
植筋深度
梁底新增受力钢筋
在柱上钻孔植筋锚固
梁底新增受力钢筋
新增箍筋
与原箍筋焊接
中柱
梁底新增受力钢筋
在柱上钻通孔植筋锚固
植筋深度大于柱宽时
附加锚固节点见本图①
框架梁受弯及受剪承载力加固
(现浇板)
≥1.5d₀
80×80×16扁钢
边柱
梁底新增受力钢筋
在柱上钻通孔植筋锚固
①
梁顶新增纵筋
弯折后在边梁上钻孔植筋
新增箍筋
梁顶新增受力钢筋
齐柱边布置
中柱
边柱
架立筋
柱上钻孔植筋
1—1
梁顶新增受力钢筋
齐柱边布置
新增U形箍筋
穿板后与钢板焊接
新增拉结筋
新增箍筋
穿板后焊接封闭
新增混凝土
新增受力钢筋
2—2
注:
1.新增受力纵向钢筋由计算确定，直径不小于16 mm。
2.新增箍筋由计算确定，且应满足本分册梁加固说明第1.4条的相关要求。
3.纵向受力筋植筋应满足锚固深度和最小边距、间距的要求。
4.梁的腹板高度不小于450 mm时，应在梁的两个侧面沿高度配置腰筋，腰筋的间距不宜大于200 mm。
5.新增钢筋与原钢筋焊接，焊缝长度：单面焊为10d，双面焊为5d；焊缝高度为5 mm。
6.梁顶新增箍筋在板底采用附加钢板锚固，钢板规格-40×40×8。
7.混凝土穿孔部位应采用胶粘剂灌注锚固。
8.本加固方法中，根据实际情况，梁顶和梁底受弯加固可单独使用。
增大截面法加固框架梁受弯及受剪承载力
图集号
川2017G128-TY(一)
审核
陈雪莲
校对
孙 广
设计
李德超
页
17

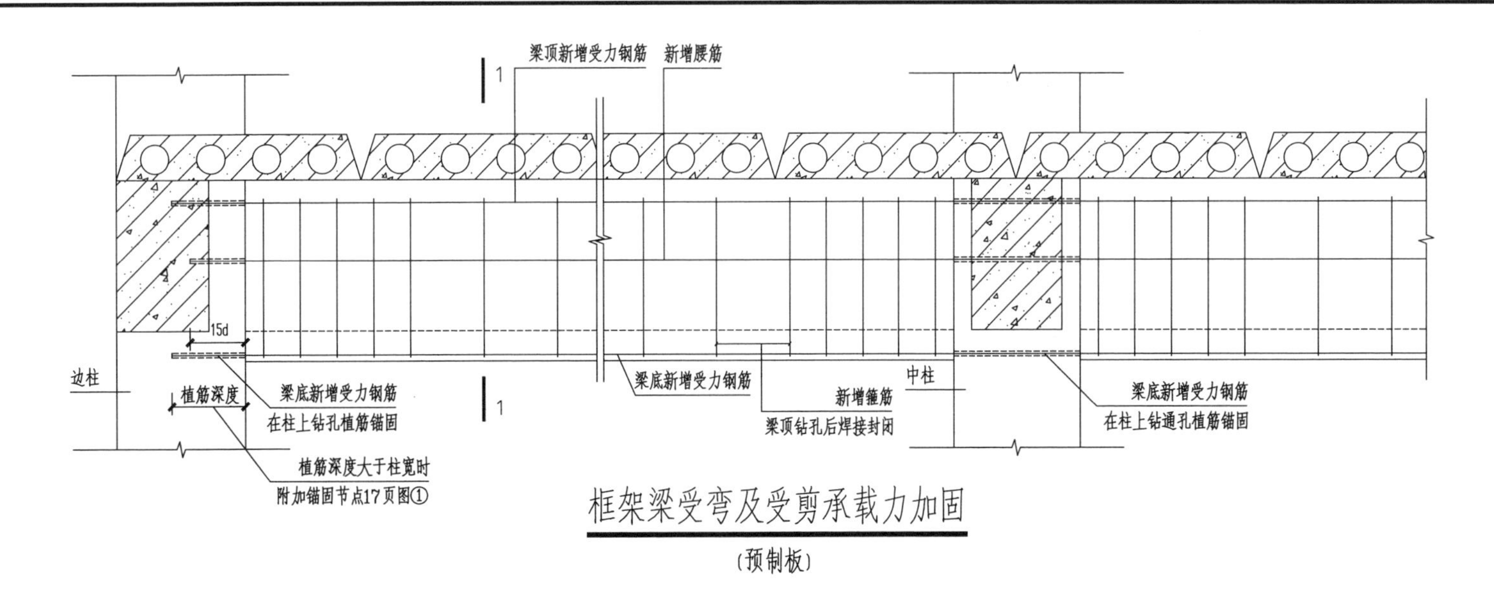

框架梁受弯及受剪承载力加固

(预制板)

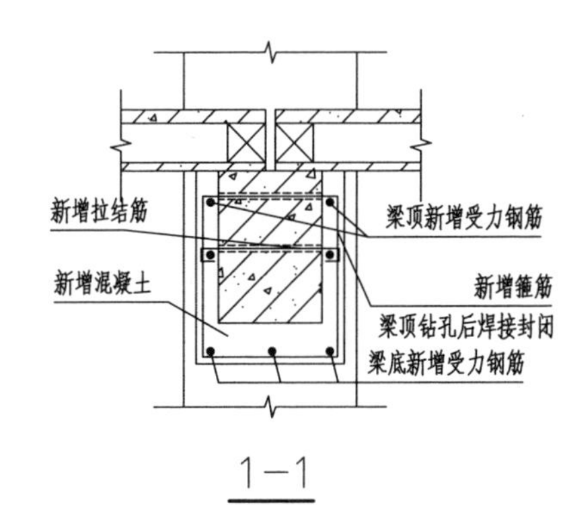

1—1

注:
1. 新增受力纵向钢筋由计算确定，直径不小于16 mm。
2. 新增箍筋由计算确定，且应满足本分册梁加固说明第1.4条的相关要求。
3. 纵向受力筋植筋应满足锚固深度和最小边距、间距的要求。
4. 梁的腹板高度不小于450 mm时，在梁的两个侧面沿高度配置腰筋，每腰筋的间距不宜大于200 mm。
5. 新增钢筋与原钢筋焊接，焊缝长度：单面焊为10d，双面焊为5d；焊缝高度为5 mm。
6. 混凝土穿孔部位应采用胶粘剂灌注锚固。

增大截面法加固框架梁受弯及受剪承载力						图集号	川2017G128-TY(一)
审核	陈雪莲	校对	孙　广	设计	李德超	页	18

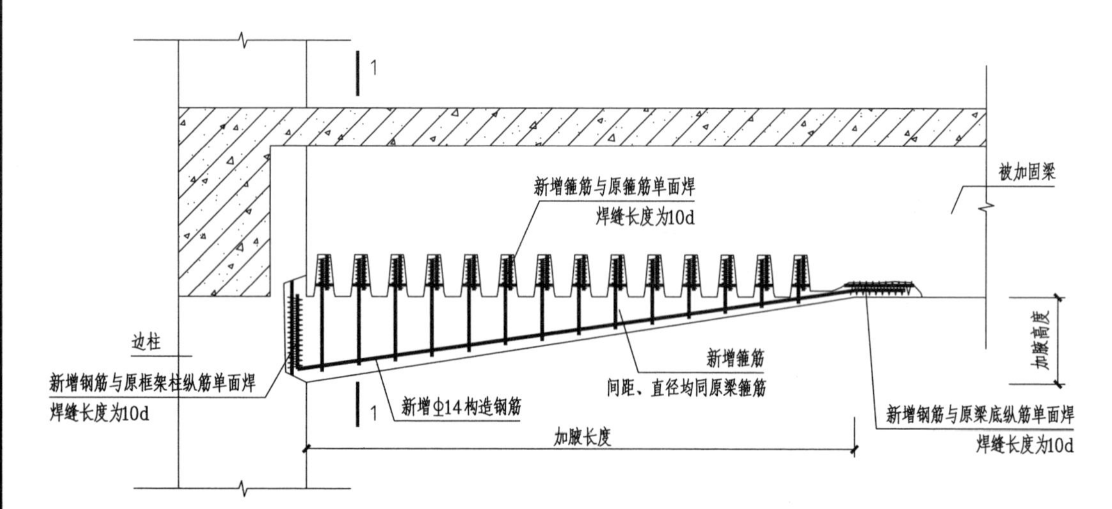

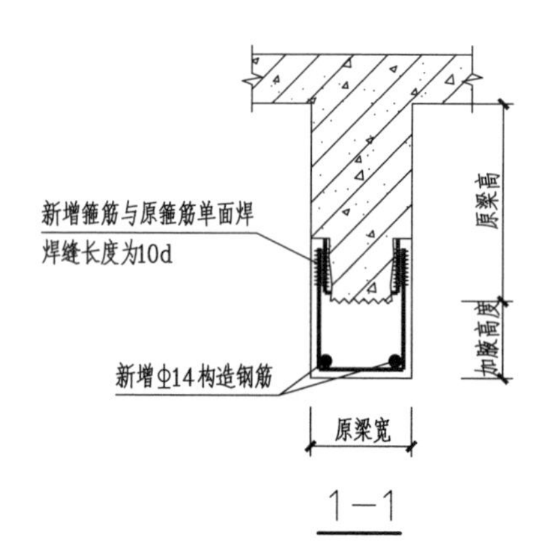

框架梁支座受弯及受剪承载力加固

（加腋法）

注：

1. 加腋长度及高度由计算确定，且加腋长度不小于1500 mm，加腋高度不小于100 mm。
2. 新增钢筋与原钢筋焊接，焊缝长度：单面焊为10d，双面焊为5d；焊缝高度为5 mm。
3. 加腋应考虑对柱的影响。若加腋后框架柱加密区长度不满足要求，需按本分册相关柱加固方案进行加固处理。

框架梁支座受弯及受剪承载力加固								图集号	川2017G128-TY(一)
审核	陈雪莲	陈雪莲	校对	孙 广	孙广	设计	李德超	页	19

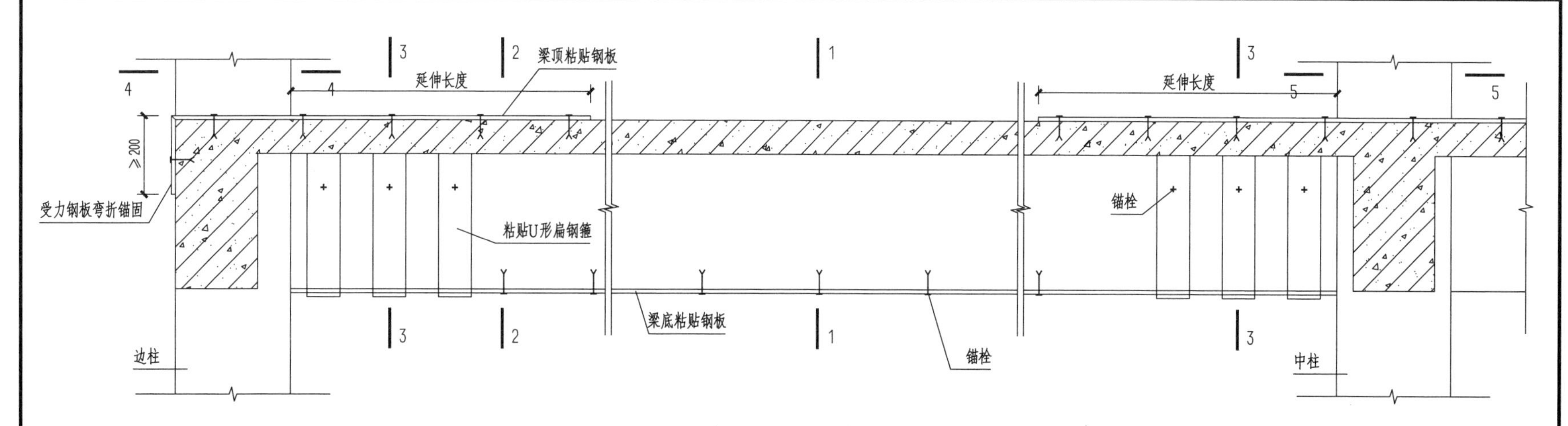

框架梁受弯承载力加固

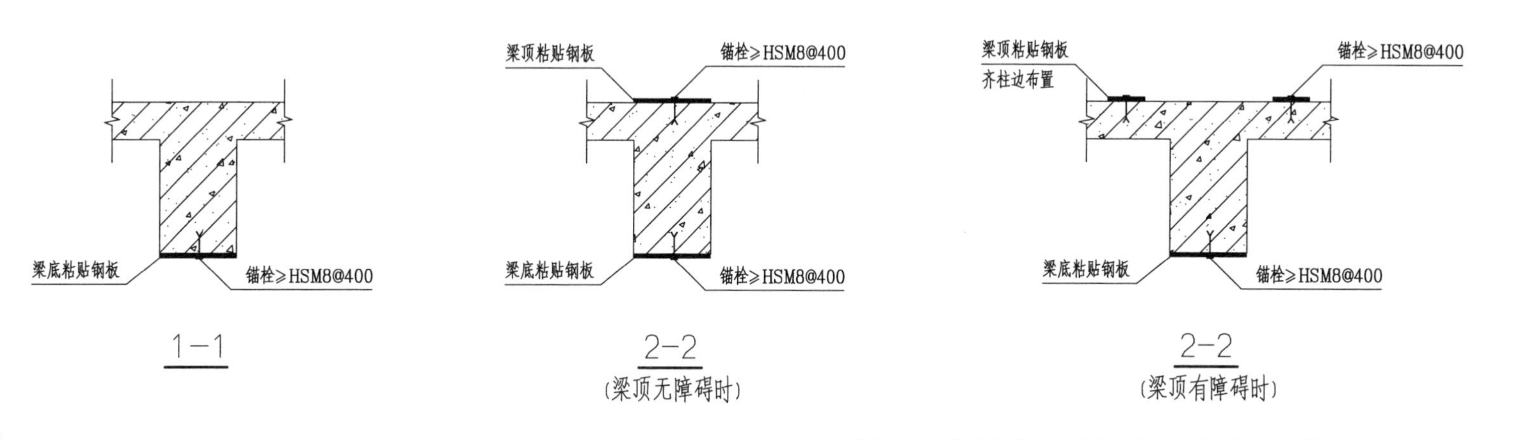

1—1

2—2
(梁顶无障碍时)

2—2
(梁顶有障碍时)

注:
1. 正截面受力钢板及斜截面U形箍板厚度应由计算确定，一般情况，粘贴钢板为单层，厚度为4～6 mm，梁底受力钢板宽度同梁宽。
2. U形锚固扁钢箍宽度≥80 mm，厚度4～6 mm。
3. 梁端加密区长度宜为梁截面高度的2倍和500 mm两者中的最大值。
4. 梁顶钢板延伸长度根据计算确定，且不应小于梁计算跨度的1/3。
5. 机械锚栓（采用HSM表示）为6.8级有锁键效应的后扩底锚栓，直径不小于8 mm，间距不大于400 mm。
6. 锚栓的有效锚固深度h_{ef}应按产品说明束表面的有效锚固深度采用，锚栓最小边距为0.8h_{ef}，最小间距为1.0h_{ef}。
7. 钢板与混凝土结合面处理应符合本分册第14页梁加固说明第2.5条的相关要求。
8. 3-3、4-4、5-5剖面见第21页。

粘钢法加固框架梁受弯承载力									图集号	川2017G128-TY(一)
审核	陈雪莲	陈雪莲	校对	孙　广	孙广	设计	李德超	李德超	页	20

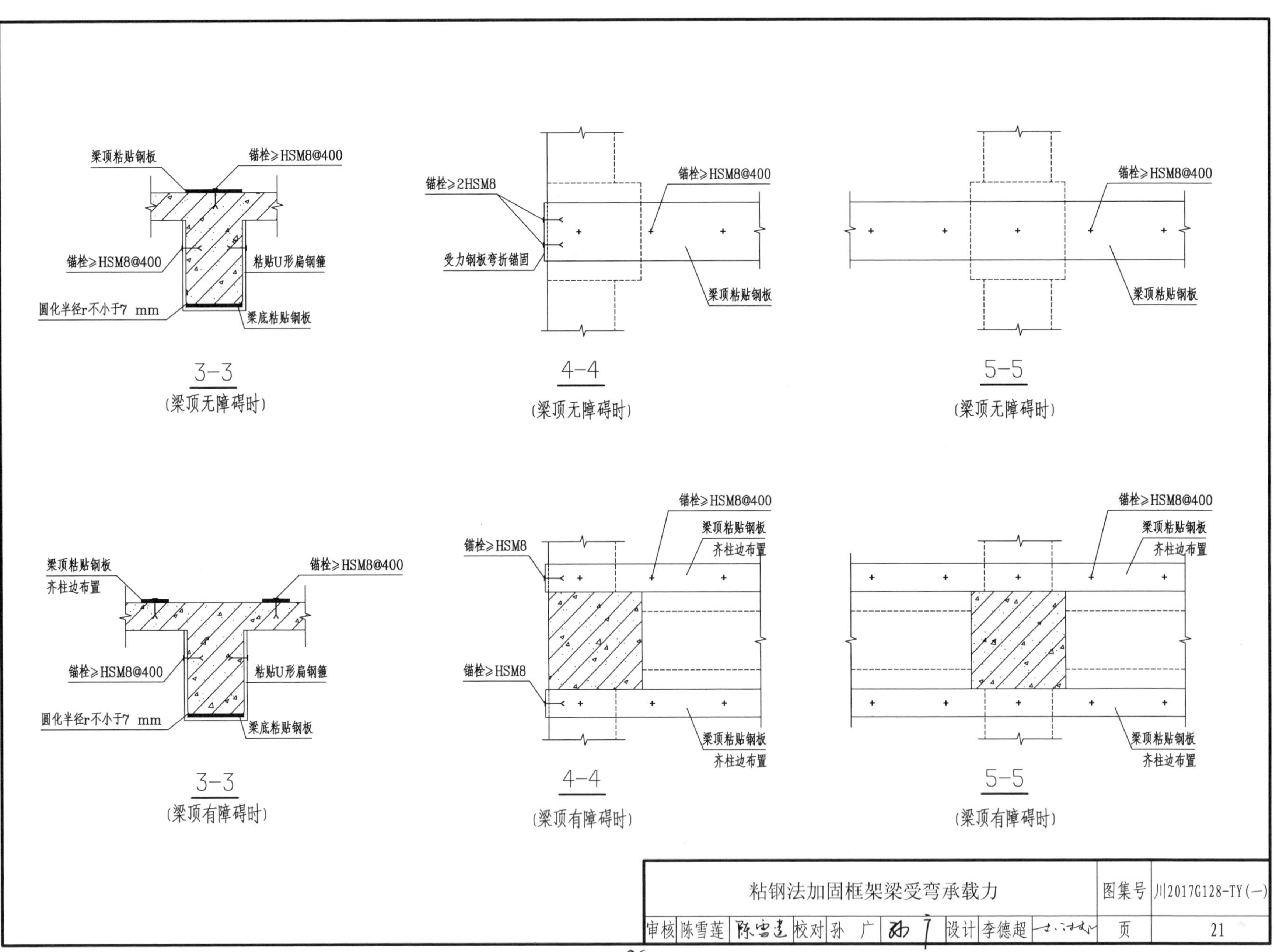

粘钢法加固框架梁受弯承载力								图集号	川2017G128-TY(一)
审核	陈雪莲	陈雪莲	校对	孙 广	孙广	设计	李德超	页	21

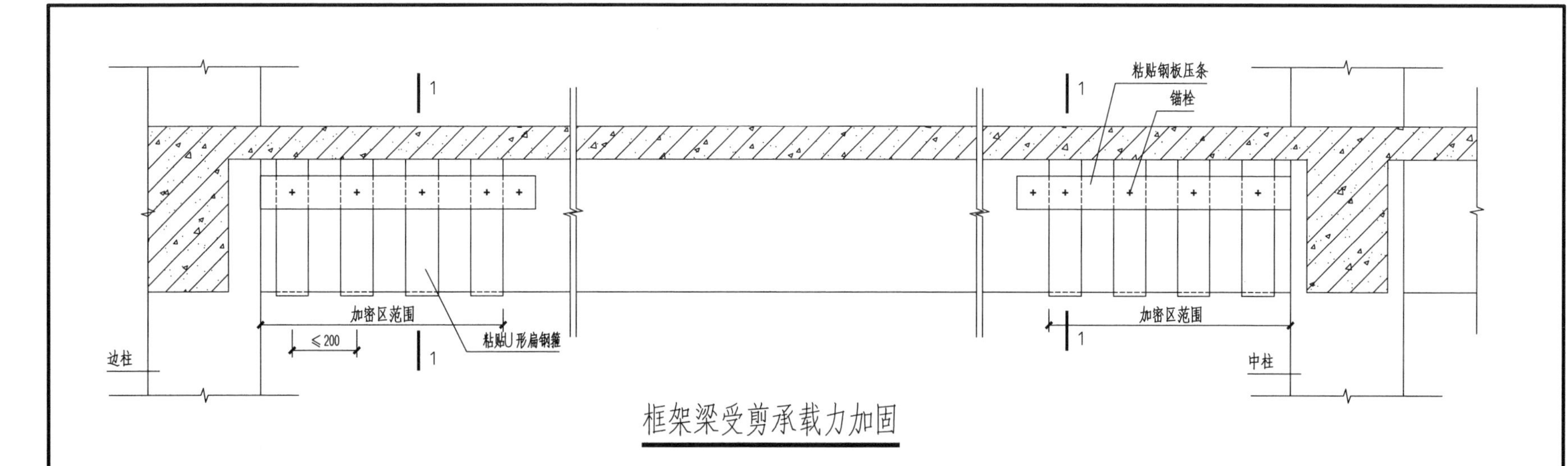

框架梁受剪承载力加固

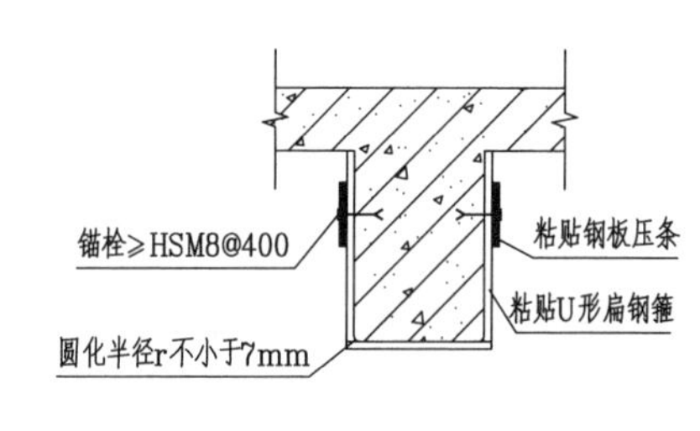

1—1

注：
1. 正截面受力钢板及斜截面U形箍板厚度应由计算确定，梁底受力钢板宽度同梁宽。
2. U形锚固扁钢箍宽度≥80 mm，厚度≥4 mm。
3. 梁端加密区长度宜为梁截面高度的2倍和500 mm两者中的较大值。
4. 机械锚栓（采用HSM表示）为6.8级有锁键效应的后扩底锚栓，直径不小于8 mm，间距不大于400 mm。
5. 锚栓的有效锚固深度h_{ef}应按产品说明束表面的有效锚固深度采用，锚栓最小边距为0.8h_{ef}，最小间距为1.0h_{ef}。
6. 钢板与混凝土结合面处理应符合本分册第14页梁加固说明第2.5条的相关要求。

粘钢法加固框架梁受剪载力							图集号	川2017G128-TY(一)
审核	陈雪莲	陈雪莲	校对	孙 广	孙广	设计	李德超	页	22

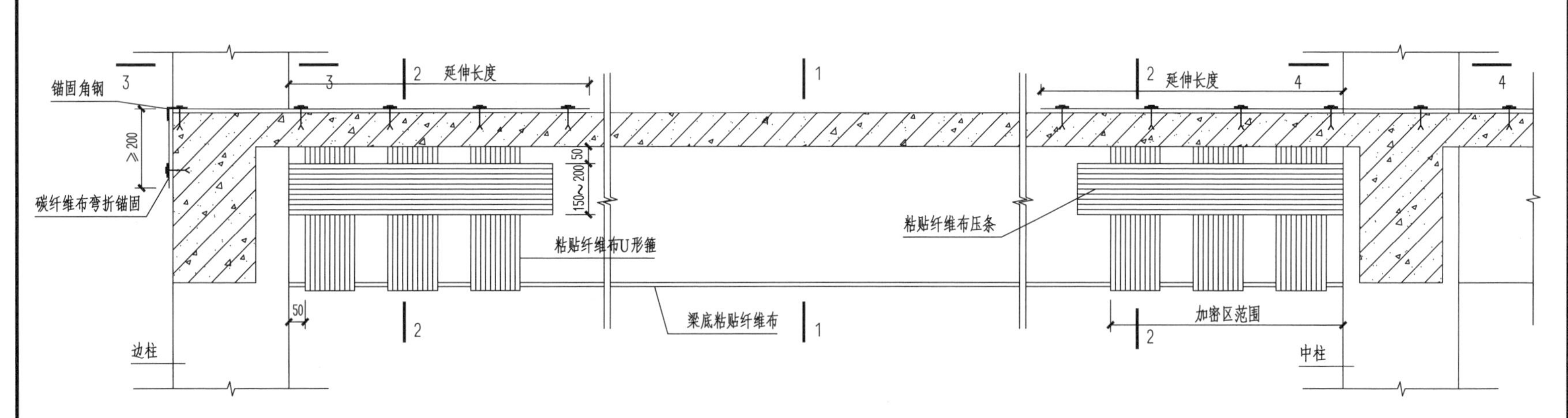

框架梁受弯、受剪承载力加固

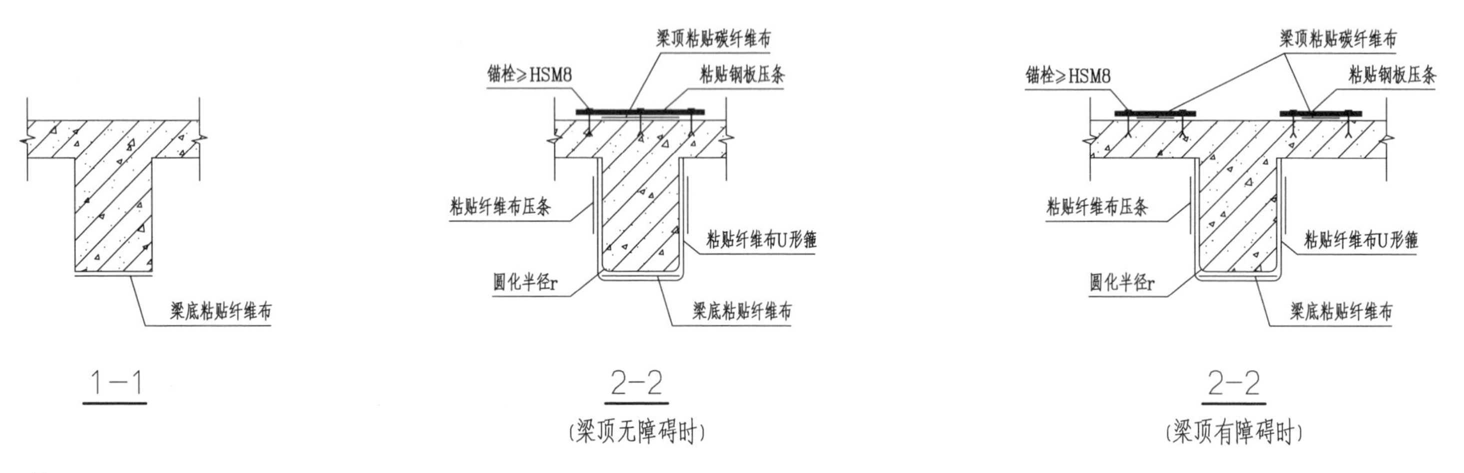

1—1

2—2
(梁顶无障碍时)

2—2
(梁顶有障碍时)

注:
1. 梁底角部应打磨成圆角，圆化半径r，对于碳纤维不应小于20 mm。
2. 梁端加密区长度宜为梁截面高度的1.5倍和500 mm两者中的较大值。
3. U形纤维布的宽度不应小于200 mm，净间距宜为100 mm。
4. 梁底纤维布可粘贴多层，但不应超过3层。
5. 锚固角钢宜为L100×75×5，锚固钢板宜为-40×4。
6. 梁顶碳纤维布延伸长度根据计算确定，且不应小于梁计算跨度的1/3。
7. 3-3、4-4剖面见第24页。

粘贴碳纤维布法加固框架梁受弯、受剪承载力							图集号	川2017G128-TY(一)
审核	陈雪莲	陈雪莲	校对	孙 广	孙广	设计 李德超	页	23

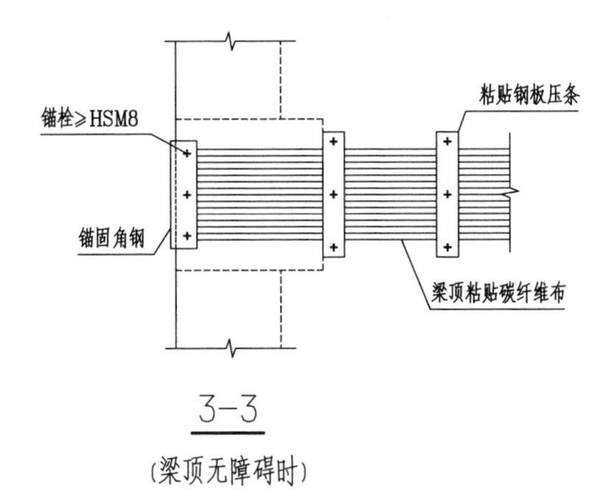

3-3

(梁顶无障碍时)

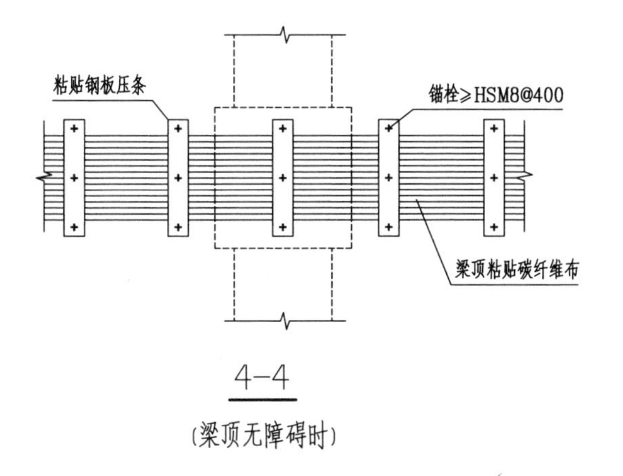

4-4

(梁顶无障碍时)

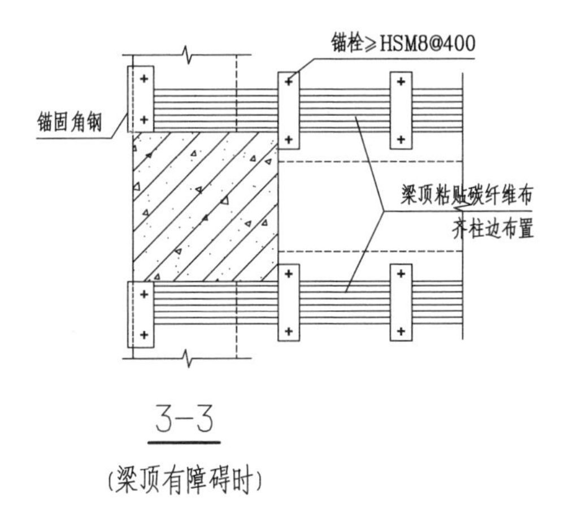

3-3

(梁顶有障碍时)

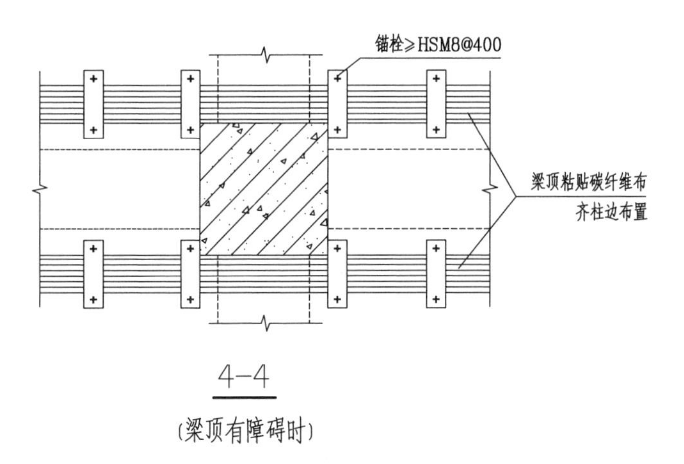

4-4

(梁顶有障碍时)

粘贴碳纤维布法加固框架梁受弯、受剪承载力								图集号	川2017G128-TY(一)
审核	陈雪莲	陈雪莲	校对	孙 广	孙广	设计	李德超	页	24

新增抗震墙说明

1 特点及适用范围

1.1 在框架柱间新增混凝土抗震墙体，或在框架柱部位局部新增混凝土翼墙（墙肢），以提高房屋整体刚度的一种加固方法。

1.2 该方法主要适用于单向、单跨框架，或大部分混凝土构件抗震承载能力不满足要求的加固。

2 设计要点

2.1 抗震墙应设置基础，宜贯通房屋全高。

2.2 抗震墙宜设置在框架楼梯间的轴线位置。

2.3 抗震墙的设置应对称布置，避免造成结构显著的扭转效应。

2.4 新增抗震墙厚度不应小于140 mm。

2.5 抗震墙竖向和横向分布钢筋应双排布置。水平钢筋直径为8～10 mm，间距为200～300 mm；竖向钢筋直径为10～12mm，间距为200～300 mm；双排分布钢筋间拉筋的间距不宜大于600 mm，直径不应小于6 mm。

3 施工要点

3.1 新增抗震墙钢筋与原结构的连接宜采用钻孔植筋连接。当采用焊接连接时，凿出原构件焊接钢筋时，应轻敲细凿，不得损伤原构件钢筋。

3.2 新旧混凝土结合面应采取微振动器具打毛或人工剔槽，并清除所有混凝土碎块、浮渣、灰尘，用水将结合面冲洗干净。浇混凝土前，原结构混凝土界面应提前24小时浇水使界面充分湿润，并用1∶0.4水泥净浆涂刷一遍，在水泥净浆初凝前浇筑混凝土。

3.3 模板及模板支撑应可靠，模板的接缝不应漏浆。在浇筑混凝土前，模板内的杂物应清理干净；木模板应浇水湿润，但模板内不应有积水。

3.4 应在浇筑完毕后的12小时以内对混凝土加以覆盖并保湿养护，养护时间不得少于7天。

新增抗震墙说明							图集号	川2017G128-TY(一)
审核	陈雪莲	陈雪莲	校对	孙 广	孙广	设计	李德超	页	25

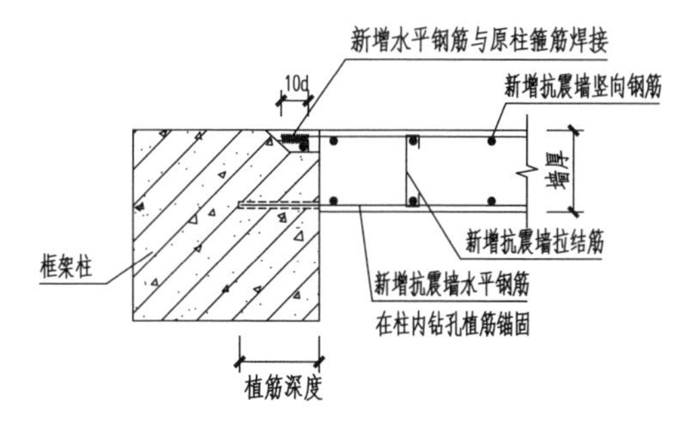

① 新增抗震墙与框架柱连接（一）

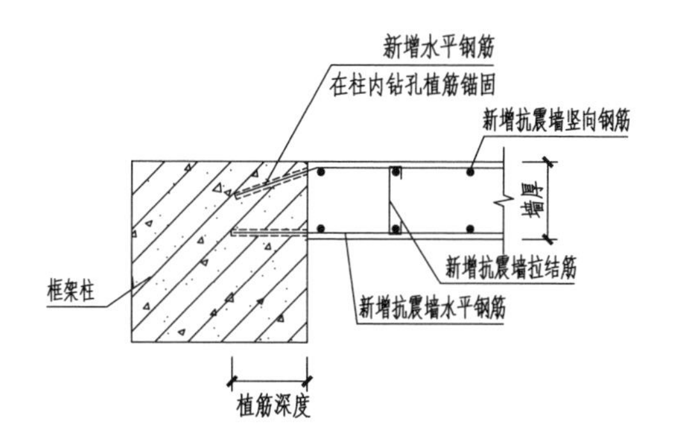

② 新增抗震墙与框架柱连接（二）

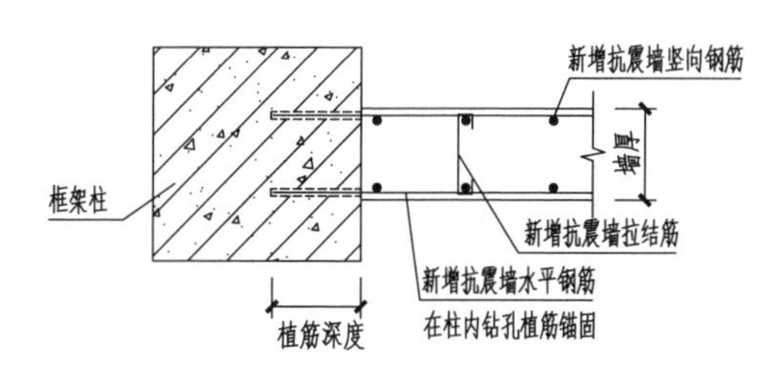

③ 新增抗震墙与框架柱连接（三）

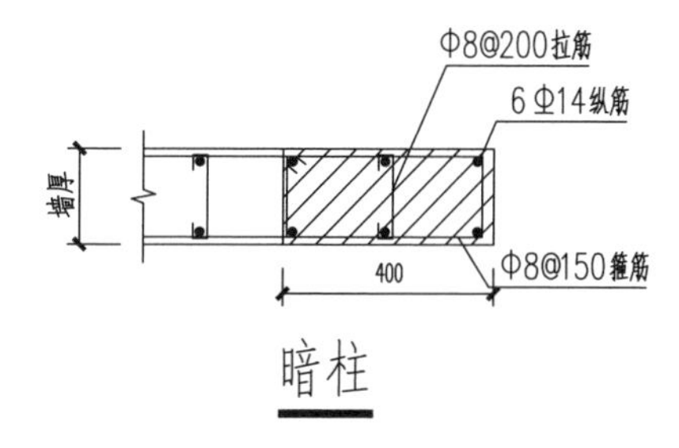

暗柱

注：
1. 新增抗震墙厚度不应小于140 mm。
2. 新增抗震墙在原结构上的植筋应满足锚固深度和最小边距、间距的要求。
3. 新增抗震墙未与柱连接的端部应设置暗柱。

新增抗震墙与框架柱连接								图集号	川2017G128-TY(一)
审核	陈雪莲	陈雪莲	校对	孙 广	孙广	设计	李德超	页	26

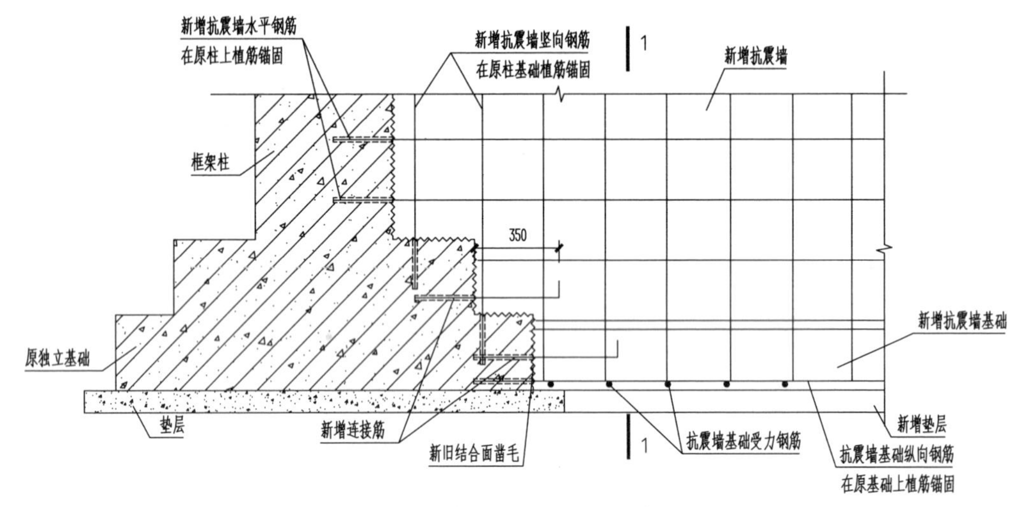

新增抗震墙基础与原基础连接

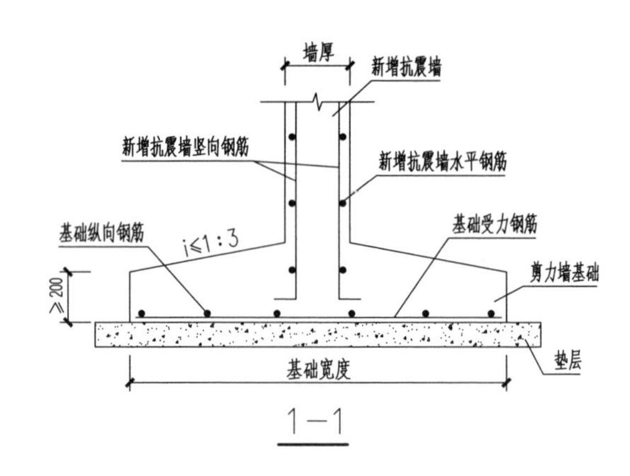

1—1

注:
1.新增抗震墙基础底标高宜与原框架柱基础一致,基础宽度应由计算确定。
2.新增抗震墙基础配筋应由计算确定。一般情况下,基础纵向钢筋直径为10~12 mm,间距为200~300 mm;受力钢筋直径为12 mm,间距为200 mm。
3.新增连接筋直径宜为8~10 mm,间距宜为200~300 mm。
4.新增基础在原结构上的植筋应满足锚固深度和最小边距、间距的要求。

新增抗震墙基础与原基础连接							图集号	川2017G128-TY(一)
审核	陈雪莲	陈雪莲	校对	孙 广	孙广	设计 李德超	页	27

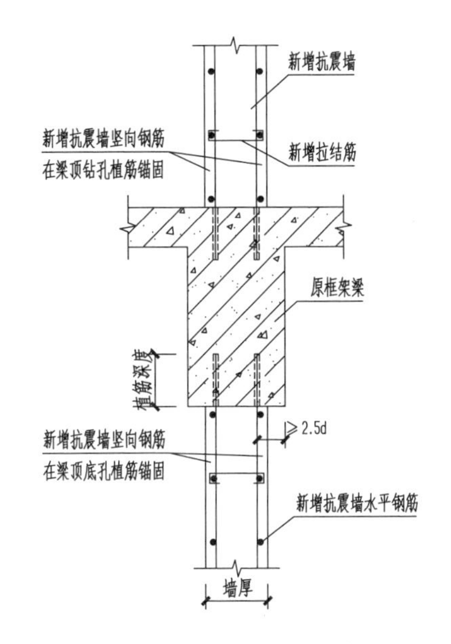

新增抗震墙与框架梁连接（一）

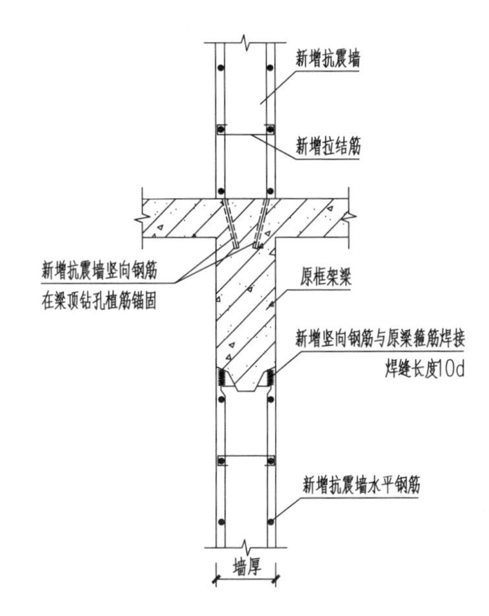

新增抗震墙与框架梁连接（二）

注：

1. 新增抗震墙厚度：三级、四级不应小于140mm，二级不应小于160 mm。
2. 新增抗震墙水平钢筋直径为8～10 mm，间距为200～300 mm；新增抗震墙竖向钢筋直径为10～12 mm，间距为200～300 mm。
3. 新增抗震墙在原结构上的植筋应满足锚固深度和最小边距、间距的要求。
4. 新增钢筋与原钢筋焊接，焊缝长度：单面焊为10d，双面焊为5d。
5. 新旧混凝土结合面处理应符合本分册第25页新增抗震墙说明第3.2条的相关要求。

新增抗震墙与框架梁连接							图集号	川2017G128-TY(一)
审核	陈雪莲	陈雪莲	校对	孙 广	孙广	设计 李德超	页	28

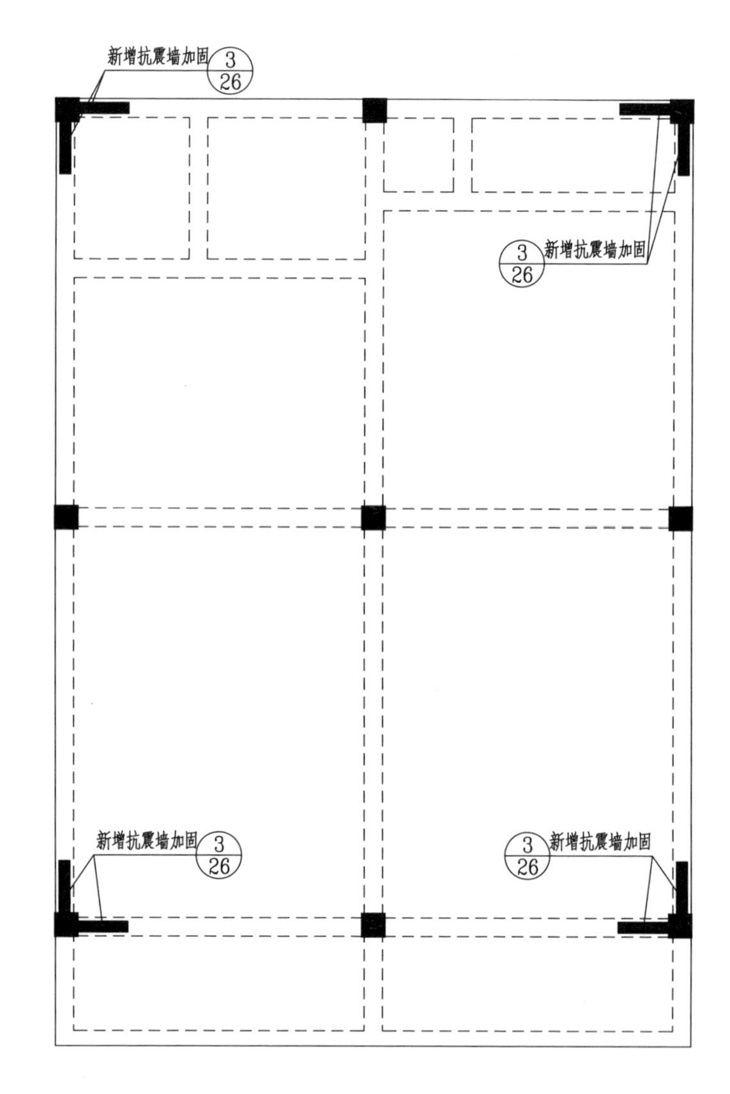

新增抗震墙加固平面示意图

注：
1. 本示意图仅作为加固平面示例。
2. 适用于房屋为钢筋混凝土框架结构，结构刚度不满足要求的加固。
3. 加固方法：在房屋四大角对称布置新增抗震墙增加房屋刚度，新增剪力墙最小长度为墙厚的4倍。
4. 增加抗震墙后对梁加密区长度的影响，应采取相应的梁加固方案进行加固。

某框架结构房屋加固平面示意图										图集号	川2017G128-TY(一)
审核	陈雪莲	陈雪莲	校对	孙 广	孙广	设计	李德超	李德超		页	29

填充墙加固说明

1 特点及适用范围

1.1 当纵横向填充墙采用通缝砌筑而无可靠连接时，可采用局部双面钢筋网水泥砂浆面层进行加固。

1.2 当轻质填充墙块材强度等级低于MU2.5，砌筑砂浆强度等级低于M2.5时，以及8度、9度时，楼梯间和人员通道的填充墙未采用钢丝网砂浆面层加强，可采用双面钢筋网水泥砂浆面层法加固。

1.3 填充墙墙顶与框架梁无连接或连接不满足要求时，可在隔墙顶部采用Z形钢板与原梁进行连接加固。

1.4 当填充墙长度超过8 m或层高2倍，且未设置钢筋混凝土构造柱时，可在墙体中部增设钢筋网水泥砂浆组合砌体构造柱进行加固。

1.5 当填充墙与框架柱拉结筋设置不满足要求时，可采用增设拉结筋进行加固。

1.6 当填充墙高超过4 m且墙半高处未设置钢筋混凝土水平系梁时，可在墙体半层高位置增设水平向配筋砂浆带进行加固。

2 设计要点

2.1 双面钢筋网水泥砂浆面层加固法

2.1.1 水泥砂浆强度等级为M10。

2.1.2 面层厚度，对室内正常环境应为35～45 mm，对露天或潮湿环境应为45～50 mm。

2.1.3 钢筋网宜采用点焊方格钢筋网，竖向钢筋直径6 mm，水平分布钢筋直径6 mm，网格尺寸300 mm。

2.1.4 加固面层的竖向钢筋在梁底采用钻孔植筋锚入梁内。

2.1.5 加固面层的钢筋网宜采用ϕ6的S形或Z形穿墙拉结筋或锚筋与原墙体连接。穿墙拉结筋孔径比钢筋直径大2 mm，锚筋孔径宜为锚筋直径的2.5倍，锚固深度为180 mm，采用干硬性水泥砂浆。穿墙拉结筋的间距不应大于网格尺寸的2倍，梅花形布置。

2.1.6 底层墙体的钢筋网砂浆面层，在室外地面以下应加厚并伸入地面以下500 mm。

2.2 填充墙新增连接钢板加固法

2.2.1 墙顶新增Z形钢板水平间距为500 mm。

2.2.2 填充墙墙顶采用2M12螺栓连接。

2.3 填充墙新增拉结筋加固法

2.3.1 新增拉结筋沿柱全高设置，间距不大于500 mm。

2.3.2 新增拉结筋长度：6、7度时，不小于1000 mm，8、9度时全长贯通。

2.3.3 新增拉结筋在原柱上采用钻孔植筋锚固。

2.4 水平向钢筋砂浆带加固法

2.4.1 水泥砂浆强度等级为M10。

2.4.2 水平向钢筋砂浆带应设置于填充墙半层高位置，砂浆带面层厚度为60 mm，高度为240 mm。

2.4.3 水平向钢筋砂浆带的主筋在框架柱上采用钻孔植筋锚入柱内。

3 施工要点

3.1 双面钢筋网水泥砂浆面层加固法的相关施工要求及做法参考本图集“第二分册 砖砌体结构房屋”分册。

3.2 填充墙新增拉结筋加固时，原墙体水平灰缝局部剔槽，剔槽深度不小于20 mm，布置墙体拉结筋，外抹M15水泥砂浆。

3.3 水平向钢筋砂浆带的箍筋应穿墙后焊接封闭。

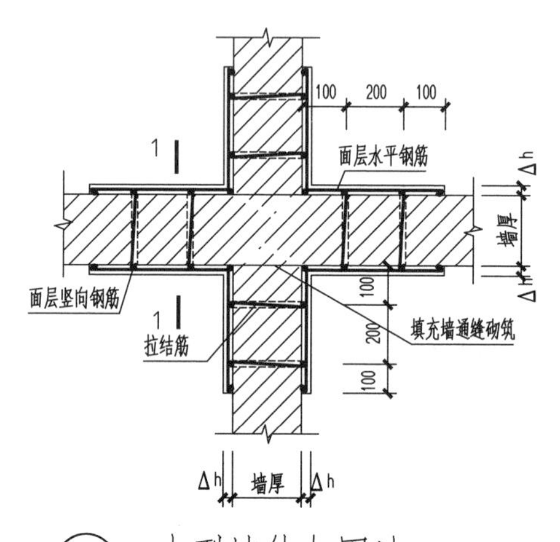

① 十型墙体加固法

（适用于纵横向填充墙通缝砌筑部位）

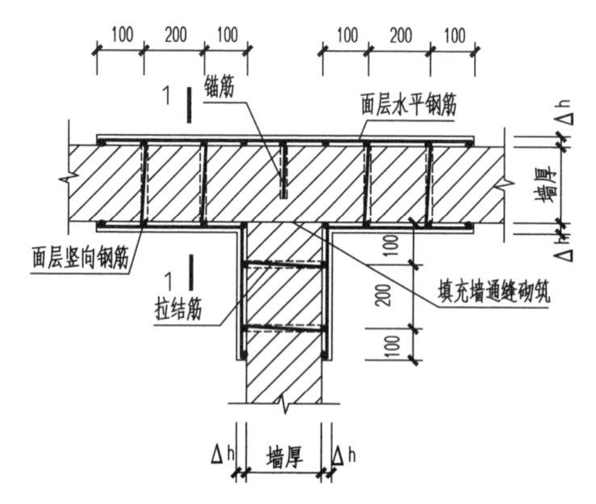

② T型墙体加固法

（适用于纵横向填充墙通缝砌筑部位）

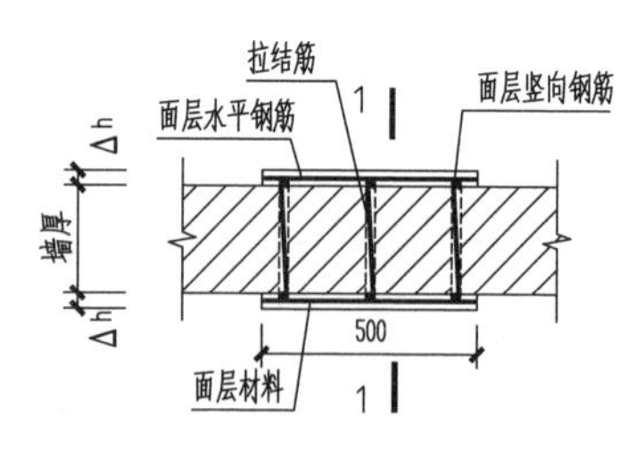

③ 钢筋网水泥砂浆组合砌体构造柱

（适用于填充墙墙长大于8m或层高2倍）

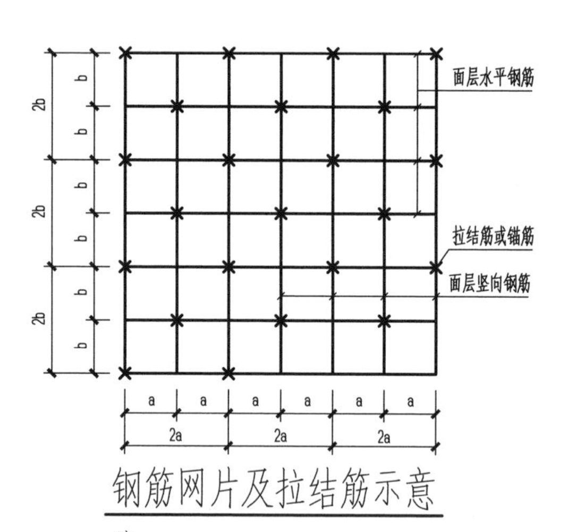

钢筋网片及拉结筋示意

注：

1. 除注明外，钢筋间距采用此图。
2. a为面层竖向钢筋间距，b为面层水平钢筋间距。

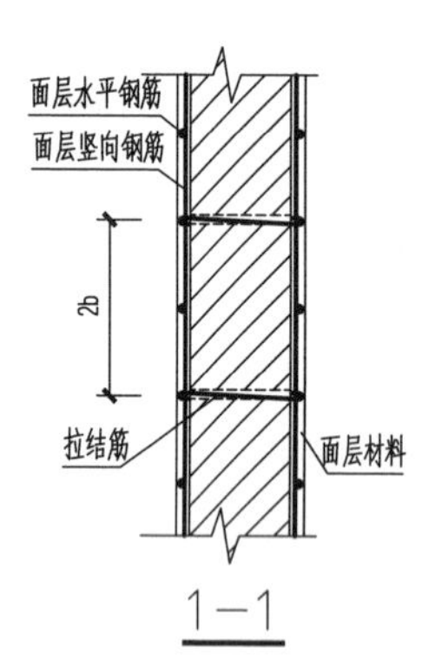

1—1

注：

1. 竖向钢筋为Φ6，水平分布钢筋为Φ6，网格尺寸宜为200 mm。
2. L形锚筋宜为Φ6@400，在原有墙体内的锚固深度为180 mm，S形穿墙拉结筋宜为Φ6@400。

通缝砌筑墙体及长墙加固						图集号	川2017G128-TY(一)
审核	陈雪莲	校对	孙 广	设计	李德超	页	31

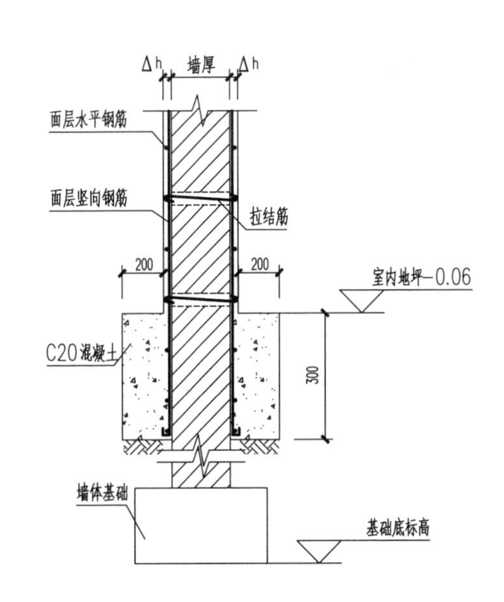

加固面层钢筋网底部做法（一）

（用于双面钢筋网加固内墙底部做法）

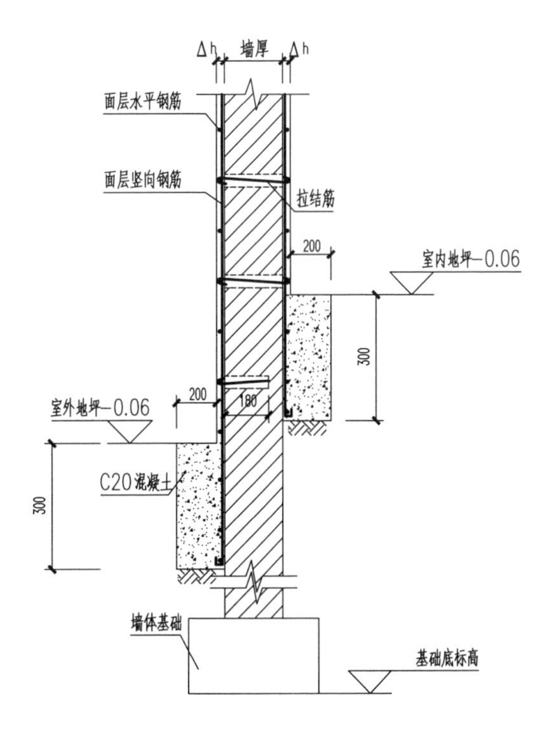

加固面层钢筋网底部做法（二）

（用于双面钢筋网加固外墙底部做法）

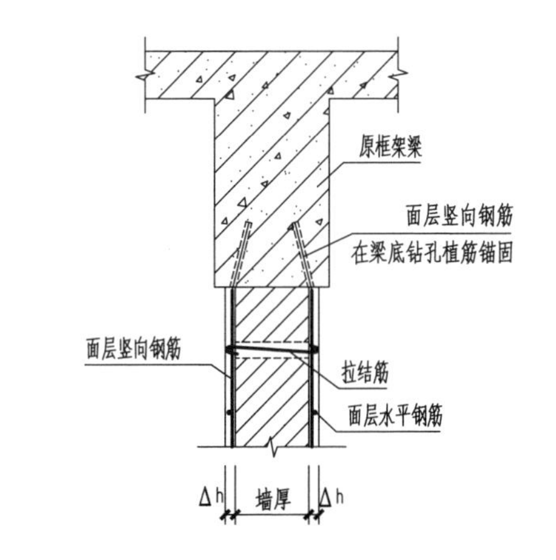

加固面层钢筋网与框架梁连接（一）

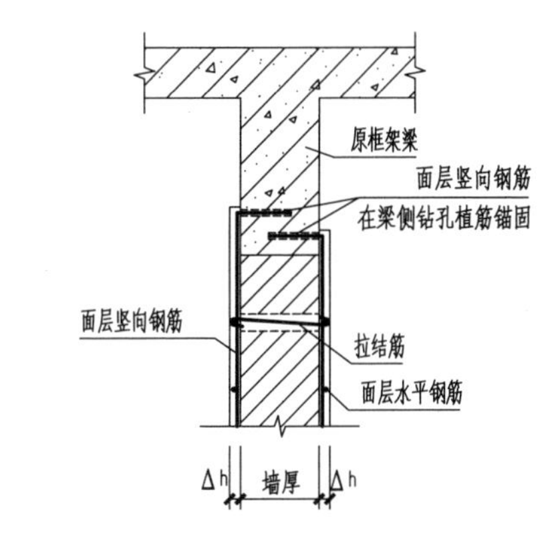

加固面层新增钢筋网与框架梁连接（二）

注：

1. 底部新增素混凝土下方土层需夯实。
2. 墙体面层竖向钢筋在原梁上钻孔植筋，锚固深度为180 mm。

填充墙加固底部及顶部做法							图集号	川2017G128-TY(一)
审核	陈雪莲	陈雪莲	校对	孙　广	孙广	设计	李德超	页	32

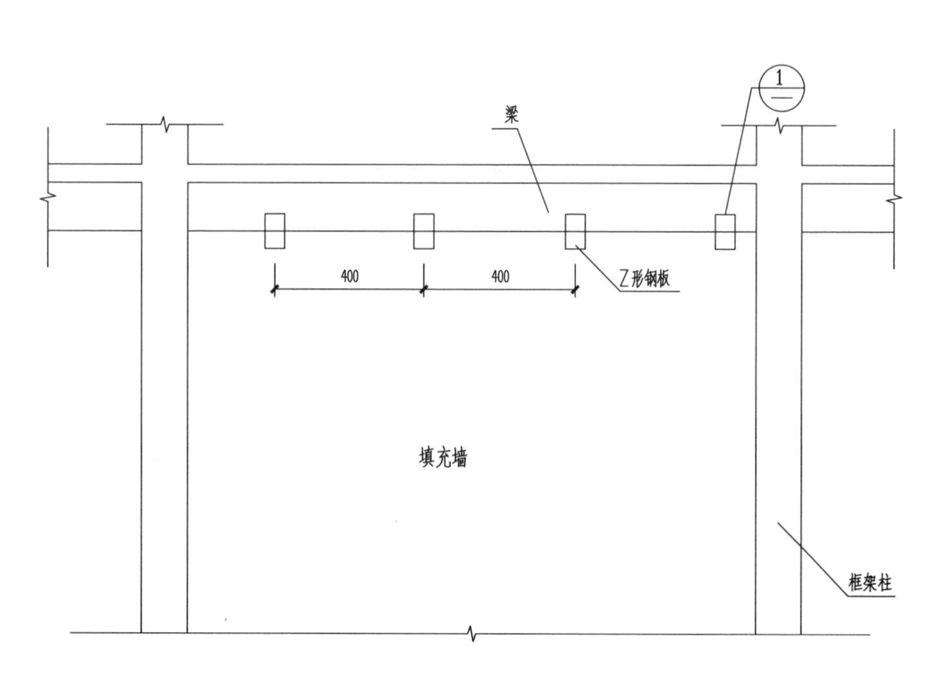

填充墙与梁连接处做法

（适用于填充墙墙长大于5m或8、9度区）

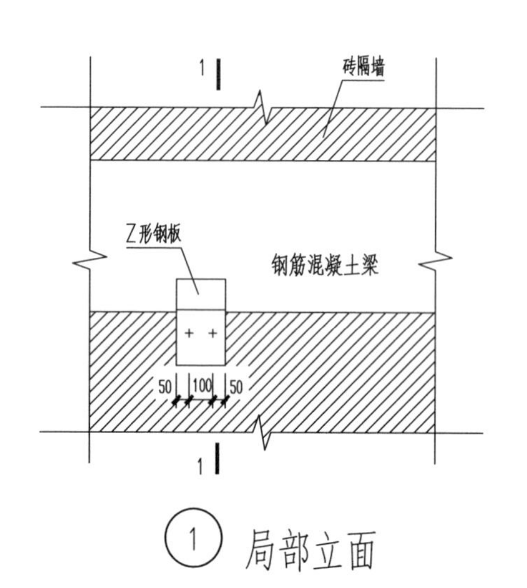

① 局部立面

梁
Z形钢板，水平间距400
厚度5mm
2M10螺栓
100
200
砖隔墙

1-1

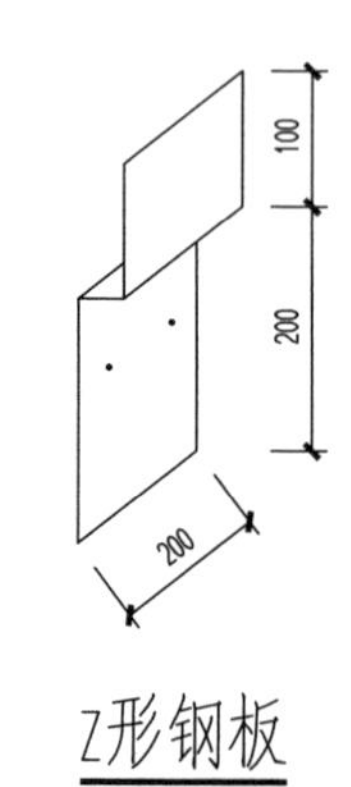

Z形钢板

注：
1. 本图适用于后砌隔墙与原结构梁无可靠连接时的加固做法。
2. 后砌隔墙顶部采用Z形钢板与原梁连接。

填充墙与梁连接处做法								图集号	川2017G128-TY(一)
审核	陈雪莲	陈雪莲	校对	孙 广	孙广	设计	李德超	页	33

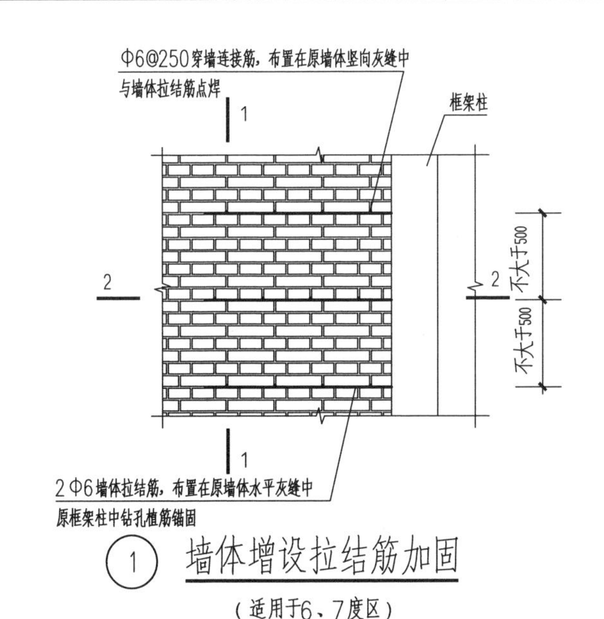

① 墙体增设拉结筋加固

（适用于6、7度区）

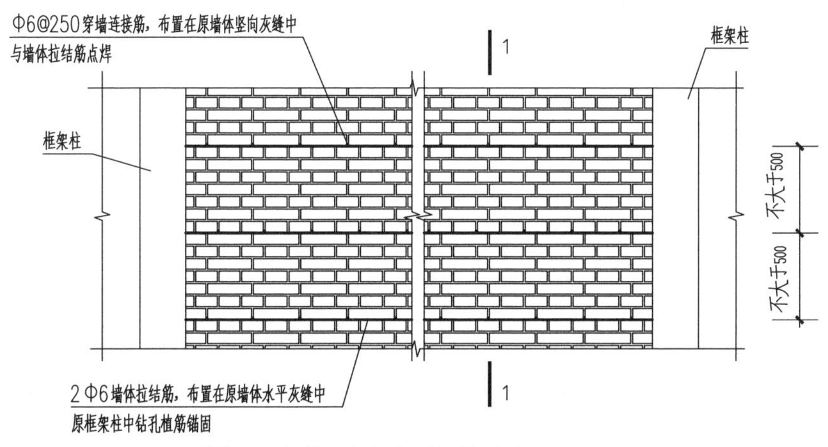

② 墙体增设拉结筋加固

（适用于8、9度区）

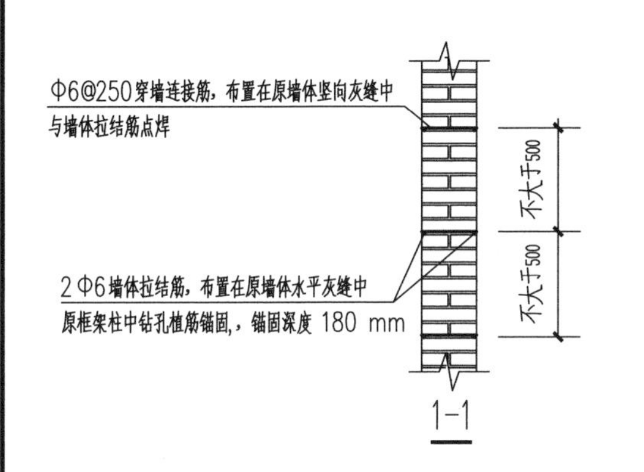

1-1

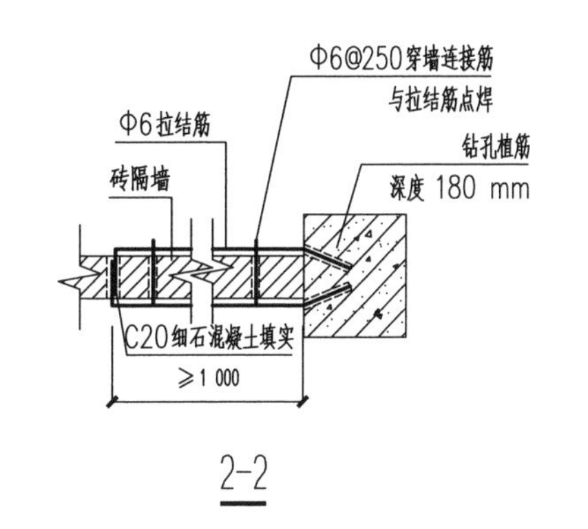

2-2

注：
1. 本图适用于填充墙体与框架柱的拉结筋设置不满足要求的加固。
2. 新增拉结筋沿柱全高设置，间距不大于500 mm。
3. 新增拉结筋长度：6、7度时，不小于1000 mm，8、9度时全长贯通。
4. 原墙体水平灰缝局部剔槽，剔槽深度不小于20 mm，布置墙体拉结筋，外抹M15水泥砂浆。

墙体增设拉结筋加固						图集号	川2017G128-TY(一)
审核 陈雪莲	陈雪莲	校对 孙 广	孙广	设计 李德超	李德超	页	34

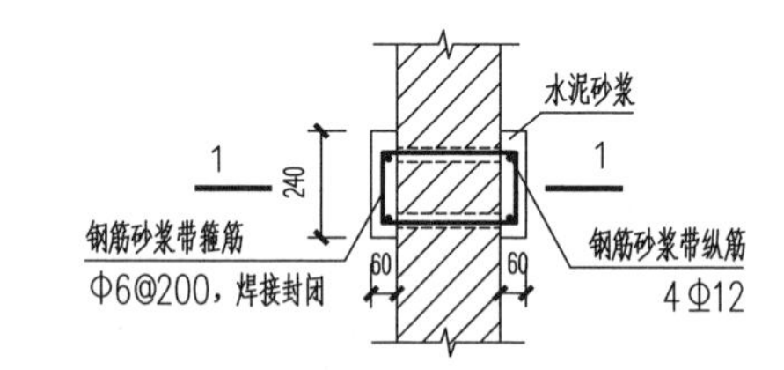

① 水平钢筋砂浆带加固

（适用于填充墙墙高大于4 m）

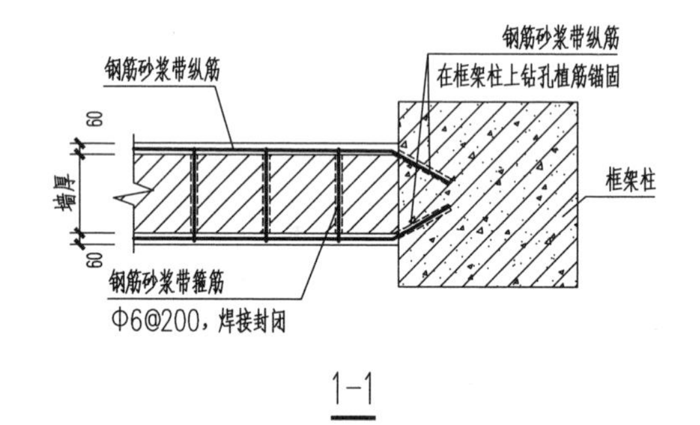

1-1

注：
1. 本图适用于填充墙体高度大于4 m而未设置水平系梁的填充墙加固。
2. 水平钢筋砂浆带设置于填充墙半层高位置。
3. 砂浆带厚度宜为60 mm，高度宜为240 mm。
4. 其余要求同双面钢筋网水泥砂浆面层加固法。

水平钢筋砂浆带加固									图集号	川2017G128-TY(一)
审核	陈雪莲	陈雪莲	校对	孙 广	孙广	设计	李德超	李德超	页	35

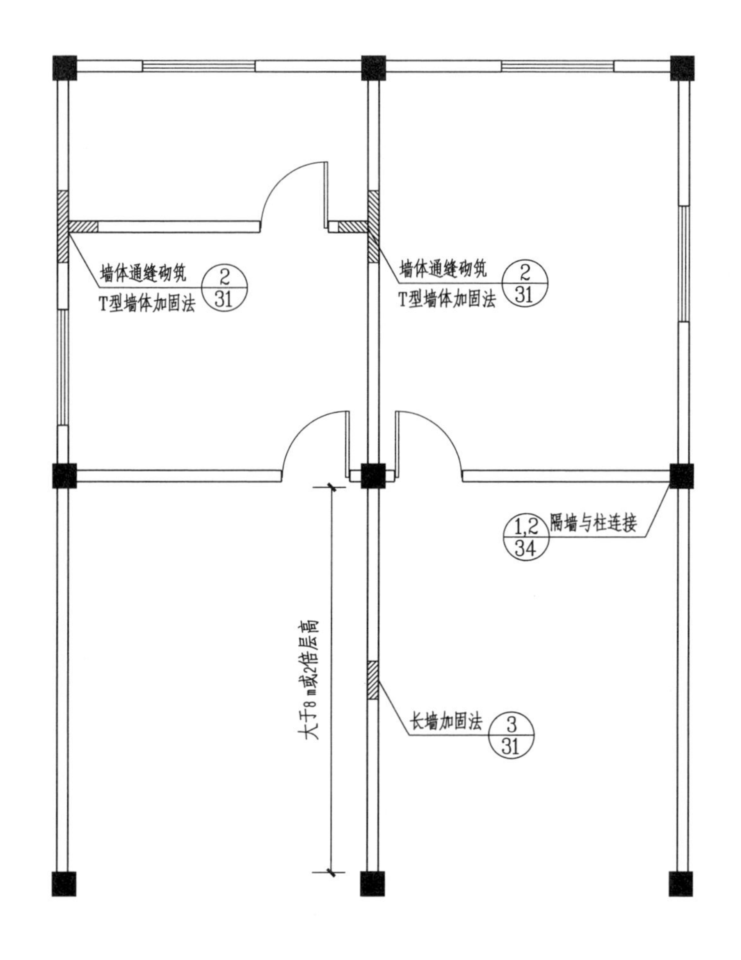

注:

1. 本示意图仅作为加固平面示例。
2. 适用于以下情况的加固:
   2.1 房屋部分填充墙交接处采用通缝砌筑;
   2.2 部分墙体长度大于8 m或层高的2倍;
   2.3 部分填充墙与框架柱的连接不满足要求。
3. 加固方法:
   3.1 采用局部钢筋网水泥砂浆组合砌体构造柱对填充墙通缝砌筑的节点部位进行加固处理;
   3.2 在墙体中部局部增设钢筋网水泥砂浆组合砌体构造柱对长度大于8 m或层高的2倍的填充墙进行加固处理;
   3.3 填充墙与框架柱连接部位增设拉结筋进行连接。

填充墙加固平面示意图

填充墙加固平面示意图							图集号	川2017G128-TY(一)
审核	陈雪莲	陈雪莲	校对	孙 广	孙广	设计	李德超	页	36

四川省农村居住建筑抗震加固图集

（砖砌体结构房屋）

批准部门： 四川省住房和城乡建设厅

主编单位： 四川省建筑科学研究院

参编单位： 四川省建筑工程质量检测中心
四川省建筑新技术工程公司
四川通信科研规划设计有限责任公司

批准文号： 川建标发〔2018〕65号

图 集 号： 川2017G128-TY(二)

实施日期： 2018年3月1日

主编单位负责人： 吴体

主编单位技术负责人： 肖承波

技 术 审 定 人： 黄云桥 凌程建

设 计 负 责 人： 陈雪莲

目 录

目录								图集号	川2017G128-TY(二)
审核	李德超	李德超	校对	宋世军	宋世军	设计	陈雪莲	陈雪莲	页	1

四川省农村居住建筑抗震加固图集

（砖砌体结构房屋）

批准部门：四川省住房和城乡建设厅
主编单位：四川省建筑科学研究院
参编单位：四川省建筑工程质量检测中心
四川省建筑新技术工程公司
四川通信科研规划设计有限责任公司

批准文号：川建标发〔2018〕65号
图 集 号：川2017G128-TY(二)
实施日期：2018年3月1日

主编单位负责人：[签名]
主编单位技术负责人：[签名]
技 术 审 定 人：[签名]
设 计 负 责 人：[签名]

目　录

目录								图集号	川2017G128-TY(二)
审核	李德超	[签名]	校对	宋世军	[签名]	设计	陈雪莲	[签名]	页	2

说明

1 一般规定

1.1 本分册适用于烧结普通砖和多孔砖、蒸压灰砂砖、蒸压粉煤灰砖、混凝土普通砖和多孔砖等砌体承重的农村住房的抗震加固。

1.2 对抗震鉴定不满足抗震要求且需进行抗震加固的砌体结构房屋，应依据抗震鉴定指出的隐患缺陷，采取提高房屋抗震承载力、加强房屋整体性连接、加强结构局部部位稳定性，以及加强抗震构造等方法进行抗震加固。

1.3 当房屋不超过两层，但总高或层高超过表1.3限值时，应采取提高墙体抗震能力和加强墙体约束的抗震加固措施。

表1.3 房屋总高度和层高限值 单位：m

墙体类别	烈度											
	6			7			8			9		
	总高	底层	二层	总高	底层	二层	总高	底层	二层	总高	底层	二层
普通砖、多孔砖	7.2	3.9	3.3	6.9	3.6	3.3	6.3	3.3	3.0	6.0	3.0	3.0
蒸压实心砖	7.2	3.9	3.3	6.6	3.6	3.0	6.0	3.0	3.0	3.0	—	—

注：表中房屋总高度不包括房屋室内外高差。若房屋有室内外高差，可将表中高度增加0.3 m。

1.4 当房屋抗震横墙最大间距超过表1.4限值不大于1.0 m时，可采用提高抗震横墙承载力且新增构造柱的抗震加固方法；当超过表1.4限值大于1.0 m时，应增设抗震横墙。

1.5 当砖砌体为下列情况之一时，应采用提高墙体承载力的方法对墙体进行抗震加固：

1.5.1 砌体厚度小于180 mm，或采用标准尺寸砖砌筑的180 mm厚砌体；

1.5.2 砖强度等级低于MU7.5；

1.5.3 烧结普通砖和多孔砖、混凝土普通砖和多孔砖砌体的砌筑砂浆强度等级：6、7度时低于M1.0，8、9度时低于M2.5；蒸压灰砂砖、蒸压粉煤灰砖砌体的砌筑砂浆强度等级：6、7度时低于Ms2.5，8、9度时低于Ms5.0。

表1.4 房屋抗震横墙最大间距 单位：m

墙体类别	楼、屋盖类别	6度	7度	8度	9度
普通砖、多孔砖	预制混凝土板	7.2	6.6	6.0	4.2
	现浇混凝土板	7.2	7.2	6.6	4.5
	木楼、屋盖	6.6	6.0	4.5	3.3
蒸压实心砖	预制混凝土板	6.6	6.0	4.5	3.3
	现浇混凝土板	6.6	6.6	6.0	4.2
	木楼、屋盖	6.0	4.5	3.3	3.0

1.6 房屋墙体的局部尺寸小于表1.6的限值，以及无锚固女儿墙高度大于表1.6的限值时，可采取提高局部墙体承载力，或加强局部墙体稳定的方法进行抗震加固。

表1.6 房屋墙体局部最小尺寸限值 单位：m

部位	6度	7度	8度	9度
承重窗间墙最小宽度	0.8	0.8	1.0	1.3
承重外墙尽端至门窗洞边的最小距离	0.8	1.0	1.2	1.5
非承重外墙尽端至门窗洞边的最小距离	0.8	0.9	1.0	1.0
内墙阳角至门窗洞边的最小距离	0.8	0.8	1.2	1.8
内墙门窗洞口至外纵墙的最小距离	0.8	1.0	1.2	1.5
无锚固女儿墙（非出入口或人流通道处）最大高度	0.5	0.5	0.5	-

1.7 房屋不满足表1.7的要求时，应采用增设钢筋水泥砂浆组合砌体构造柱（以下简称组合构造柱）或钢筋混凝土构造柱进行加固。

表1.7 构造柱设置部位要求

<table>
<tr><th rowspan="2">建筑层数</th><th colspan="4">设置部位</th></tr>
<tr><th>6度</th><th>7度</th><th>8度</th><th>9度</th></tr>
<tr><td rowspan="3">单层</td><td colspan="4">较突出的外墙转角、外墙四大角处</td></tr>
<tr><td></td><td colspan="3">较大洞口两侧、大房间四角处</td></tr>
<tr><td colspan="2"></td><td colspan="2">隔10 m横墙与外纵墙交接处、山墙与内纵墙交接处</td></tr>
<tr><td rowspan="4">两层</td><td colspan="4">较突出的外墙转角、外墙四大角处</td></tr>
<tr><td></td><td colspan="3">大房间四角、较大洞口两侧、山墙与内纵墙交接处、楼梯间四角</td></tr>
<tr><td colspan="2"></td><td colspan="2">隔开间(轴线)横墙与外纵墙交接处</td></tr>
<tr><td colspan="3"></td><td>楼梯间对应的另一侧内横墙与外纵墙交接处</td></tr>
</table>

1.8 房屋不满足下列要求时，应采用增设封闭式的钢筋水泥砂浆组合砌体圈梁或钢筋混凝土圈梁进行抗震加固。

1.8.1 6、7度时，在屋盖檐口处的外墙顶设置圈梁；8、9度时，在屋盖檐口及楼盖处的外墙顶，以及内纵墙顶均设置圈梁；内抗震横墙顶宜增设圈梁，并与外纵墙圈梁连接闭合。

1.8.2 内抗震横墙顶、外纵墙构造柱对应部位的横墙顶设置圈梁，并与外纵墙圈梁连接闭合。

1.9 当第二层外纵墙外延的两层房屋存在下列情况时，应采取提高墙体承载能力和加强房屋整体性的措施进行抗震加固。

1.9.1 若房屋按《四川省农村居住建筑抗震技术规程》（DBJ 51/016-2013）修建，第二层外纵墙与底层纵墙的轴线外延尺寸：6度时大于1.2 m，7度时大于1.0 m，8度时大于0.8 m。

1.9.2 若房屋未按《四川省农村居住建筑抗震技术规程》（DBJ 51/016-2013）修建，第二层外纵墙与底层纵墙的轴线外延尺寸：6度时大于1.0 m，7度时大于0.8 m，8度时大于0.6 m。

1.9.3 墙体厚度小于240mm，或墙体的砌筑砂浆强度等级低于M5，或砖强度等级低于MU10。

1.9.4 抗震横墙间距大于6.0 m；外延一侧的底层纵墙墙肢宽度小于1.2 m，且墙肢两侧未设构造柱。

1.9.5 构造柱设置不满足本说明表1.7的要求，以及横墙与外墙交接处均未设构造柱，楼屋盖处未设圈梁。

1.10 当房屋墙体在平面内的布置不闭合、沿竖向上下不连续，以及设置悬挑楼梯、支撑跨度为6 m及以上大梁的独立砖柱等时，应采取完善结构体系传力途径、提高结构构件抗震能力及加强房屋整体性的措施进行抗震加固。

1.11 当墙体交接处为通缝砌筑，或墙体之间、墙体与梁板之间的连接措施不满足抗震要求时，应采取局部增强连接措施进行抗震加固。

1.12 当楼盖、屋盖构件的支承长度不满足表1.12的限值时，宜采取支托和加强楼屋盖整体性措施进行抗震加固。

表1.12 楼盖、屋盖构件的最小支承长度 单位：mm

构件名称	预制板（现浇板）		预制进深梁	木屋架木大梁	对接木龙骨木檩条		搭接木龙骨木檩条
位置	墙上	梁上	墙上	墙上	屋架上	墙上	屋架上、墙上
支承长度	100	80	240	240	60	120	满搭

1.13 8、9度时采用硬山搁檩的屋盖，应对墙体采用双面钢筋网水泥砂浆面层进行加固。

2 加固方法

2.1 面层加固：当墙体砌筑砂浆强度等级偏低、砌筑质量差导致抗震承载能力不满足要求时，可在墙体的一侧或两侧采用水泥砂浆面层、钢筋网水泥砂浆面层加固；面层加固也可与压力灌浆结合用于有裂缝墙体的修复补强。

2.2 拆除重砌或增设抗震墙：对强度过低、现状及质量较差的原墙体可拆除重砌；当横墙间距过大时，可新增砌体抗震墙。

2.3 当墙体布置在平面内不闭合时，可在开口处增设墙段或增设现浇钢筋混凝土框形成闭合。

2.4 纵横墙连接较差时，可局部增设钢筋网水泥砂浆面层进行加固。

2.5 楼、屋盖构件支承长度不满足要求时，可增设托梁或采取增强楼、屋盖整体性等的措施。

2.6 当构造柱设置不满足抗震要求时，应新增钢筋混凝土构造柱或钢筋网水泥砂浆组合砌体构造柱进行抗震加固；但当墙体需要采用双面钢筋网水泥砂浆面层进行抗震加固时，可选用在墙体需设置构造柱的部位增设加强型的配筋砂浆带形成的组合构造柱的加固措施，以此代替钢筋混凝土构造柱或钢筋网水泥砂浆组合砌体构造柱。

2.7 对无拉结或拉结不牢靠的后砌隔墙，可在隔墙端部和顶部采用锚筋或锚板加固；当隔墙过长、过高时，可采用钢筋网水泥砂浆面层进行抗震加固，并应与原主体结构间增设拉结筋。

2.8 对不满足抗震要求的出屋面烟囱、女儿墙，宜拆除或降低高度并采取加强稳定性的措施进行抗震加固。

2.9 窗间墙宽度不满足抗震要求时，可增设钢筋混凝土窗框或采用钢筋网砂浆面层等措施进行抗震加固。

2.10 支承大梁等的墙段抗震能力不满足要求时，可增设砌体柱、组合柱、钢筋混凝土柱或采用钢筋网砂浆面层等措施进行抗震加固。

2.11 支承悬挑构件的墙体不符合抗震要求时，宜在悬挑构件根部增设钢筋混凝土柱或砌体组合柱等措施进行抗震加固。

钢筋网水泥砂浆面层加固墙体说明

1 特点及适用范围

1.1 钢筋网水泥砂浆面层加固法属于面层加固法的一种，是在墙体表面增设一定厚度的有钢筋网的水泥砂浆，形成组合墙体，达到提高墙体承载力和变形性能的加固方法。

1.2 钢筋网水泥砂浆面层加固法可分为单面和双面两种，应由设计人员根据房屋及墙体不满足抗震要求的程度选用。主要适用范围:

1.2.1 当房屋层高超过限值，可对层高超限的整层承重墙体采用双面钢筋网片水泥砂浆面层进行加固。

1.2.2 当承重横墙厚度不满足要求或抗震横墙厚度小于240 mm时，可对墙体采用双面钢筋网片砂浆面层进行加固，同一轴线的墙体均应加固。

1.2.3 当砂浆强度等级不满足要求时，可对墙体采用双面钢筋网片砂浆面层进行加固，同一轴线的墙体均应加固。

1.2.4 当抗震设防烈度为8、9度的房屋屋盖采用硬山承檩屋盖时，可对硬山墙体采用双面钢筋网片砂浆面层进行加固。

1.2.5 当楼梯间设置在房屋尽端或转角处时，可对楼梯间墙体采用双面钢筋网片砂浆面层进行加固。

1.2.6 当墙体局部尺寸不满足要求时，可对墙体局部采用双面钢筋网片砂浆面层进行加固。

2 设计要点

2.1 水泥砂浆强度等级为M15。

2.2 面层厚度，对室内正常环境应为35～45 mm，对露天或潮湿环境应为45～50 mm。

2.3 钢筋网宜采用点焊方格钢筋网，竖向受力钢筋直径≥8 mm，水平分布钢筋直径≥6 mm，网格尺寸≤300 mm。

2.4 单面加固面层的钢筋网宜采用ϕ6的L形锚筋，双面加固面层的钢筋网宜采用ϕ6的S形或Z形穿墙拉结筋与原墙体连接。穿墙拉结筋孔径比钢筋直径大2 mm，锚筋孔径宜为锚筋直径的2.5倍，锚固深度为180 mm。锚筋及穿墙拉结筋的间距不应大于网格尺寸的2倍，梅花形布置。

2.5 底层墙体的钢筋网水泥砂浆面层，在地面以下应采用混凝土加厚并伸入地面以下500 mm。

2.6 若房屋的构造柱设置不满足要求时，且墙体采用双面钢筋网砂浆面层加固时，8度、9度地区可在需设置构造柱的位置采用增设竖向加强型钢筋砂浆带形成组合构造柱的加固措施。加强带的主筋宜为4Φ14，转角处钢筋宜为5Φ14。

2.7 当房屋的圈梁设置不满足要求，且墙体需采用钢筋网砂浆面层加固时，可在需设置圈梁的位置处，采用设置水平向加强钢筋砂浆带组合砌体圈梁（以下简称组合圈梁）的抗震加固措施。水平向加强钢筋带的主筋：6、7度时宜为4Φ12，8、9度时宜为4Φ14。

3 施工要点

3.1 钢筋网四周应采用锚筋、插入短筋或拉结筋等与基础、楼板、大梁、柱或墙体可靠连接，上端应锚固在楼层构件（圈梁或配筋的混凝土垫块）中，下端应锚固在基础内，锚固可采用植筋方式。

3.2 钢筋网的横向钢筋遇有门窗洞时，单面加固宜将钢筋弯入洞口侧面并沿周边锚固，双面加固宜将两侧的横向钢筋在洞口闭合，且尚应在钢筋网折角处设置竖向构造钢筋。

3.3 布设锚筋处，墙体的钻孔直径为2.5倍锚筋直径，采用1∶2干硬性水泥砂浆浆锚。

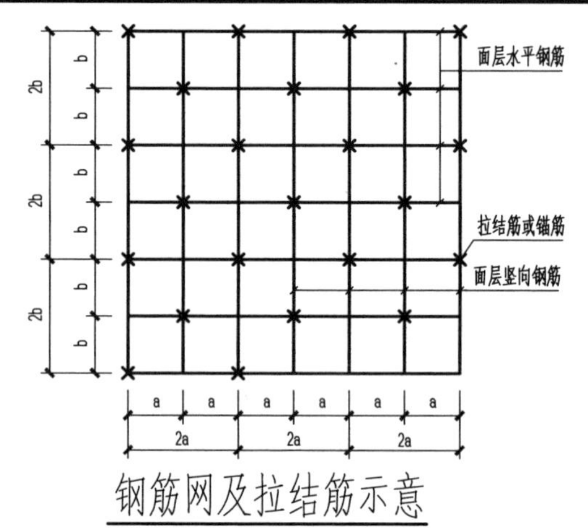

钢筋网及拉结筋示意

注：1.a为加固竖向钢筋间距；
2.b为加固水平钢筋间距。

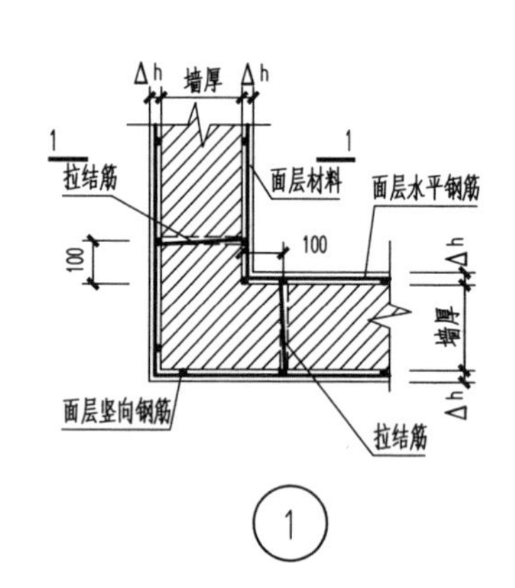

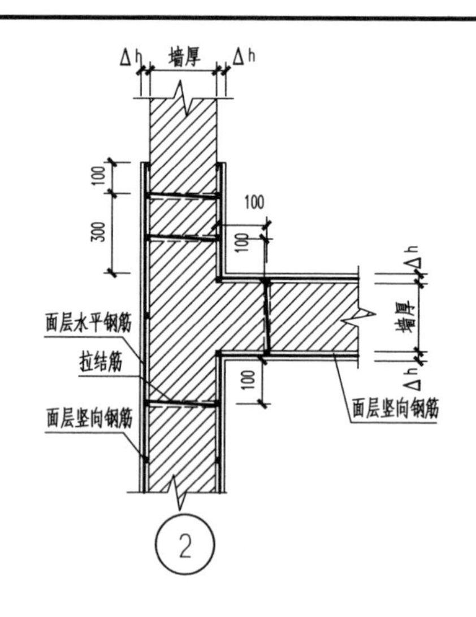

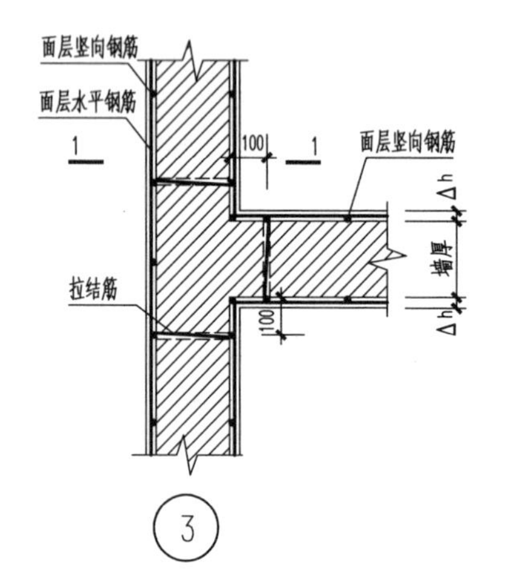

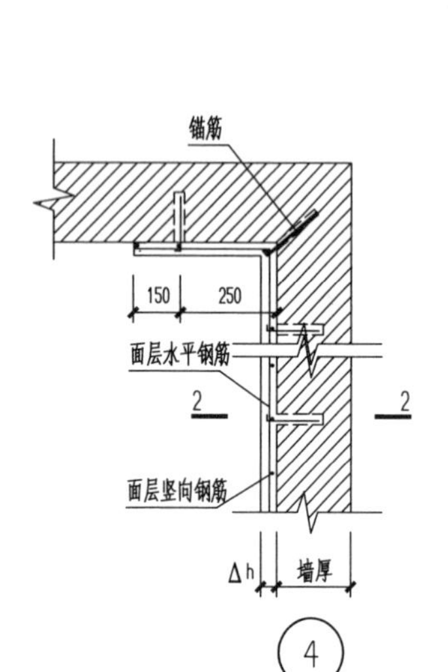

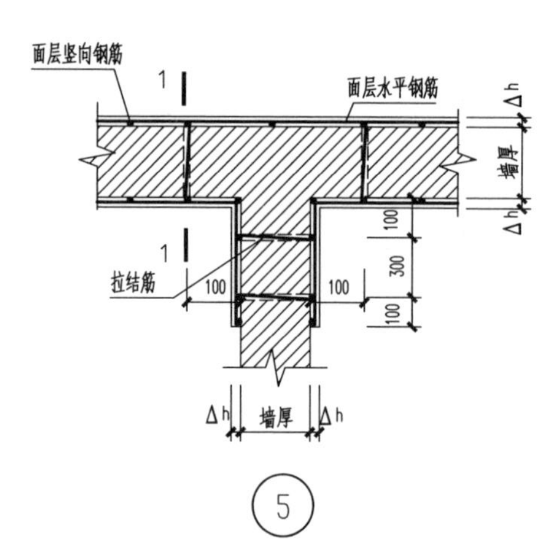

注：
1. 竖向钢筋为Φ8，水平分布钢筋为Φ6，网格尺寸宜为300 mm。
2. L形锚筋宜为Φ6@600，在原有墙体内的锚固深度为180mm。S形穿墙拉结筋宜为Φ6@600。
3. 1-1、2-2剖面详见本分册第8页。

钢筋网水泥砂浆面层加固平面示意图及节点详图								图集号	川2017G128-TY(二)
审核	李德超	(签名)	校对	宋世军	(签名)	设计	陈雪莲	页	7

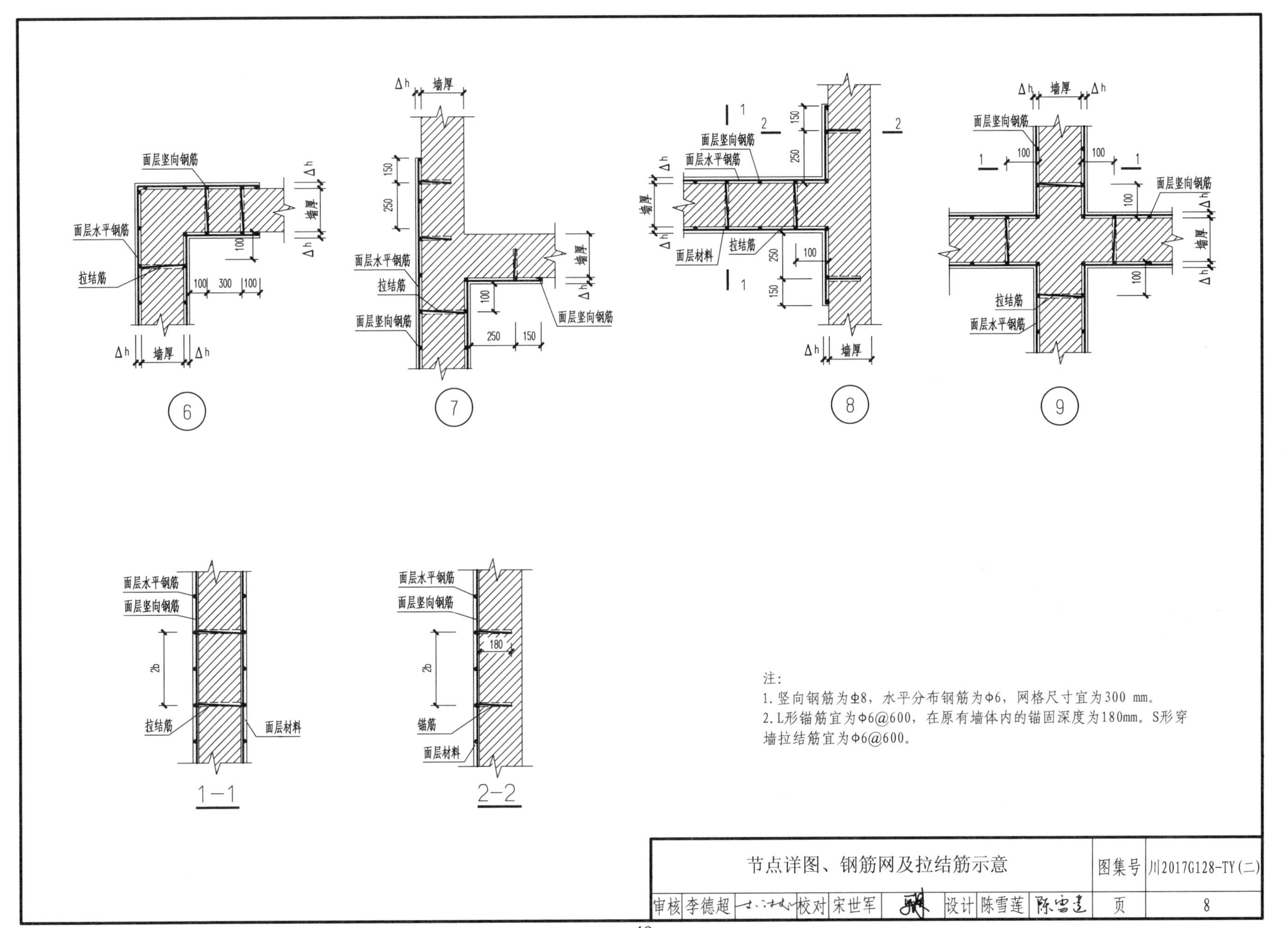

注:

1. 竖向钢筋为Φ8，水平分布钢筋为Φ6，网格尺寸宜为300 mm。
2. L形锚筋宜为Φ6@600，在原有墙体内的锚固深度为180mm。S形穿墙拉结筋宜为Φ6@600。

节点详图、钢筋网及拉结筋示意						图集号	川2017G128-TY(二)
审核 李德超		校对 宋世军		设计 陈雪莲		页	8

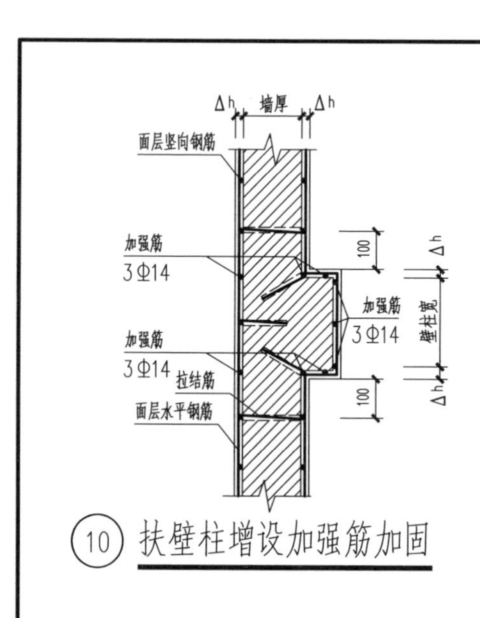

⑩ 扶壁柱增设加强筋加固

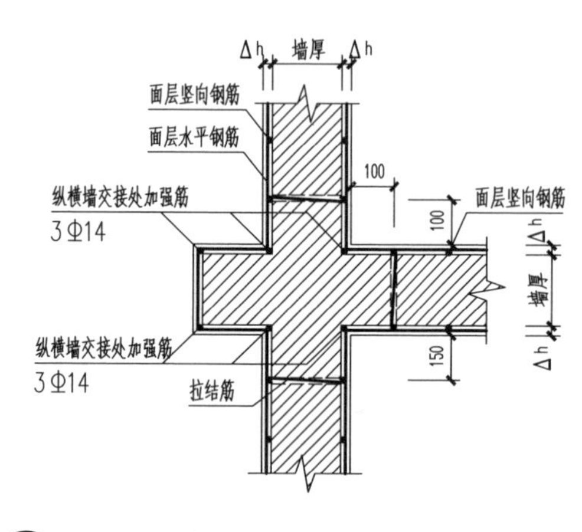

⑪ 双面钢筋网局部增设加强筋加固

（纵横墙均加固）

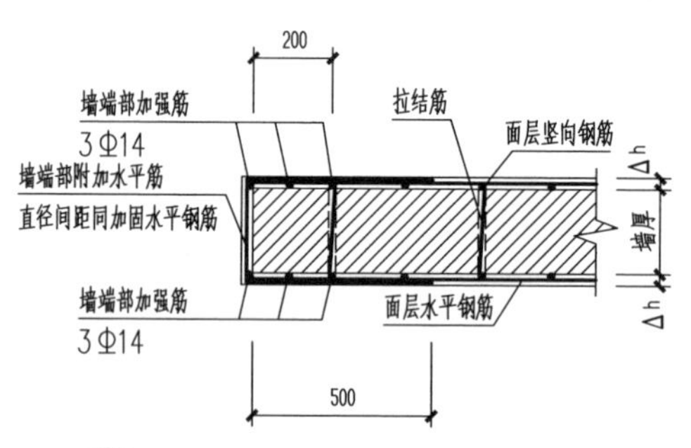

⑫ 双面钢筋网局部增设加强筋加固

（墙体端部）

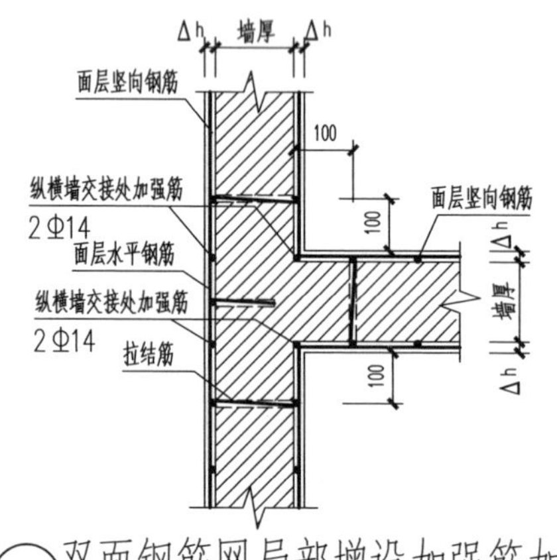

⑬ 双面钢筋网局部增设加强筋加固

（T型接头）

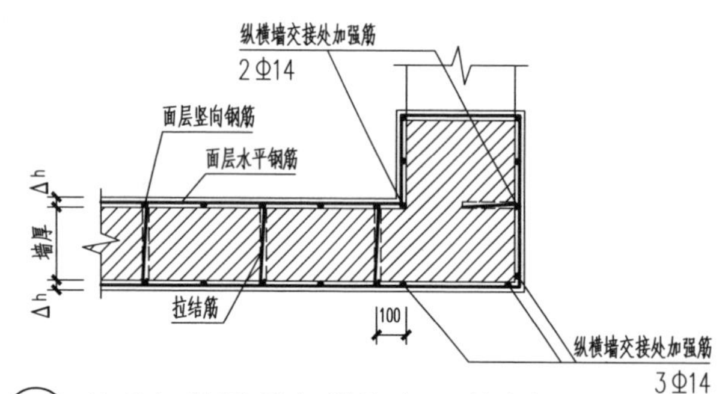

⑭ 双面钢筋网局部增设加强筋加固

（L型接头）

⑮ 双面钢筋网局部增设加强筋加固

（L型接头）

注：6、7度地区可不设加强筋，8、9度设Φ14加强筋。

钢筋网水泥砂浆面层设加强筋替代构造柱								图集号	川2017G128-TY(二)
审核	李德超	（签名）	校对	宋世军	（签名）	设计	陈雪莲	页	9

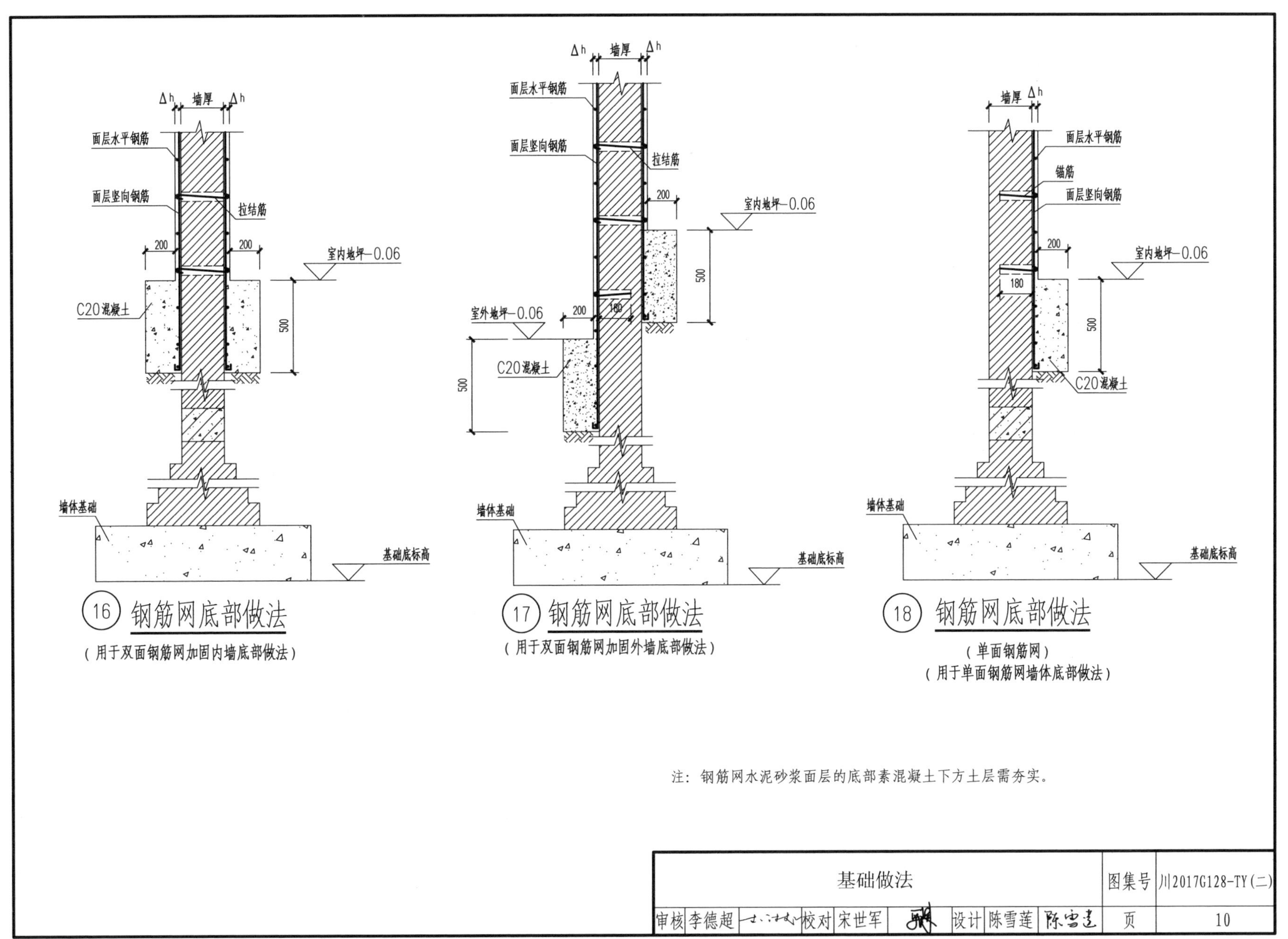
Δh
墙厚
Δh
面层水平钢筋
面层竖向钢筋
拉结筋
200
200
室内地坪-0.06
C20混凝土
500
墙体基础
基础底标高
16 钢筋网底部做法
（用于双面钢筋网加固内墙底部做法）
面层水平钢筋
面层竖向钢筋
拉结筋
200
室内地坪-0.06
500
室外地坪-0.06
200
180
C20混凝土
500
墙体基础
基础底标高
17 钢筋网底部做法
（用于双面钢筋网加固外墙底部做法）
墙厚
Δh
面层水平钢筋
锚筋
面层竖向钢筋
200
180
室内地坪-0.06
500
C20混凝土
墙体基础
基础底标高
18 钢筋网底部做法
（单面钢筋网）
（用于单面钢筋网墙体底部做法）
注：钢筋网水泥砂浆面层的底部素混凝土下方土层需夯实。
基础做法
图集号
川2017G128-TY(二)
审核 李德超
校对 宋世军
设计 陈雪莲
页
10

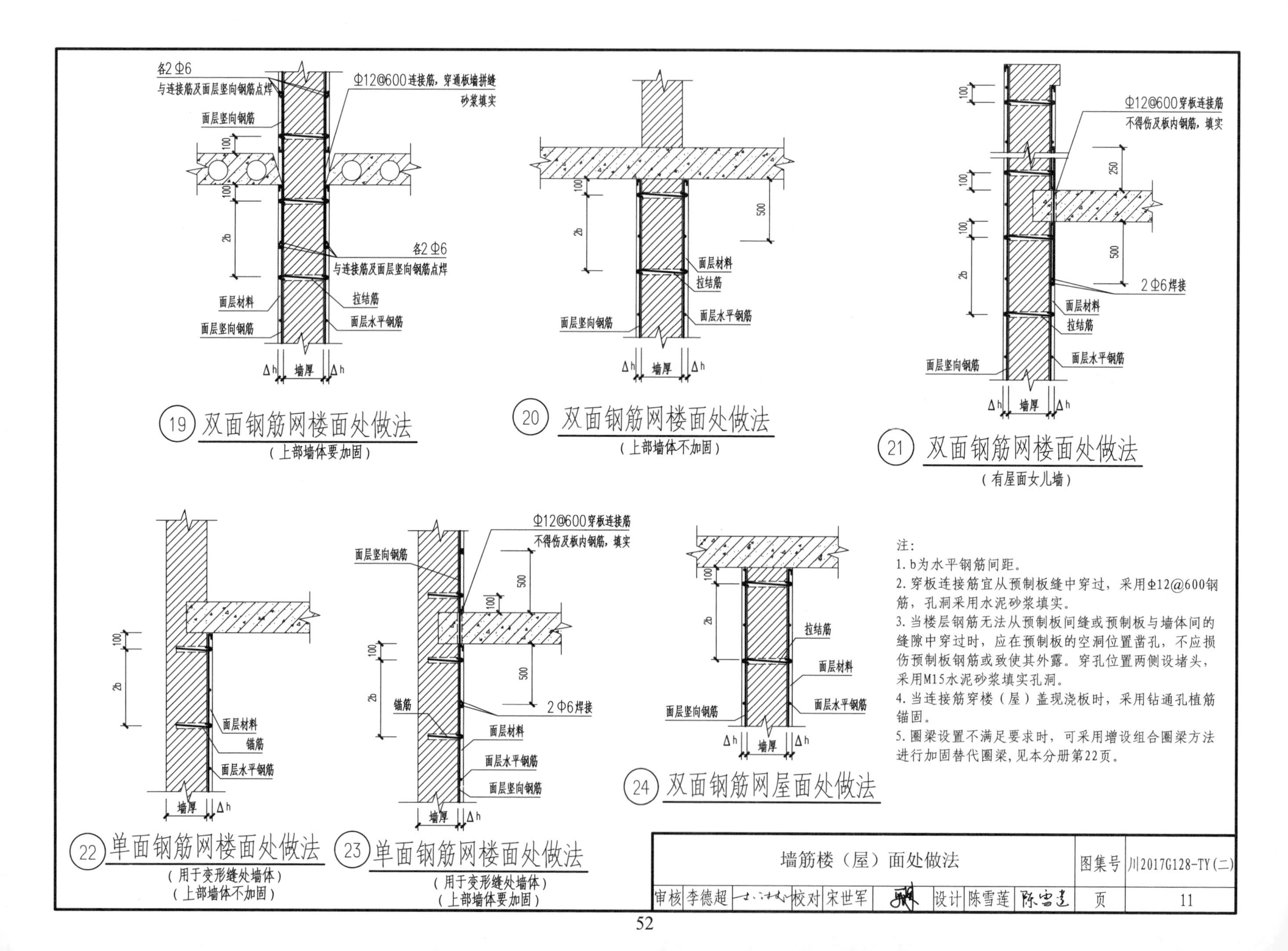

各2Φ6
与连接筋及面层竖向钢筋点焊
Φ12@600连接筋，穿通板墙拼缝
砂浆填实
面层竖向钢筋
100
100
2b
各2Φ6
与连接筋及面层竖向钢筋点焊
面层材料
拉结筋
面层竖向钢筋
面层水平钢筋
Δh
墙厚
Δh
19 双面钢筋网楼面处做法
（上部墙体要加固）
100
500
2b
面层材料
拉结筋
面层竖向钢筋
面层水平钢筋
Δh
墙厚
Δh
20 双面钢筋网楼面处做法
（上部墙体不加固）
100
Φ12@600穿板连接筋
不得伤及板内钢筋，填实
250
100
100
500
2b
2Φ6焊接
面层材料
拉结筋
面层竖向钢筋
面层水平钢筋
Δh
墙厚
Δh
21 双面钢筋网楼面处做法
（有屋面女儿墙）
100
2b
面层材料
锚筋
面层水平钢筋
墙厚
Δh
22 单面钢筋网楼面处做法
（用于变形缝处墙体）
（上部墙体不加固）
Φ12@600穿板连接筋
不得伤及板内钢筋，填实
面层竖向钢筋
500
100
100
500
2b
2Φ6焊接
锚筋
面层材料
面层水平钢筋
面层竖向钢筋
墙厚
Δh
23 单面钢筋网楼面处做法
（用于变形缝处墙体）
（上部墙体要加固）
100
2b
拉结筋
面层材料
面层竖向钢筋
面层水平钢筋
Δh
墙厚
Δh
24 双面钢筋网屋面处做法
注：
1. b为水平钢筋间距。
2. 穿板连接筋宜从预制板缝中穿过，采用Φ12@600钢筋，孔洞采用水泥砂浆填实。
3. 当楼层钢筋无法从预制板间缝或预制板与墙体间的缝隙中穿过时，应在预制板的空洞位置凿孔，不应损伤预制板钢筋或致使其外露。穿孔位置两侧设堵头，采用M15水泥砂浆填实孔洞。
4. 当连接筋穿楼（屋）盖现浇板时，采用钻通孔植筋锚固。
5. 圈梁设置不满足要求时，可采用增设组合圈梁方法进行加固替代圈梁，见本分册第22页。
墙筋楼（屋）面处做法
图集号 川2017G128-TY(二)
审核 李德超 校对 宋世军 设计 陈雪莲 陈雪莲
页 11

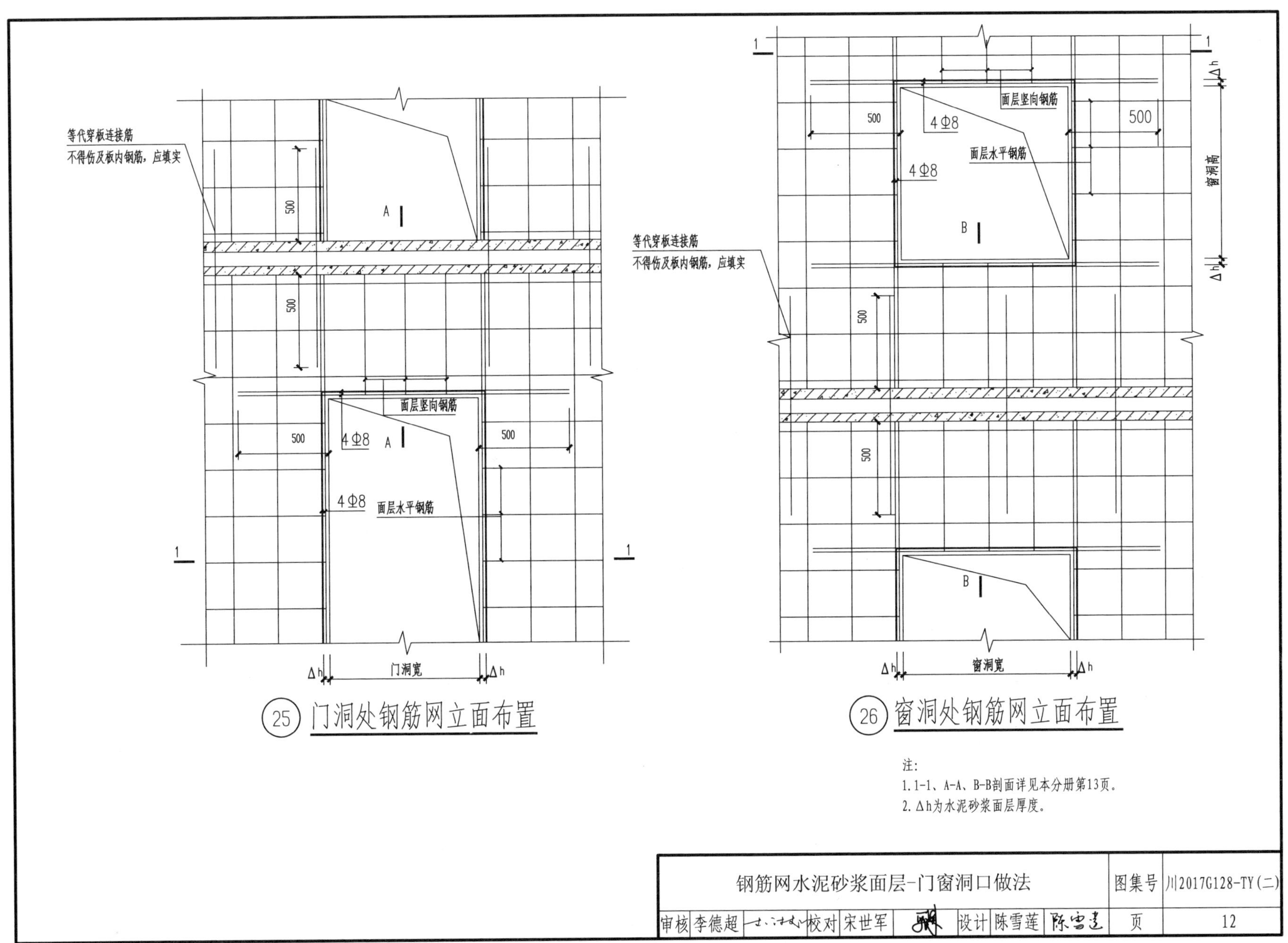

㉕ 门洞处钢筋网立面布置

㉖ 窗洞处钢筋网立面布置

注：
1. 1-1、A-A、B-B剖面详见本分册第13页。
2. Δh为水泥砂浆面层厚度。

钢筋网水泥砂浆面层-门窗洞口做法							图集号	川2017G128-TY(二)
审核	李德超	[signature]	校对	宋世军	[signature]	设计 陈雪莲 [signature]	页	12

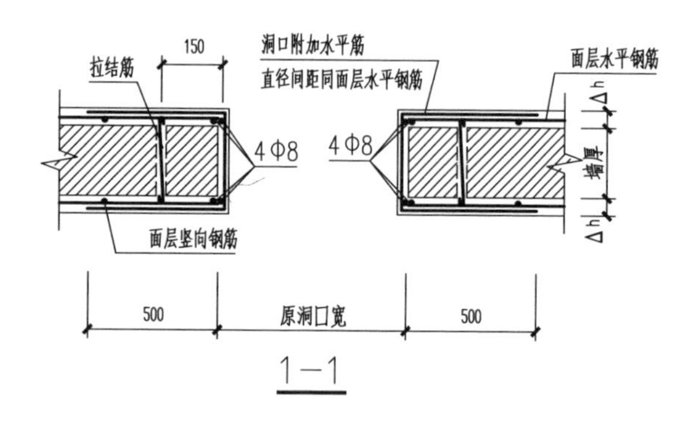

1—1

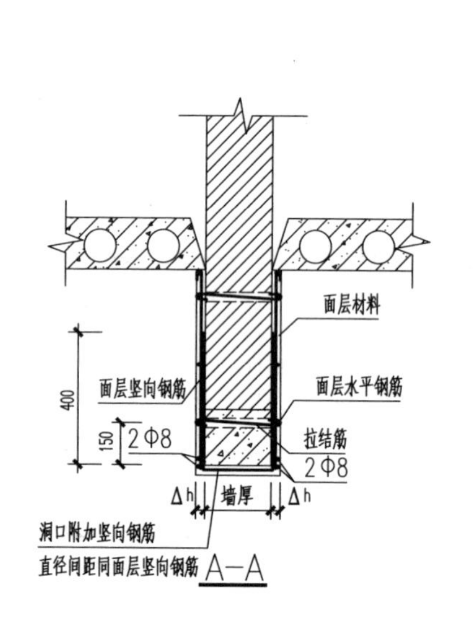

A—A

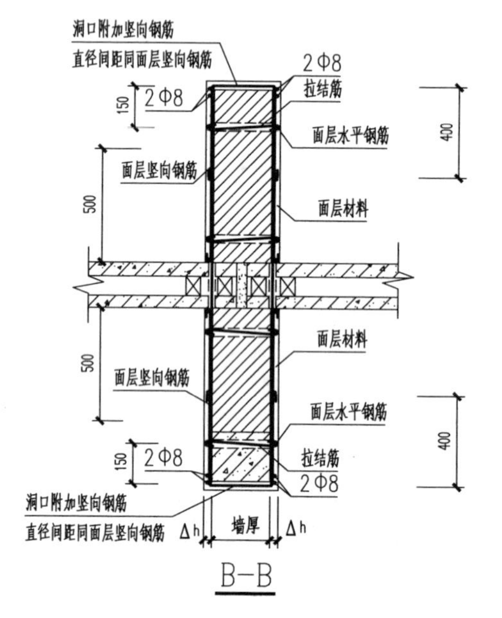

B—B

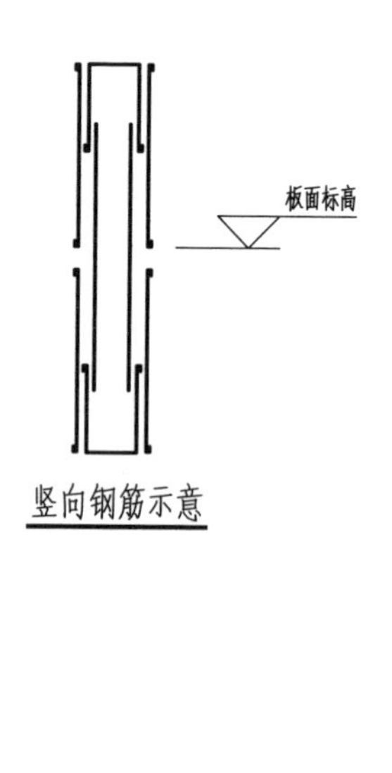

竖向钢筋示意

钢筋网水泥砂浆面层-门窗洞口做法								图集号	川2017G128-TY(二)
审核	李德超		校对	宋世军		设计	陈雪莲	页	13

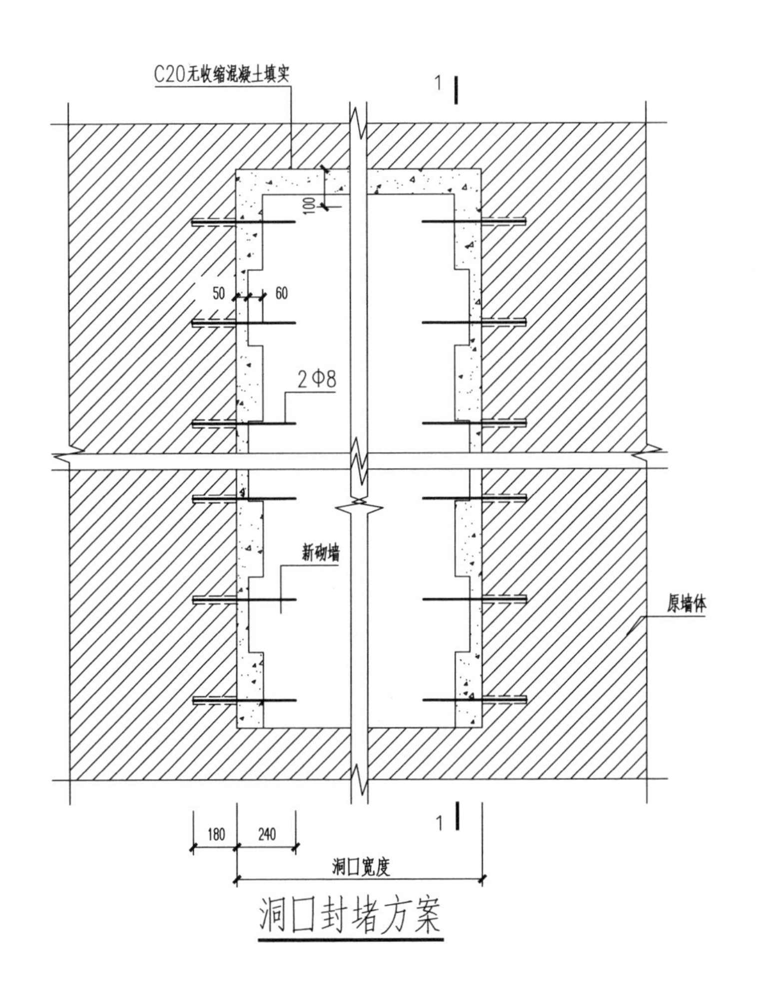

洞口封堵方案

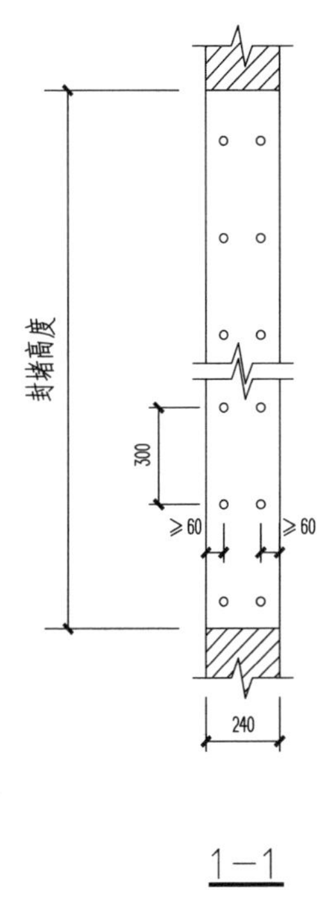

1—1

注:
1. 当墙体承载能力不足或洞口间墙段局部尺寸偏小时,可采用局部封堵洞口加固法进行加固。
2. 堵砌用砖强度等级不应小于MU10。
3. 堵砌用砌筑砂浆强度等级应高于原砌体砂浆一级,且不应小于M5。
4. 新旧砌体连接可采用植筋、企口等方式,接缝处需用C20无收缩混凝土灌严,堵砌墙段顶部与原洞口过梁间应预留不小于100 mm的间隙,采用C20无收缩混凝土进行填实处理。
5. 门窗洞口封堵,必要时,也可采用钢筋混凝土封堵。

洞口封堵方案								图集号	川2017G128-TY(二)
审核	李德超	[签名]	校对	宋世军	[签名]	设计	陈雪莲	[签名] 页	14

新增构造柱说明

1 特点及适用范围

当构造柱设置不符合鉴定要求时，应新增钢筋混凝土构造柱或组合体构造柱进行加固；但当墙体需要采用双面钢筋网水泥砂浆面层加固时，可选用在墙体需设构造柱的部位增设加强型钢筋砂浆带的方法进行加固。

2 设计要点

2.1 新增构造柱的主要设置部位及相关规定

2.1.1 新增构造柱可按本分册第4页说明表1.7的相应部位设置；新增构造柱宜在平面内对称布置，并应沿房屋全高贯通，不得错位；新增构造柱应与圈梁可靠连接。

2.1.2 新增钢筋混凝土构造柱应设置基础，并应设置拉结筋或锚筋等与原墙体、原基础可靠连接；基础埋深应与原墙体基础相同。

2.2 新增钢筋混凝土构造柱的设计要点：

2.2.1 混凝土强度等级宜采用C20。

2.2.2 截面可采用240 mm×180 mm或300 mm×150 mm；外墙转角可采用边长为600 mm的L形等边角柱，厚度不应小于120 mm。

2.2.3 纵向钢筋不宜小于4ϕ12，转角处构造柱纵向钢筋可采用12ϕ12，并宜双排设置；箍筋可采用ϕ6，其间距宜为150~200 mm，在楼（屋）盖上下各500 mm范围内的箍筋间距不应大于100 mm。

2.2.4 新增构造柱应与墙体可靠连接，新增构造柱应与墙体沿层高方向间距1m同时设置拉结钢筋和销键与墙体连接；在室外地坪标高处和墙基础大放脚处应设置销键或锚筋与墙体基础连接。

2.3 组合构造柱的设计要点：

2.3.1 组合构造柱截面宽度不应小于500 mm;

2.3.2 穿墙拉结筋宜呈梅花状布置，其位置应在水平缝上；

2.3.3 面层材料和构造应符合下列规定：

(1) 面层砂浆强度等级宜为M15;

(2) 水泥砂浆面层厚度宜为35~45 mm;

(3) 钢筋网的钢筋直径：6、7度时宜为6 mm，8、9度时宜为8 mm，网格尺寸不宜大于120 mm×120 mm;

(4) 构造柱的钢筋网应采用直径为6 mm的Z形或S形锚筋，Z形或S形锚筋间距不宜大于360 mm×360 mm。

3 施工要点

3.1 构造柱的拉结钢筋可采用2ϕ12钢筋，长度不应小于1.5 m，应紧贴横墙布置；其一端应锚在构造柱内，另一端应锚入横墙的孔洞内；孔洞尺寸宜采用120×120，拉结钢筋的锚固长度不应小于其直径的15倍，并用混凝土填实。

3.2 构造柱的销键截面宜采用240×180，入墙深度可用180 mm，销键应配置4ϕ12钢筋和3ϕ6箍筋，销键与外加柱必须同时浇筑。

3.3 组合构造柱的施工要点可参照本分册第6页“钢筋网水泥砂浆面层加固墙体说明”第3条实施。

新增构造柱说明									图集号	川2017G128-TY(二)
审核	李德超	[签名]	校对	宋世军	[签名]	设计	陈雪莲	[签名]	页	15

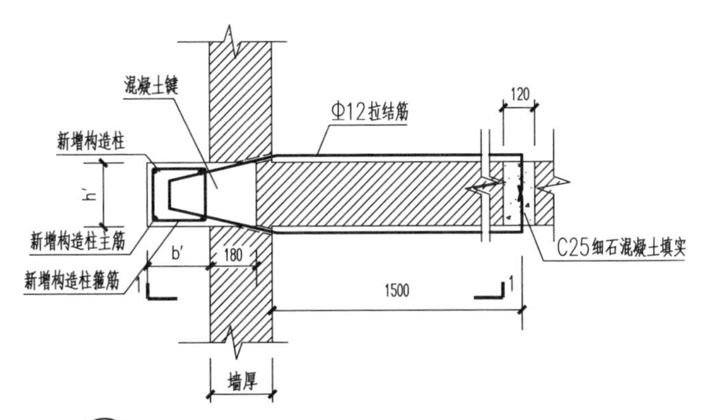

① 新增构造柱平面图

注：图中b′为新增构造柱宽度≥180 mm，h′为新增构造柱高度≥240 mm。

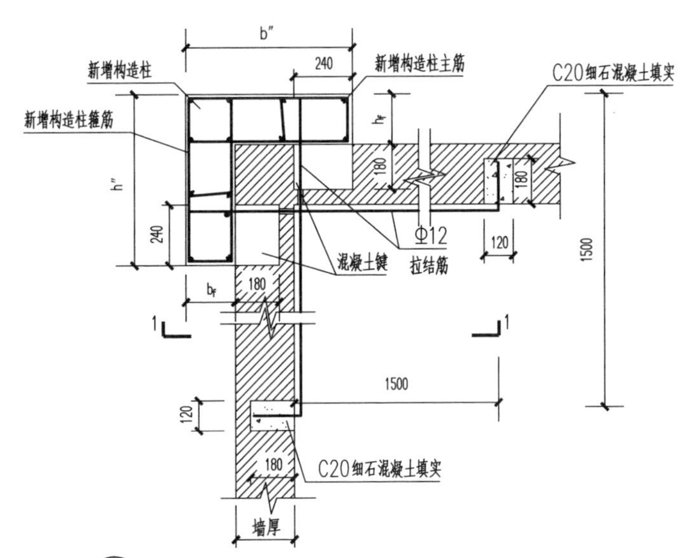

② 新增构造柱平面图

注：
1. 图中 b_f、h_f 为新增构造柱腹板宽度≥120 mm。
2. 图中 b″为新增构造柱总宽度，h″为新增构造柱总高度。

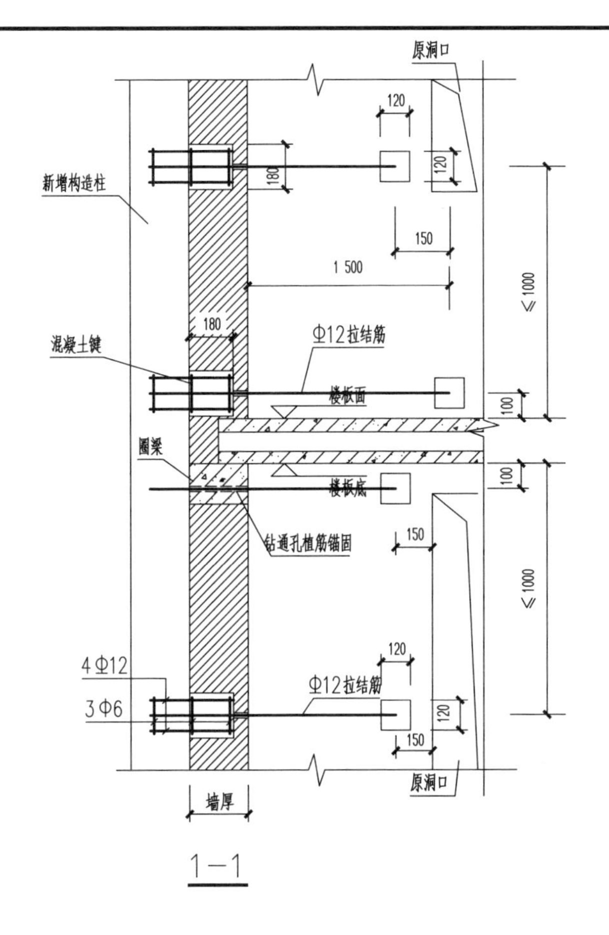

1—1

注：
1. 新增构造柱箍筋在楼（屋）盖上下500 mm范围内，间距应加密至100 mm。
2. 构造柱最外层钢筋的混凝土保护层厚度为25 mm。
3. Φ12拉结筋长度为1500 mm；遇洞口需截断时，拉结筋端头距洞边距离为150 mm。
4. 拉结筋竖向间距不大于1.0 m。
5. 新增构造柱至屋面女儿墙顶；若为木屋盖时，新增构造柱至墙体顶部标高。

新增构造柱做法							图集号	川2017G128-TY(二)
审核	李德超	[签名]	校对	宋世军	[签名]	设计	陈雪莲	[签名]	页	16

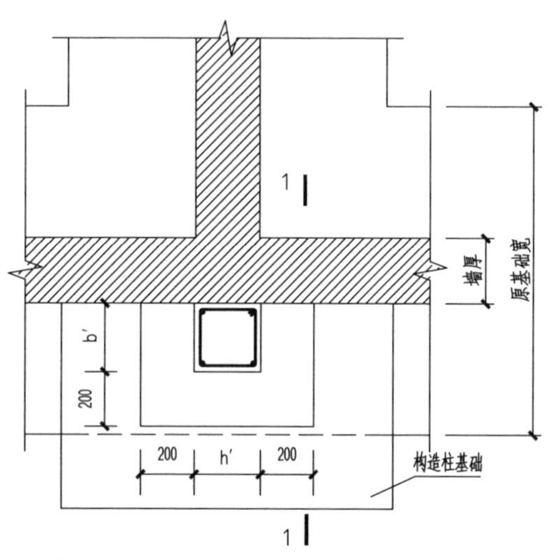

新增构造柱底部平面图（一）

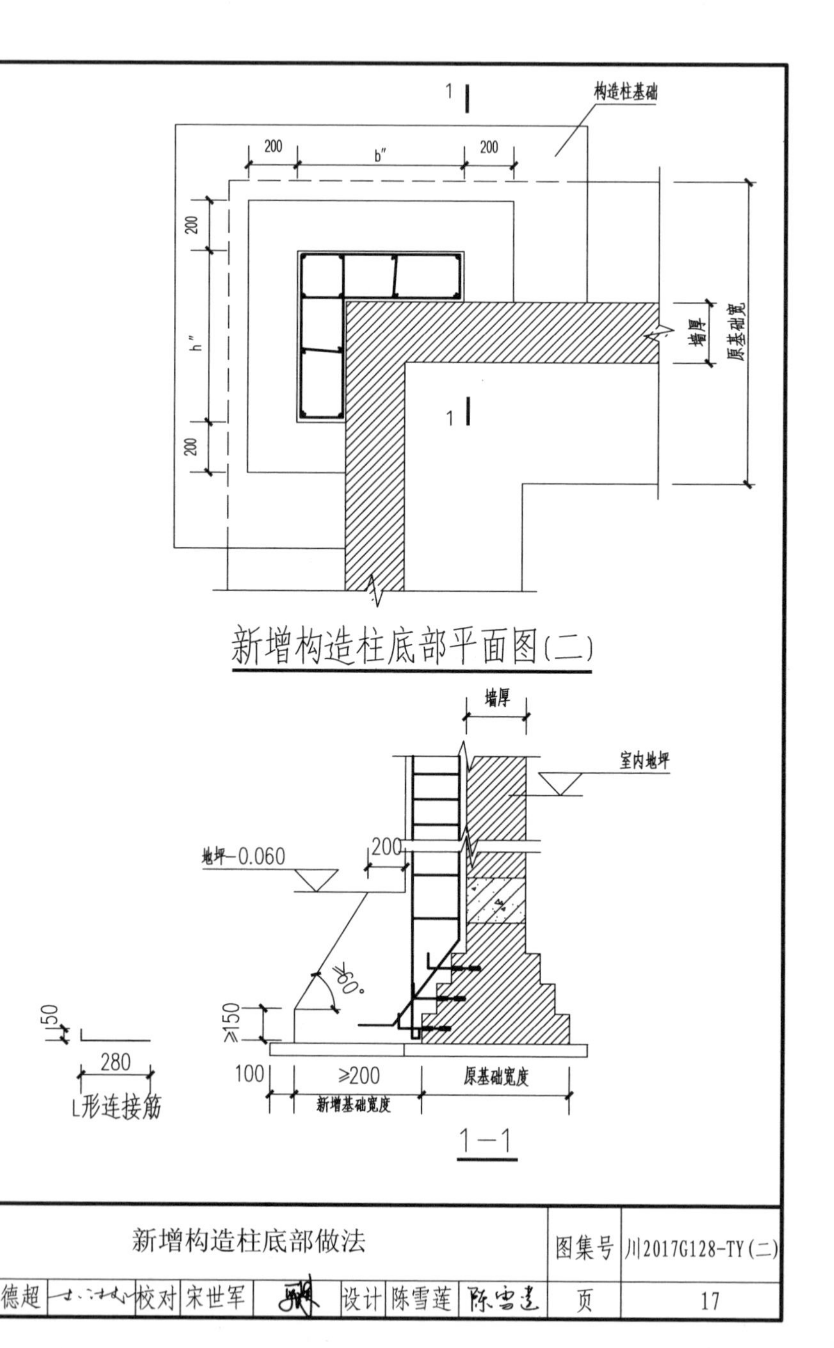

新增构造柱底部平面图（二）

1—1

注:
1. 图中b′为新增构造柱宽度，h′为新增构造柱高度。
2. 新增构造柱箍筋在楼（屋）盖上下500 mm范围内，间距应加密至100 mm。
3. 构造柱最外层钢筋的混凝土保护层厚度为25 mm。
4. 新增构造柱基础与原墙体基础的连接按图集《四川省农村居住建筑维修加固图集》（图集号：川16G122-TY）“地基基础”分册第5页基础加宽的加固做法施工。

新增构造柱配筋选用表

钢筋类型 \ 烈度		6、7、8度	9度
纵筋		Φ12	Φ14
箍筋		加密区 Φ6@100	加密区 Φ8@100
		非加密区 Φ6@200	非加密区 Φ8@150

新增构造柱底部做法								图集号	川2017G128-TY(二)
审核	李德超	（签名）	校对	宋世军	（签名）	设计	陈雪莲	页	17

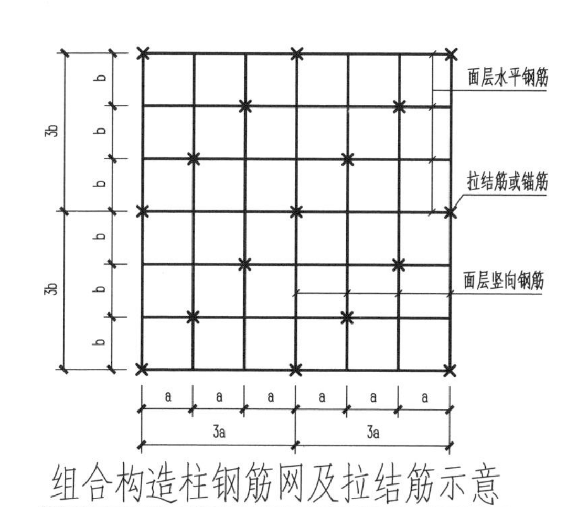

组合构造柱钢筋网及拉结筋示意

注：1.a为面层竖向钢筋间距，a≤120 mm；
2.b为面层水平钢筋间距，b≤120 mm。

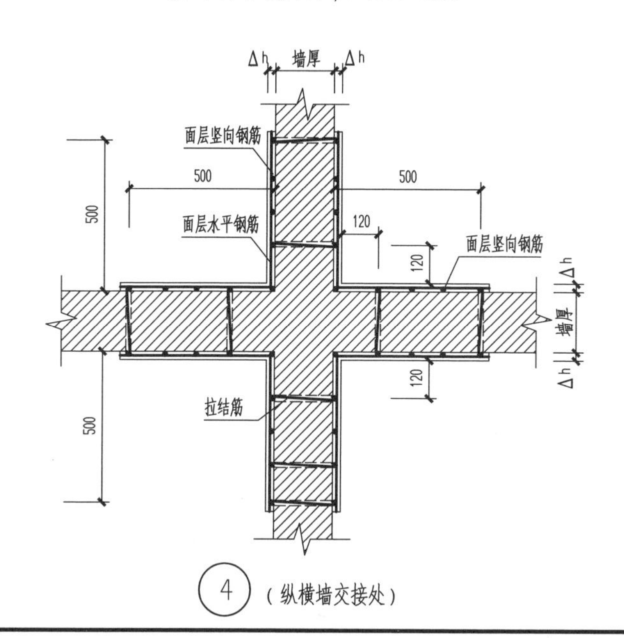

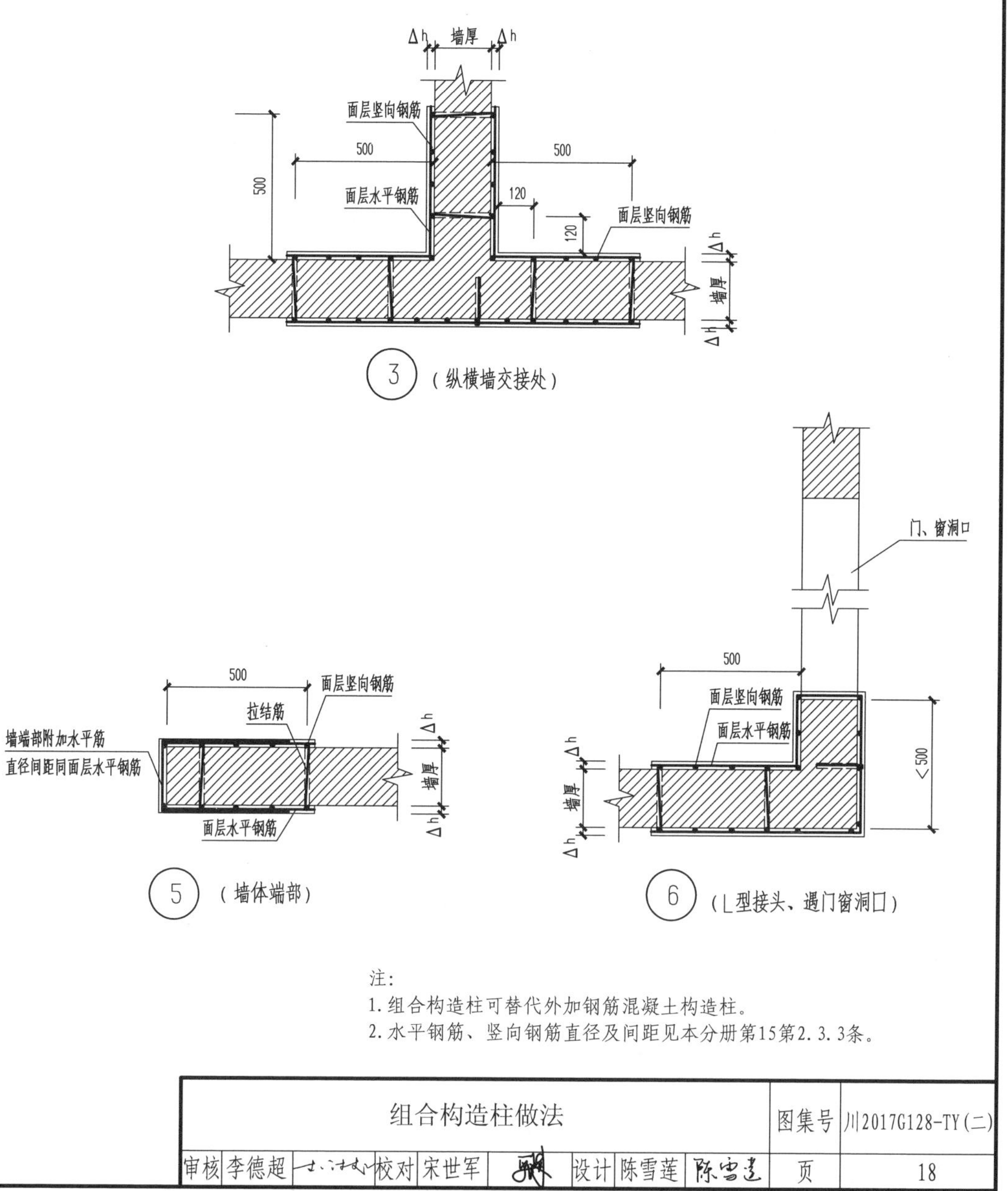

注：
1. 组合构造柱可替代外加钢筋混凝土构造柱。
2. 水平钢筋、竖向钢筋直径及间距见本分册第15第2.3.3条。

组合构造柱做法						图集号	川2017G128-TY(二)
审核	李德超	校对	宋世军	设计	陈雪莲	页	18

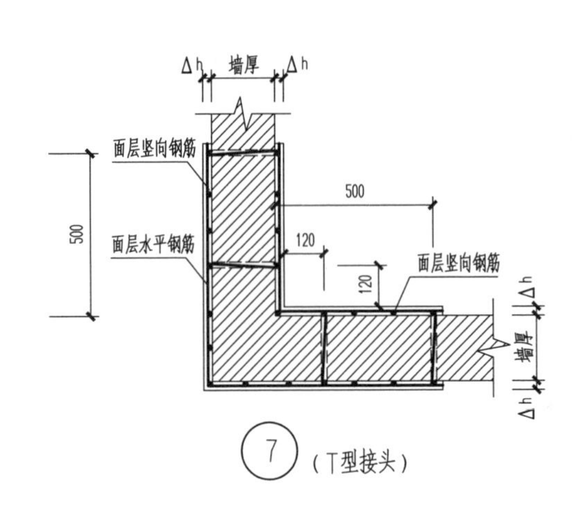

7（T型接头）

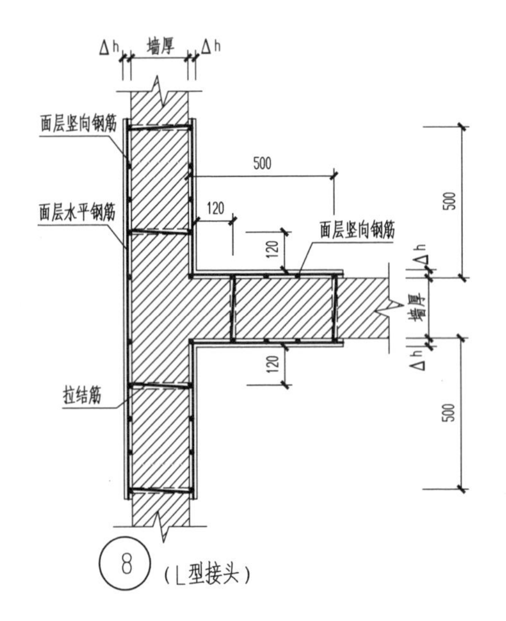

8（L型接头）

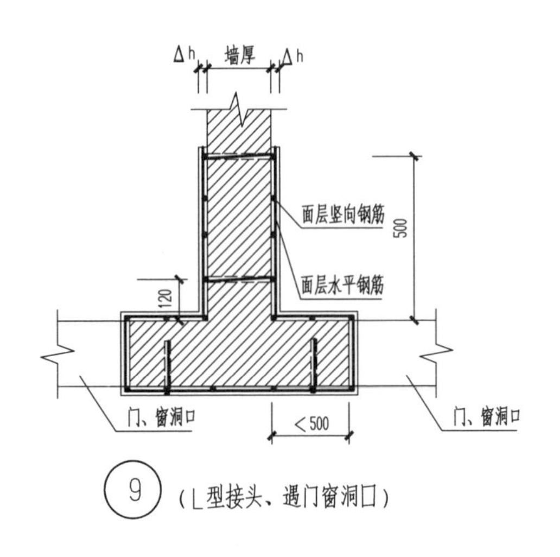

9（L型接头、遇门窗洞口）

组合构造柱配筋选用表

钢筋类型 \ 烈度	6度	7度	8度	9度
水平钢筋/竖向钢筋	ϕ6	ϕ6	ϕ8	ϕ8
拉结筋/锚筋	ϕ6			

注：组合构造柱可替代外加钢筋混凝土构造柱。

组合构造柱做法							图集号	川2017G128-TY(二)
审核	李德超	[signature]	校对	宋世军	[signature]	设计 陈雪莲 [signature]	页	19

新增圈梁说明

1 特点及适用范围

当圈梁设置不符合本分册第4页说明第1.8条要求时，或房屋的整体性较差时，应新增圈梁进行加固。

新增圈梁宜采用现浇钢筋混凝土圈梁或组合圈梁。

2 设计要点

2.1 增设的圈梁应与墙体可靠连接；圈梁在楼（屋）盖平面内应闭合，在阳台、楼梯间等圈梁标高变换处，应有局部加强措施；变形缝两侧的圈梁应分别闭合。

2.2 钢筋混凝土圈梁应符合下列要求：

2.2.1 钢筋混凝土圈梁应现浇，其混凝土强度等级不应低于C20，纵向钢筋宜采用HRB335级和HRB400级的热轧钢筋，箍筋宜采用HPB300级热轧光圆钢筋。

2.2.2 钢筋混凝土圈梁截面高度不应小于180 mm，宽度不应小于120 mm；圈梁的纵向钢筋，抗震设防烈度为6、7度时，可采用4ϕ12；8、9度时，可采用4ϕ14。箍筋可采用ϕ6，其间距宜为200 mm；与新增构造柱交接处两侧各500 mm范围内，箍筋间距应加密至100 mm。

2.2.3 钢筋混凝土圈梁在转角处应设2ϕ12 mm的斜筋。

2.2.4 钢筋混凝土圈梁的箍筋外保护层厚度为25 mm，纵筋接头位置应相互错开，其搭接长度为40d（d为纵向钢筋直径）。任一搭接区段内，有搭接接头的钢筋截面面积不应大于总面积的25%；有焊接接头的纵向钢筋截面面积不应大于同一截面钢筋总面积的50%。

2.2.5 钢筋混凝土圈梁与墙体的连接，可采用销键或锚筋连接。销键或锚筋应符合下列要求：

销键的高度宜与圈梁相同，其宽度和锚入墙内的深度均不应小于180 mm；销键的主筋可采用4Φ12，箍筋可采用Φ6；当遇窗口时，销键应设置在窗口两侧，其水平间距可为1~2 m。

锚筋的直径不应小于12 mm，间距可为0.5~1.0 m；弯折锚入圈梁内长度不小于300 mm，锚筋在另侧墙面的垫板尺寸可采用60 mm×60 mm×6 mm；锚筋和垫板间采用塞焊连接。

2.3 组合圈梁应符合下列要求：

2.3.1 组合圈梁的水泥砂浆强度等级为M15。

2.3.2 组合圈梁每边突出墙面的宽度为60 mm，高度为240 mm。

2.3.3 纵筋6、7度时宜为4Φ12，8、9度时宜为宜为4Φ14；箍筋宜为Φ6@200，焊接封闭。

3 施工要点

3.1 增设圈梁处的墙面有酥碱、油污或饰面层时，应清除干净；圈梁与墙体连接的孔洞中粉尘清理干净；混凝土浇筑前，应浇水湿润墙面和木模板；锚筋应可靠锚固。

3.2 圈梁的混凝土宜连续浇筑；圈梁顶面应做泛水，其底面应做滴水槽。

3.3 组合圈梁施工要点：

3.3.1 组合圈梁应设置在楼（屋）面板底。

3.3.2 组合圈梁每边突出墙面宽度宜为60 mm。

3.3.3 组合圈梁箍筋应穿墙后焊接封闭。

新增圈梁说明								图集号	川2017G128-TY(二)
审核	李德超	[signature]	校对	宋世军	[signature]	设计	陈雪莲	页	20

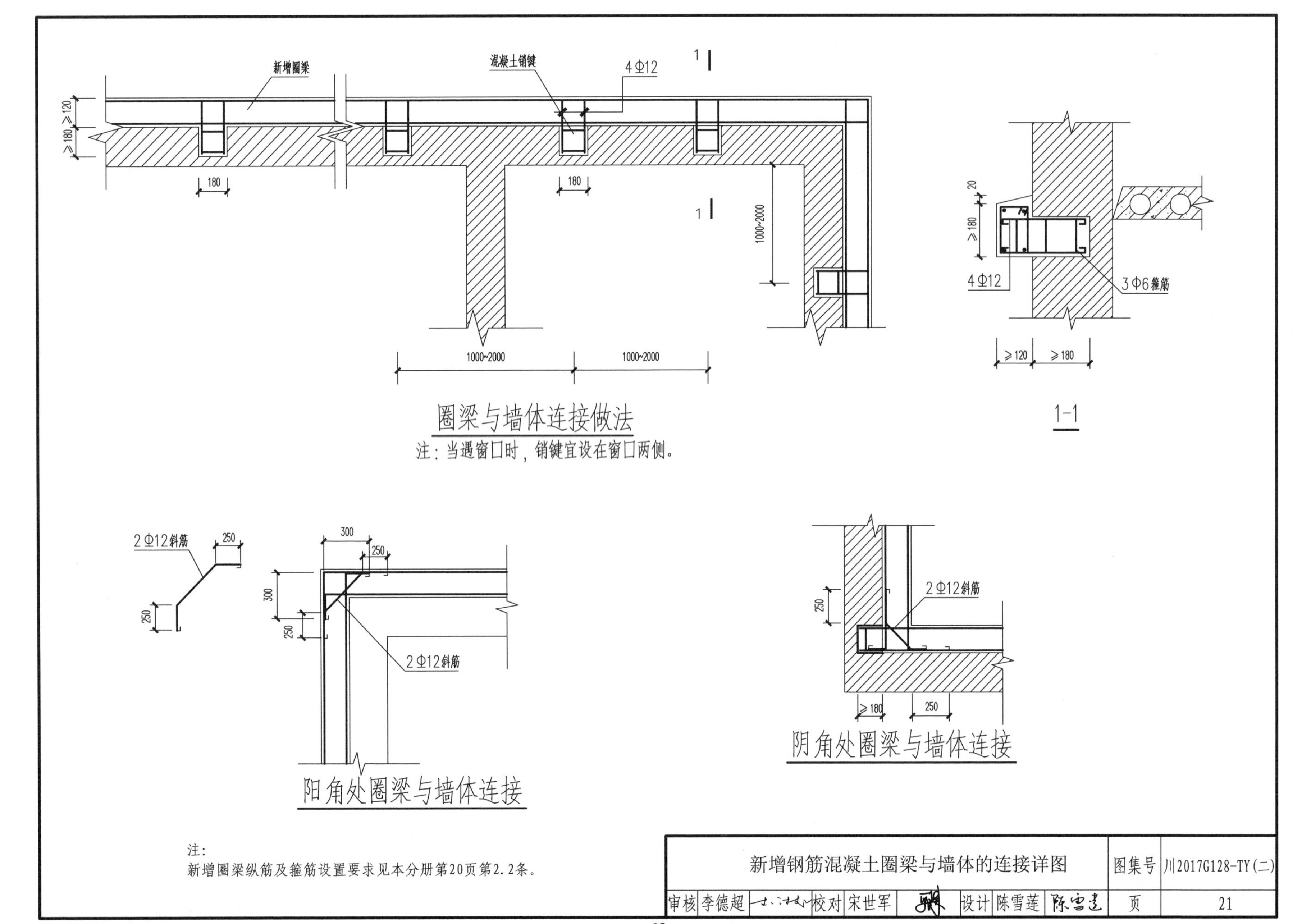
新增圈梁
混凝土销键
4Φ12
1
≥120
≥180
180
180
1000~2000
1000~2000
1000~2000
圈梁与墙体连接做法
注：当遇窗口时，销键宜设在窗口两侧。
20
≥180
4Φ12
3Φ6箍筋
≥120
≥180
1-1
2Φ12斜筋
250
250
300
250
300
250
2Φ12斜筋
阳角处圈梁与墙体连接
2Φ12斜筋
250
≥180
250
阴角处圈梁与墙体连接
注：
新增圈梁纵筋及箍筋设置要求见本分册第20页第2.2条。
新增钢筋混凝土圈梁与墙体的连接详图
图集号
川2017G128-TY(二)
审核
李德超
校对
宋世军
设计
陈雪莲
页
21

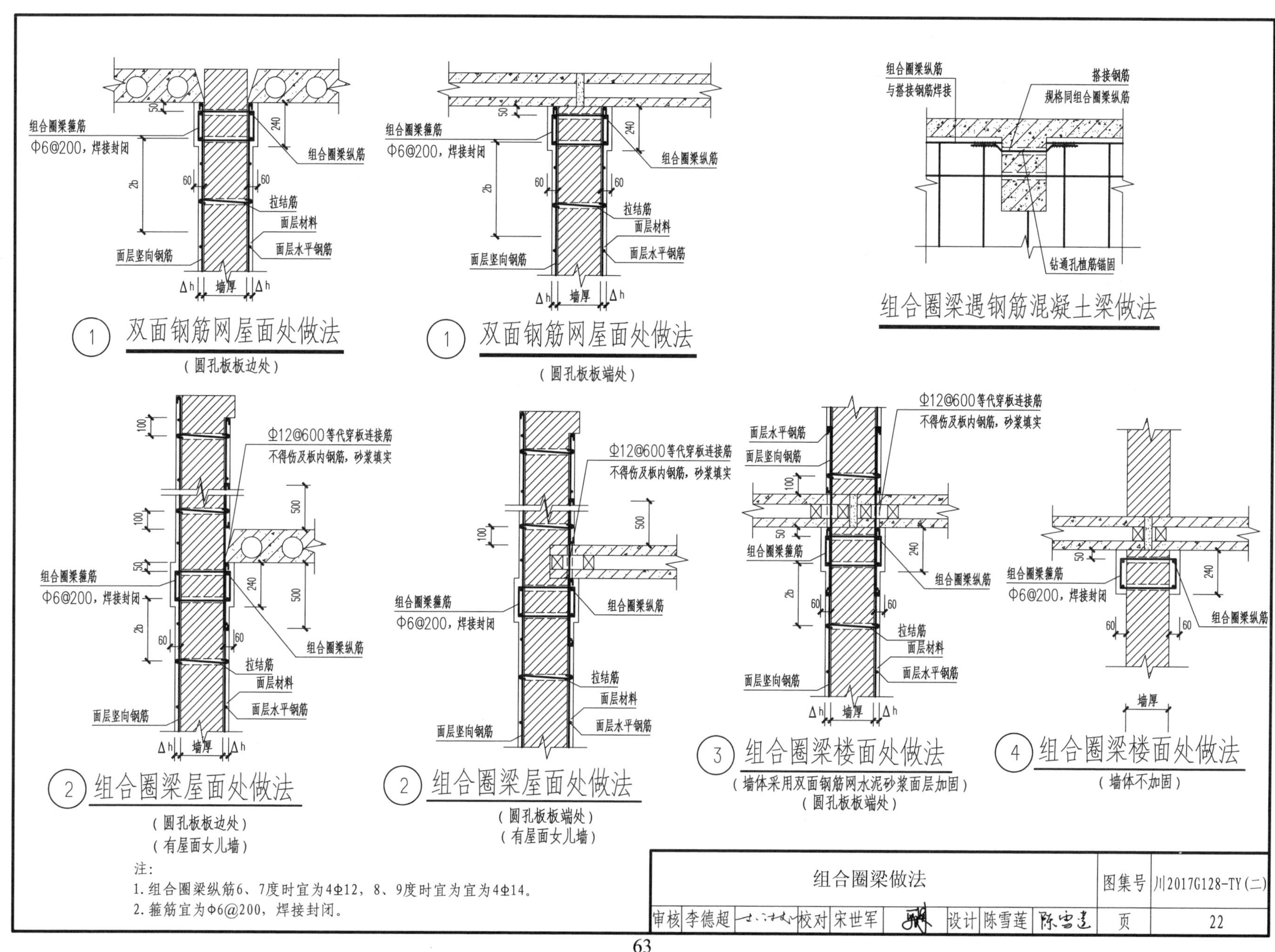

注：

1. 组合圈梁纵筋6、7度时宜为4Φ12，8、9度时宜为宜为4Φ14。
2. 箍筋宜为Φ6@200，焊接封闭。

组合圈梁做法								图集号	川2017G128-TY(二)
审核	李德超		校对	宋世军		设计	陈雪莲	页	22

楼（屋）盖板支撑长度不足时的加固说明

1 适用范围

当楼盖构件的支承长度不符合本分册第4页说明的表1.12的规定时，可采用本页方法进行加固。

2 设计及施工要点

2.1 应将安装角钢范围的板底、墙面装饰面层清理干净，并采取措施使墙面平整，使角钢与墙面能紧密结合。

2.2 角钢水平肢与预制板底应采用砂浆填实。

2.3 角钢及垫板上的螺栓孔采用预成孔，孔径为14 mm。

2.4 外露角钢及垫板、螺栓表面应采用防锈漆防护。

2.5 在墙体上钻孔时应采用无振动钻孔，不得损坏墙体块材。

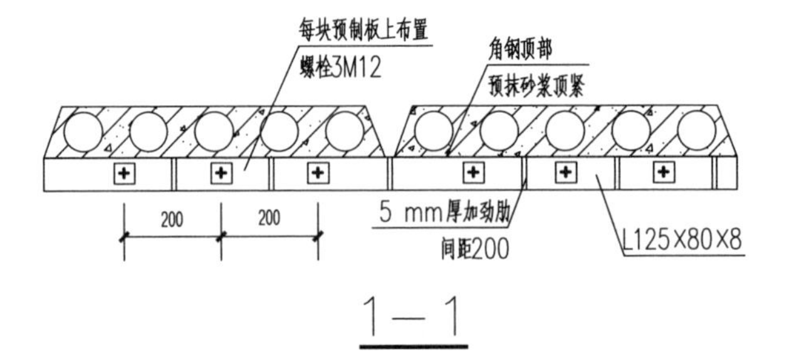

1—1

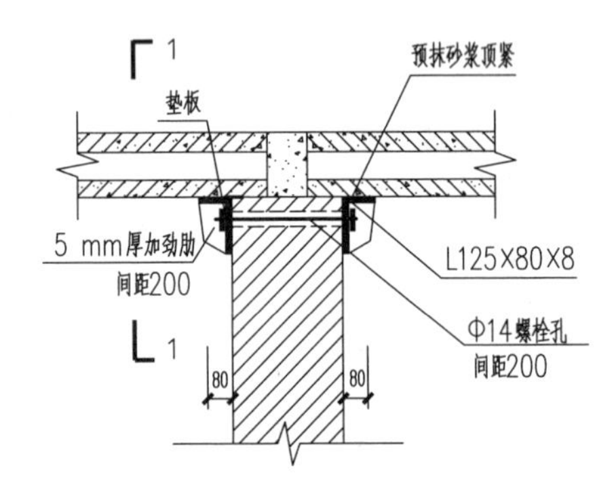

板支承长度不够时的加固方法（一）

（垫板50×50×5）

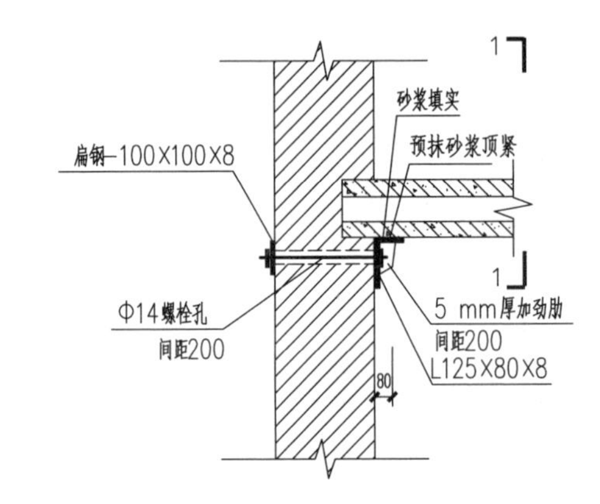

板支承长度不够时的加固方法（二）

（垫板50×50×5）

楼（屋）盖板支撑长度不足时的加固							图集号	川2017G128-TY(二)
审核	李德超		校对	宋世军		设计	陈雪莲	页 23

钢筋混凝土围套加固独立砖柱说明

1 适用范围

对承重独立砖柱时，可采用钢筋混凝土围套进行加固。

2 设计要点

2.1 钢筋混凝土面层的截面厚度不应小于100 mm。

2.2 钢筋混凝土面层的混凝土抗压强度不低于C20。

2.3 加固用的竖向钢筋宜采用HRB335级或HRB400级的热轧钢筋，箍筋宜采用HPB300级热轧光圆钢筋。

2.4 纵向钢筋的上下端均应有可靠的锚固。

2.5 钢筋混凝土面层加固砌体柱，应采用封闭式箍筋；箍筋直径不应小于10 mm。箍筋的间距不应大于150 mm。柱的两端各500 mm范围内，箍筋应加密，其间距应取为100 mm。

2.6 钢筋混凝土面层中最外层钢筋保护层厚度不应小于25 mm，纵筋接头宜为焊接，纵筋接头位置应相互错开。任一搭接区段内，有搭接接头的钢筋截面面积不应大于总面积的25%；有焊接接头的纵向钢筋截面面积不应大于同一截面钢筋总面积的50%。

2.7 当独立砖柱截面任一边的竖向钢筋多于3根时，应通过预钻孔增设复合箍筋或拉结钢筋，拉结筋可采用1∶2干硬性水泥砂浆锚固。

3 施工要点

3.1 独立砖柱表面有酥碱、油污或饰面层时，应清除干净；混凝土浇筑前，应浇水湿润墙面和木模板；锚筋应可靠锚固。

3.2 混凝土宜连续浇筑，不应留施工缝。

3.3 混凝土的养护：应在初凝以后开始覆盖养护，在终凝后开始浇水（12小时后）覆盖物、麦杆、烂草席、竹帘、麻袋片、编制布等片状物。浇水工具可以采用水管、水桶等工具保证混凝土的湿润度。养护时间不应小于14天。

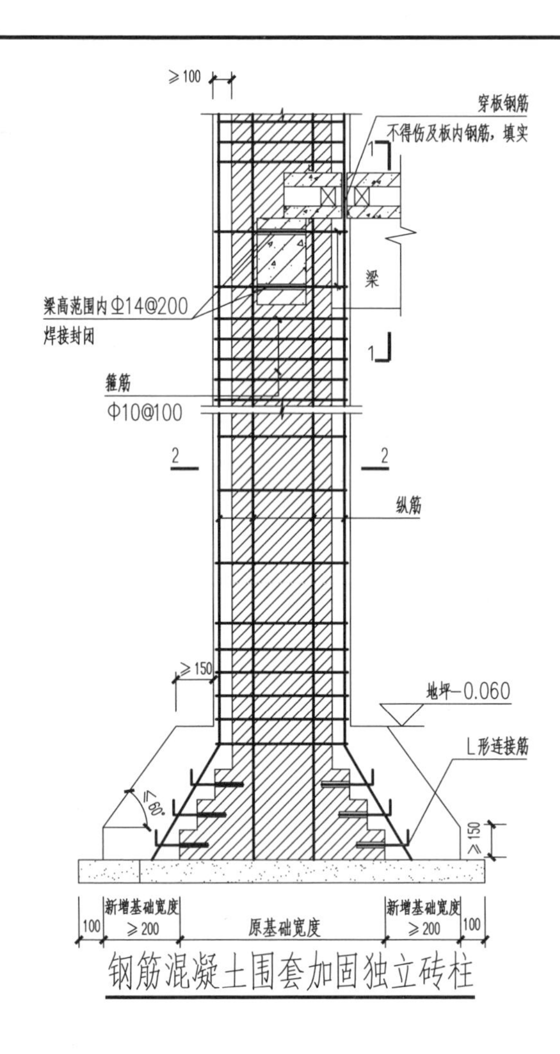

钢筋混凝土围套加固独立砖柱

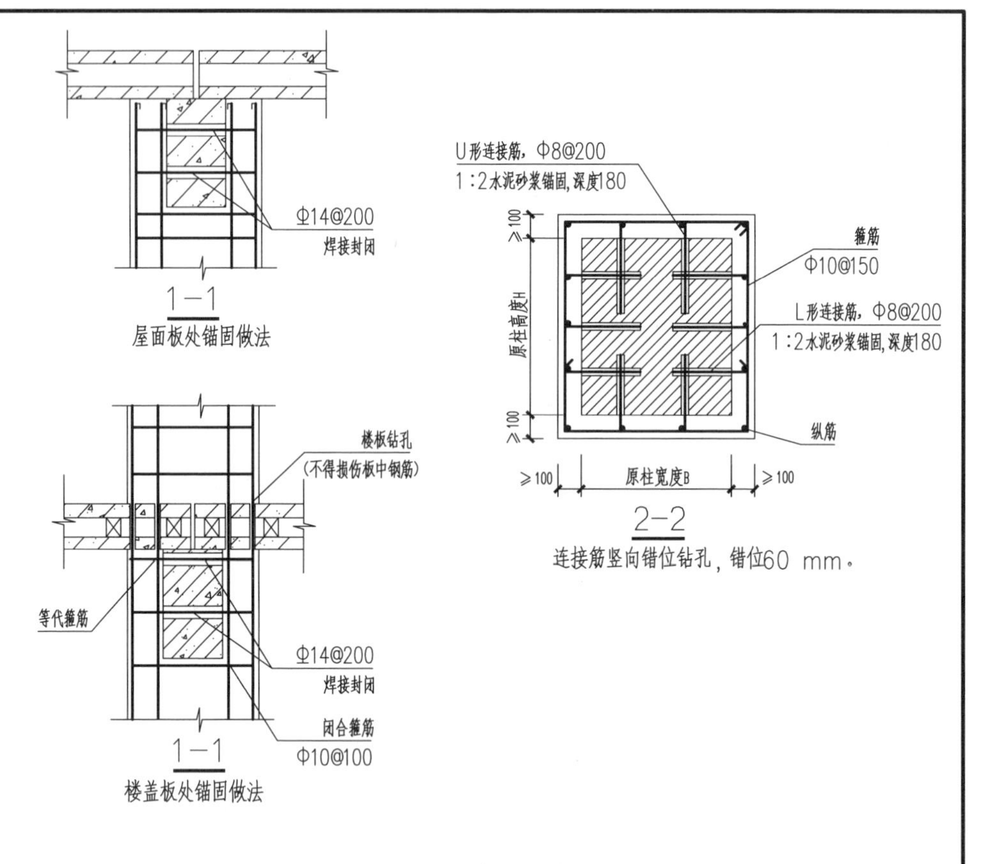

混凝土围套加固独立砖柱钢筋最小数量选用表

原柱宽度B	原柱高度H	总角部纵筋数	单侧B面中部纵筋	单侧H面中部纵筋	纵筋最小直径/mm	连接筋
370	370	4	1	1	14	L形连接筋
370	490	4	1	2	14	U形连接筋
490	370	4	2	1	14	U形连接筋
490	490	4	2	2	14	U形连接筋

注:
1. 水平连接筋应布置在水平灰缝中。
2. 基础中的L形连接筋采用Φ8，竖向间距为200~300 mm，水平间距为400~500 mm，锚固深度为180 mm。
3. 新增纵筋间距不宜大于300 mm。
4. 等代箍筋在钢筋混凝土梁中采用钻通孔植筋锚固。

钢筋混凝土围套加固独立砖柱详图						图集号	川2017G128-TY(二)
审核 李德超		校对 宋世军		设计 陈雪莲		页	25

新增砌体抗震墙说明

1 适用范围

当房屋抗震横墙最大间距超过本分册第3页说明表1.4限值大于1.0 m时，可采用新增砌体抗震墙方法进行加固。

2 设计要点

2.1 砌体抗震墙的材料应符合下列要求:

2.1.1 砌筑砂浆的强度等级应比原墙体实际强度等级高一级，且6、7度时不低于M2.5，8、9度时不低于M5。

2.1.2 砖强度等级不宜低于MU10。

2.2 砌体抗震墙的构造应符合下列要求:

2.2.1 墙厚不应小于240 mm;

2.2.2 抗震墙应与原有墙体可靠连接:

可沿墙体高度从地面或楼板起1/3层高、且最大间距不超过1.0 m设置2ϕ12的拉结钢筋与原有墙体连接；拉结钢筋与设置于原墙体背面的钢板穿孔塞焊，钢板表面抹高标号水泥砂浆防护或采取其他可靠防护措施。

2.2.3 新增砌体墙的基础可采用素混凝土刚性基础，其埋深宜与相邻抗震墙相同。基础尺寸应根据计算结果确定，宽度不应小于计算宽度的1.15倍。

2.2.4 新增砌体墙端部应设置构造柱，连接处应设置马牙槎;

2.2.5 新增砌体墙与原墙体间设置钢筋混凝土构造柱，构造柱截面尺寸宜为240×240，纵向钢筋不宜小于4ϕ12，箍筋可采用ϕ6，其间距宜为150~200 mm，在楼（屋）盖上下各500 mm范围内的箍筋间距不应大于100 mm。混凝土强度等级宜采用C20。

2.2.6 新增砌体墙构造柱与原砌体墙交接处，应设置混凝土销键，销键的竖向间距不大于1.0 m。

3 施工要点

3.1 增设砌体抗震墙的砌筑施工要求应符合《四川省农村居住建筑抗震技术规程》（DBJ 51/016-2013）第5.3节相关要求。

3.2 新增砌体抗震墙顶部与楼（屋）盖板间应留100 mm空隙，后浇C20细石混凝土。

3.3 构造柱与墙连接处应砌成马牙槎。

3.4 构造柱的销键截面宜采用240×180，入墙深度可用180 mm，销键应配置4ϕ12钢筋和3ϕ6箍筋，销键与构造柱必须同时浇筑。

3.5 构造柱可不单独设置基础，但应伸入室外地面下500 mm，或与埋深小于500 mm的基础圈梁相连。

3.6 构造柱纵筋在楼盖板处应采取措施连续。

新增砌体抗震墙说明								图集号	川2017G128-TY(二)
审核	李德超	[signature]	校对	宋世军	[signature]	设计	陈雪莲	页	26

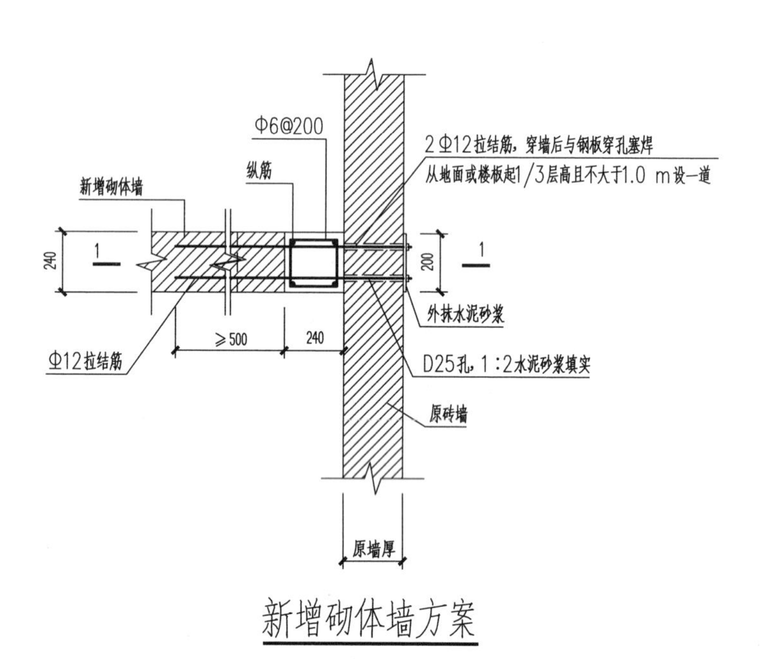

新增砌体墙方案

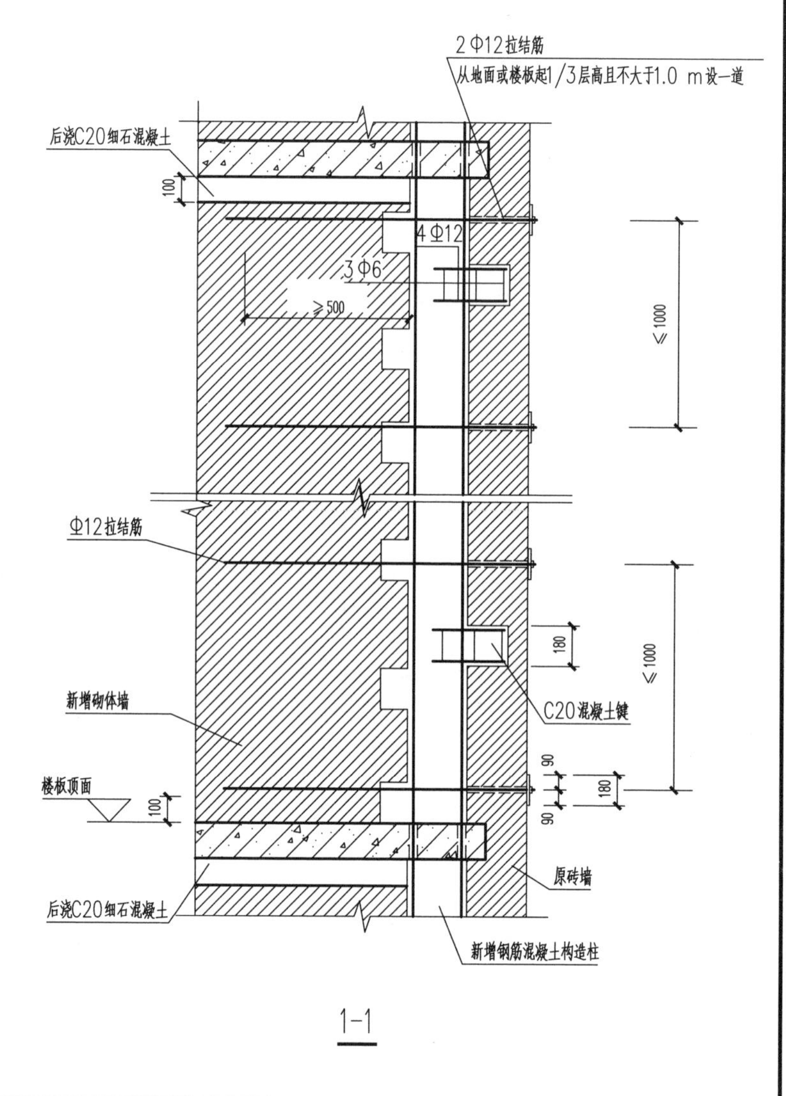

1-1

新增构造柱配筋选用表

钢筋类型 \ 烈度	6、7度	8、9度
纵筋	4Φ12	4Φ14
箍筋	加密区 Φ6@100	加密区 Φ8@100
	非加密区 Φ6@200	非加密区 Φ8@200

新增砌体抗震墙与原墙的连接							图集号	川2017G128-TY(二)
审核	李德超	校对	宋世军	设计	陈雪莲		页	27

隔墙与梁、墙连接的加固

1 适用范围

1.1 当隔墙与承重墙或柱无可靠连接时，可采用增设拉结筋的方法进行加固处理；也可采用局部双面钢筋网水泥砂浆面层加固。

1.2 当隔墙长度大于5.0 m时，墙顶与梁无连接时，可采用增设Z形钢板与原梁连接。

1.3 当隔墙高度超过4.0 m时，可采用单面钢筋网水泥砂浆面层对隔墙进行加固。

2 设计要点

2.1 隔墙与承重墙体间无可靠连接时，可沿墙体高度间距500~600 mm，增设2ϕ8拉结筋；拉结筋一端弯折锚入隔墙中、另一端穿过原承重墙、并与墙体背面钢垫板穿孔塞焊。

拉结筋长度不小于1.0 m，并沿水平方向间距200 mm设置ϕ6穿墙连接筋与两侧拉结筋点焊连接。

2.2 后砌隔墙顶部与原梁连接、隔墙端部与钢筋混凝土柱的连接做法及详图见本图集第一分册相关内容。

3 施工要点

3.1 拉结筋的一端应与钢垫板穿孔塞焊；拉结筋的另一端弯折后锚入墙体的灰缝内，并用1：3水泥砂浆将墙面抹平。

3.2 原墙上钻孔应采用无振动钻机，避免对原墙体造成损伤。

3.3 隔墙与原墙体间增设的拉结筋表面抹25 mm厚、M5水泥砂浆保护层。

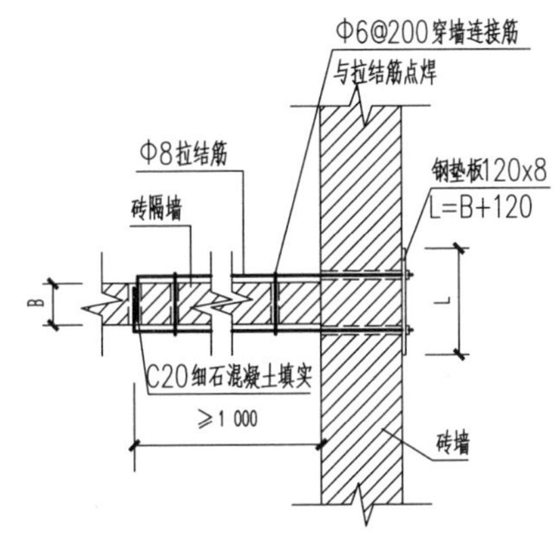

① 隔墙与墙体增设拉结筋连接

（此法也适用于纵横墙体通缝砌筑时的加固）

增设现浇钢筋混凝土框加固说明

1 适用范围

本方法为房屋墙体在平面内不封闭时，在开口处增设现浇钢筋混凝土框形成闭合的加固方法。

2 设计要点

2.1 在原墙体开口处增设边框柱和边框梁。

2.2 边框梁应设置在楼屋盖处的边框柱；若原房屋设有梁则不再增设边框梁。

2.3 新增边框柱的基础

2.3.1 若原墙体基础为混凝土条形基础时，新增边框柱基础应配置受力钢筋。

2.3.2 若原墙体基础为砖基础或条石基础时，新增边框柱基础可采用素混凝土刚性基础，并应控制刚性角。

2.3.3 新增边框柱基础的埋置深度宜与原墙体基础深度相同，并置于可靠的地基持力层。当开挖发现基础下方45度扩散压力线范围内有松散的杂填土、旧水沟等局部软弱层时，可采用局部加深或打桩等方法处理。

2.4 边框柱构造要求如下:

2.4.1 柱的截面高度宜为500 mm。

2.4.2 柱的纵向钢筋宜对称配置。

2.4.3 纵向钢筋间距不宜大于200 mm。

2.5 边框梁构造要求如下:

2.5.1 梁的截面尺寸宜为250×350。

2.5.2 梁的纵向钢筋不应小于4ϕ14。

2.5.3 箍筋宜为ϕ8@150。

2.6 边框柱、边框梁新增混凝土的强度等级不应低于C25。

3 施工要点

3.1 混凝土宜连续浇筑，不应留施工缝。

3.2 基础新增混凝土的强度等级应较原混凝土提高一级，且素混凝土不应低于C15，钢筋混凝土不应低于C20；新旧混凝土的连接除进行凿毛处理外，应间隔设置连接短筋，连接短筋要求见图集《四川省农村居住建筑维修加固图集》（图集号：川16G122-TY）“地基基础分册”相关要求。

增设现浇钢筋混凝土框加固说明							图集号	川2017G128-TY(二)
审核	李德超	[signature]	校对	宋世军	[signature]	设计	陈雪莲	[signature]	页	29

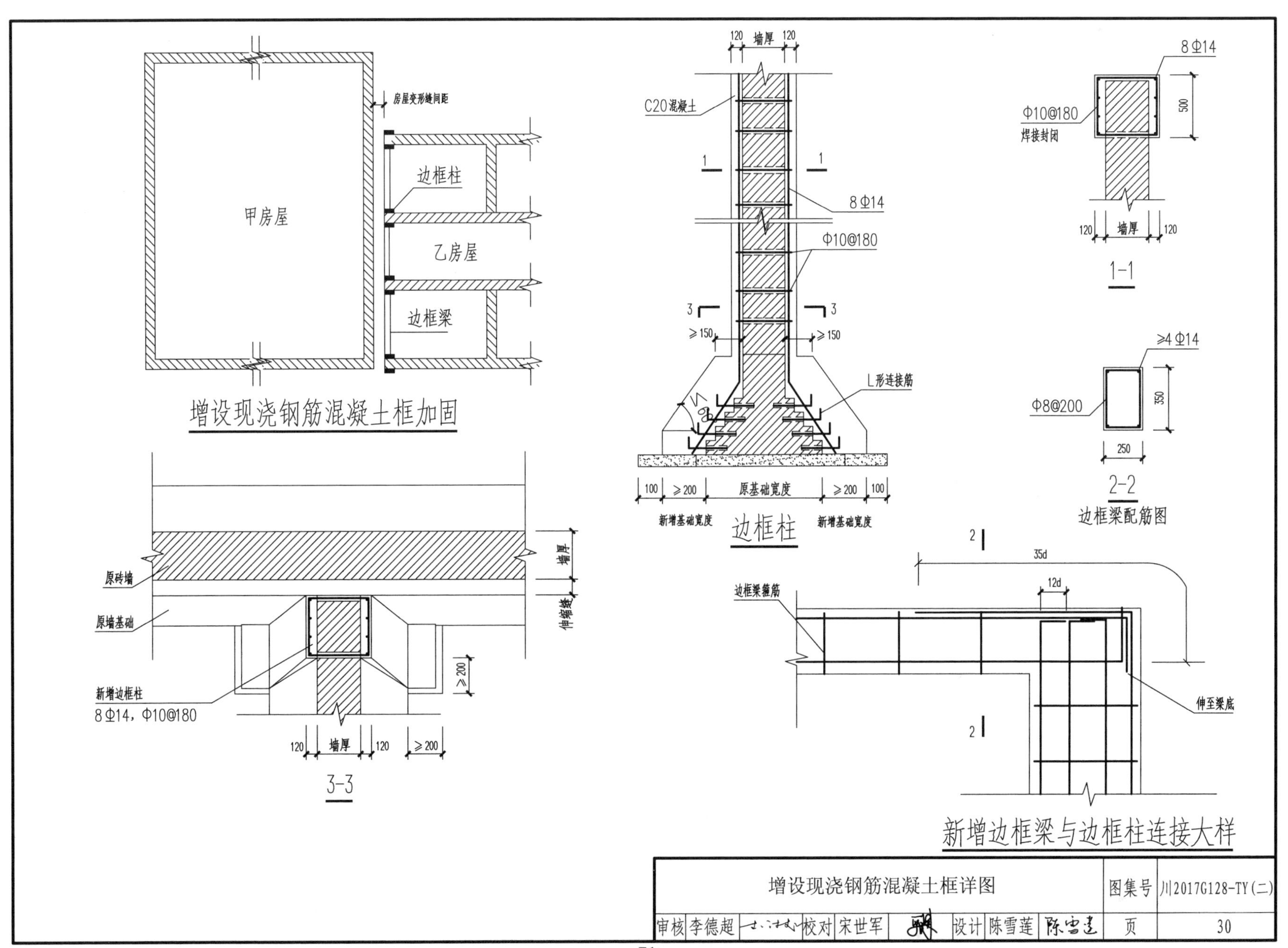

房屋变形缝间距
甲房屋
边框柱
乙房屋
边框梁
增设现浇钢筋混凝土框加固
120
墙厚
120
C20混凝土
1
1
8Φ14
Φ10@180
3
3
≥150
≥150
L形连接筋
60°
100
≥200
原基础宽度
≥200
100
新增基础宽度
新增基础宽度
边框柱
8Φ14
Φ10@180
焊接封闭
500
120
墙厚
120
1-1
≥4Φ14
Φ8@200
350
250
2-2
边框梁配筋图
原砖墙
原墙基础
墙厚
伸缩缝
≥200
新增边框柱
8Φ14，Φ10@180
120
墙厚
120
≥200
3-3
2
2
35d
12d
边框梁箍筋
伸至梁底
新增边框梁与边框柱连接大样
增设现浇钢筋混凝土框详图
图集号
川2017G128-TY(二)
审核 李德超
校对 宋世军
设计 陈雪莲
页
30

悬挑楼梯加固说明

1 适用范围

对于楼梯间采用板式单边悬挑楼梯的，可拆除后重新设置非悬挑楼梯，或当原梯板混凝土强度不低于C15时，可采用下列方法进行加固。

2 设计要点

2.1 在悬挑楼梯梯板端部增设钢柱、钢梁或在梯板端部下方增设砌体墙，并对梯板进行加固处理。

2.2 对梯板按板底粘贴碳纤维布法进行加固处理。梯板底部粘贴单层纤维布，其宽度宜为200 mm，长度为板净长。

2.3 底层斜梁底部应做基础，基础中预埋厚度为10 mm钢板，将钢板与斜梁底部焊接。

2.4 钢柱底部应做基础，基础平面尺寸不应小于300×500。

2.5 底层斜梁及钢柱的基础底部可双向配置ϕ14@200钢筋。

2.6 新增砌体墙及端部构造柱的构造及材料要求应符合本分册第26页“新增砌体抗震墙”的相关要求。

2.7 材料要求。

2.7.1 钢板及型钢采用Q235钢，全部钢材应按现行国家标准和规范保证抗拉强度、伸长率、屈服强度、冷弯实验和碳、硫、磷含量的限值。钢材的屈服强度实测值与抗拉强度实测值的比值不应大于0.85；应有明显的屈服台阶，且伸长率不应小于20%；钢材应有良好的焊接性和合格的冲击韧性。

2.7.2 连接用焊条：E43型用于Q235钢焊接，E50型用于HRB335级钢或HPB235级钢与HRB335级钢间的焊接。

2.7.3 螺栓：普通螺栓，性能等级为8.8级。

2.7.4 螺栓在原混凝土构件或砌体墙中采用钻孔植筋锚固。

2.7.5 碳纤维布。

1）本工程混凝土结构用碳纤维应选用聚丙烯腈基(PAN基)12k或12k以下的小丝束纤维，严禁使用大丝束纤维。

2）选用高强度1级或2级碳纤维布，单层厚度为0.167 mm，粘贴碳纤维用胶为A级胶。碳纤维布性能应符合《工程结构加固材料安全性鉴定技术规范》（GB 50728—2011）表8.2.4的规定。

3）承重结构的现场粘贴碳纤维布，严禁使用单位面积质量大于300 g/m^{2}的碳纤维织物或预浸法生产的碳纤维织物。

2.7.6 胶粘剂。

植筋锚固用胶、外粘型钢用胶和粘贴碳纤维布用胶必须使用改性环氧类和改性乙烯基酯类（包括改性氨基甲酸酯）的胶粘剂，选用A级胶，其质量和性能应符合《混凝土结构加固设计规范》GB 50367—2013第4章第4.4节规定，尚应符合《工程结构加固材料安全性鉴定技术规范》GB 50728—2011第4.2.2条的要求，且应通过耐湿热老化能力和耐长期应力作用能力的检验。

3 施工要点

3.1 粘贴纤维布法加固梯板施工要点。

3.1.1 粘贴纤维布法加固梯板，原梯板混凝土界面（粘合面）经修整露出结构新面，对较大孔洞、凹面、露筋等缺陷进行修补，并修复平整、打毛处理；加固用钢板的界面（粘合面）应除锈、脱脂、打磨至露出金属光泽，并进行打毛和糙化处理。

3.1.2 纤维布的表面可采用砂浆保护层。碳纤维布粘贴完成后，在布表面刷一层结构胶，初凝前向其撒一层粗砂，增加与抹灰层的粘结。

3.2 新增钢结构外露构件，均应涂刷防锈漆。

3.3 钻孔植筋施工，采用无振动钻钻孔，不得伤及原构件中构件及加固钢筋，不得振松墙体。

3.4 钢结构的加工制作要求。

3.4.1 本图集的技术要求系钢结构制作并安装完毕后的最终要求，

不包括工艺余量及加工安装偏差，制作安装时应采取必要的措施，使之符合《钢结构工程施工质量验收规范》（GB50205—2001）。

3.4.2 所有螺栓孔均为钻孔，其中螺栓的孔径应比螺栓公称直径大2 mm。

3.5 钢结构安装要求。

3.5.1 钢结构的安装必须按施工组织设计进行，先安装梁，并使之保持稳定，再逐次组装其它构件，最终固定并保证结构的稳定，不得强行安装导致结构或构件永久塑性变形。

3.5.2 钢结构单元及逐次安装过程中，应及时调整消除累计偏差，使总安装偏差最小以符合设计要求。任何安装孔均不得随意割扩，不得更改螺栓直径。

3.5.3 钢结构施工时，宜设置可靠的支护体系，保证结构在各种荷载作用下结构的稳定性和安全性。

3.5.4 钢筋、钢板和型钢加工下料尺寸以现场施工放样为准。施工中应结合原设计施工图进行施工。

3.6 底层斜梁及钢柱的基础应放置于老土层，若基础下方45度扩散压力线范围内有松散的杂填土、旧水沟等局部软弱层时，可采用局部加深或打桩等方法处理。

3.7 外露铁件表面应采取可靠的防腐处理。

3.8 增设砌体墙的砌筑施工要求应符合《四川省农村居住建筑抗震技术规程》（DBJ 51/016—2013）第5.3节相关要求。

3.9 斜钢梁顶部应间隔焊接连接钢筋，与梯板之间的空隙应用C20细石混凝土填满。

悬挑楼梯加固说明								图集号	川2017G128-TY(二)
审核	李德超	[签名]	校对	宋世军	[签名]	设计	陈雪莲	[签名] 页	32

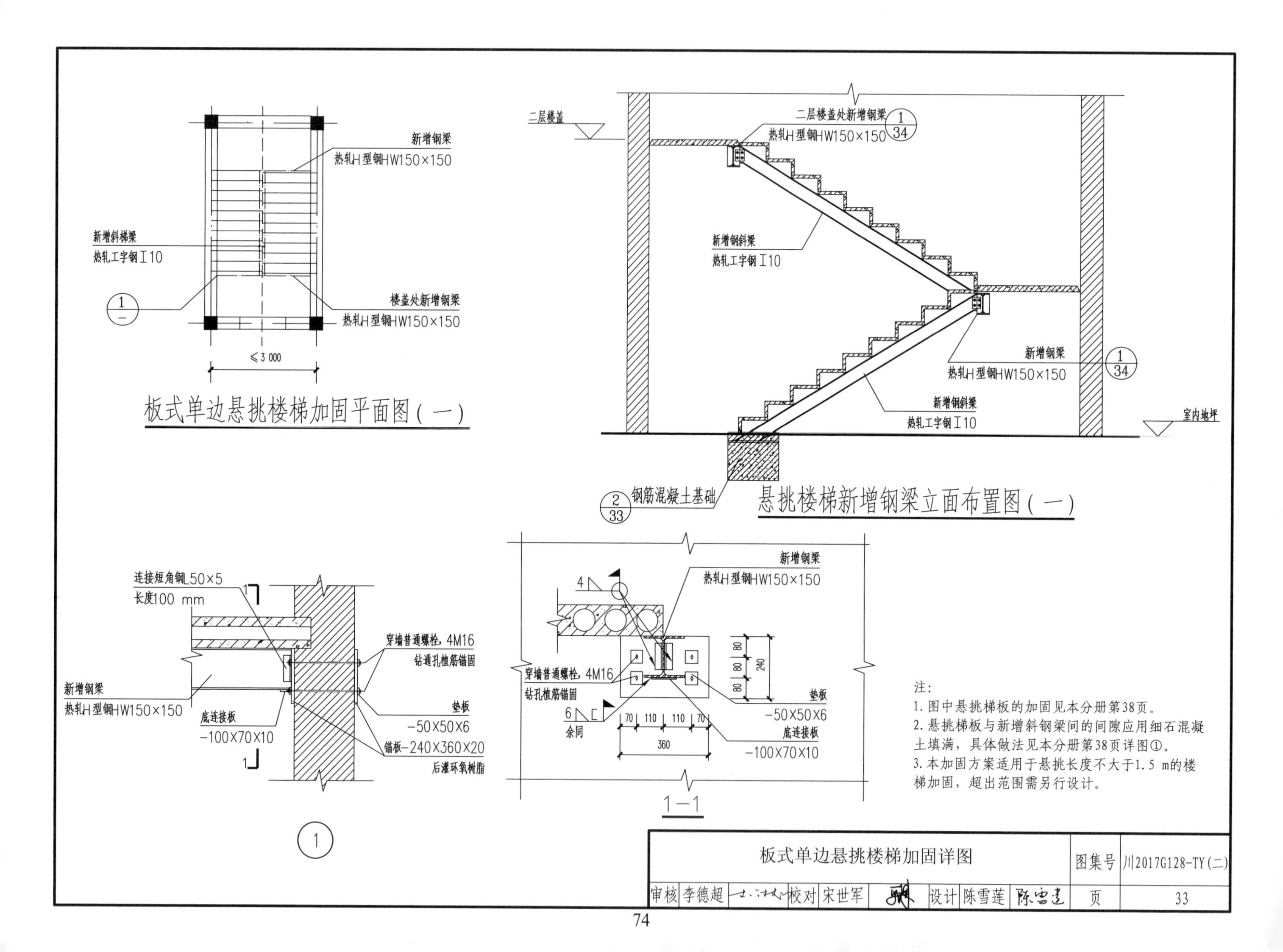

注：
1. 图中悬挑梯板的加固见本分册第38页。
2. 悬挑梯板与新增斜钢梁间的间隙应用细石混凝土填满，具体做法见本分册第38页详图①。
3. 本加固方案适用于悬挑长度不大于1.5 m的楼梯加固，超出范围需另行设计。

板式单边悬挑楼梯加固详图						图集号	川2017G128-TY（二）
审核	李德超	校对	宋世军	设计	陈雪莲	页	33

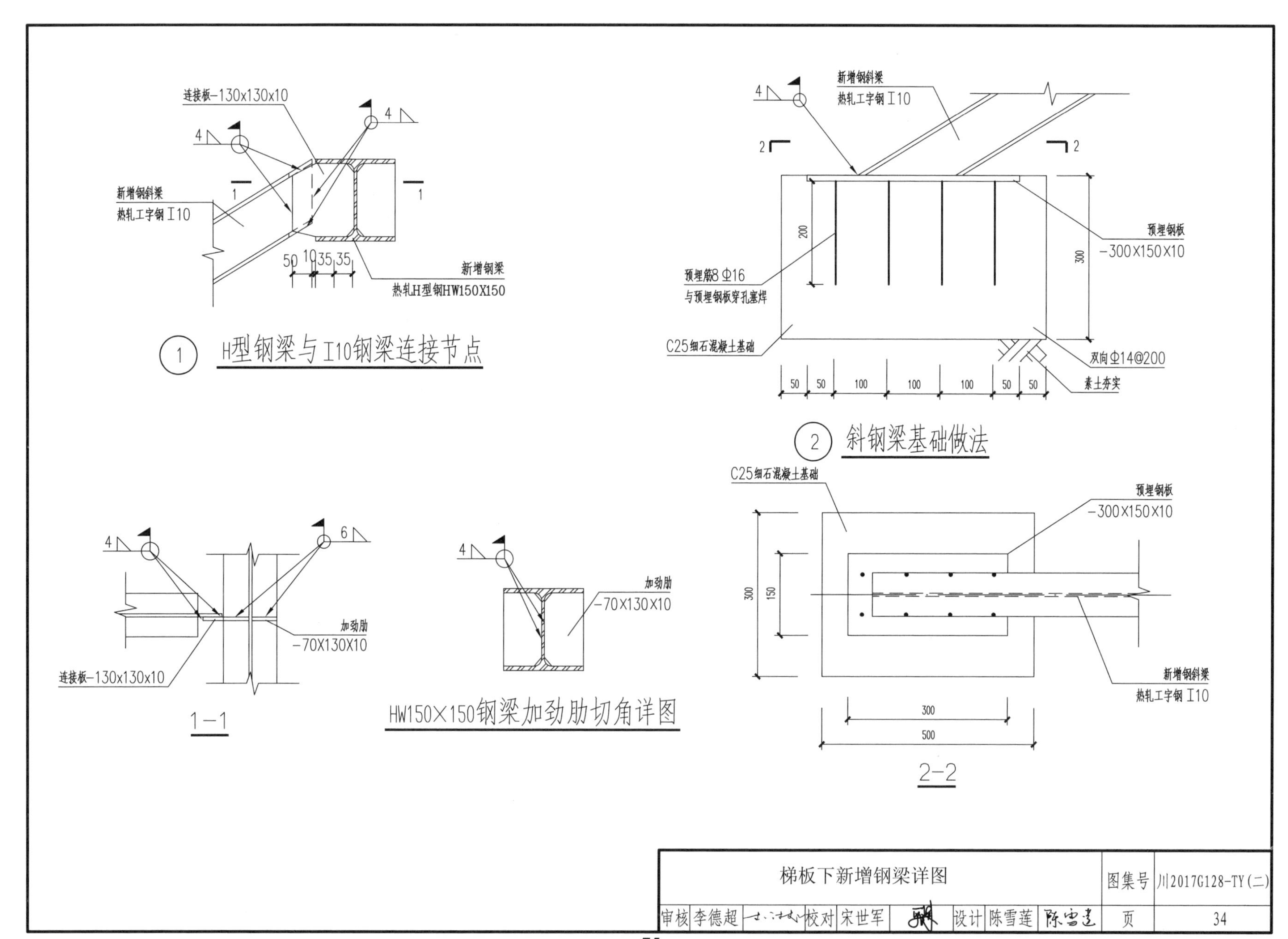
连接板-130x130x10
新增钢斜梁
热轧工字钢 I10
新增钢梁
热轧H型钢HW150X150
50 10 35 35
1 H型钢梁与I10钢梁连接节点
新增钢斜梁
热轧工字钢 I10
预埋钢板
-300X150X10
预埋筋8 Φ16
与预埋钢板穿孔塞焊
C25细石混凝土基础
双向Φ14@200
素土夯实
200
300
50 50 100 100 100 50 50
2 斜钢梁基础做法
加劲肋
-70X130X10
连接板-130x130x10
1-1
加劲肋
-70X130X10
HW150×150钢梁加劲肋切角详图
C25细石混凝土基础
预埋钢板
-300X150X10
新增钢斜梁
热轧工字钢 I10
300
150
300
500
2-2
梯板下新增钢梁详图
图集号 川2017G128-TY(二)
审核 李德超 校对 宋世军 设计 陈雪莲
页 34

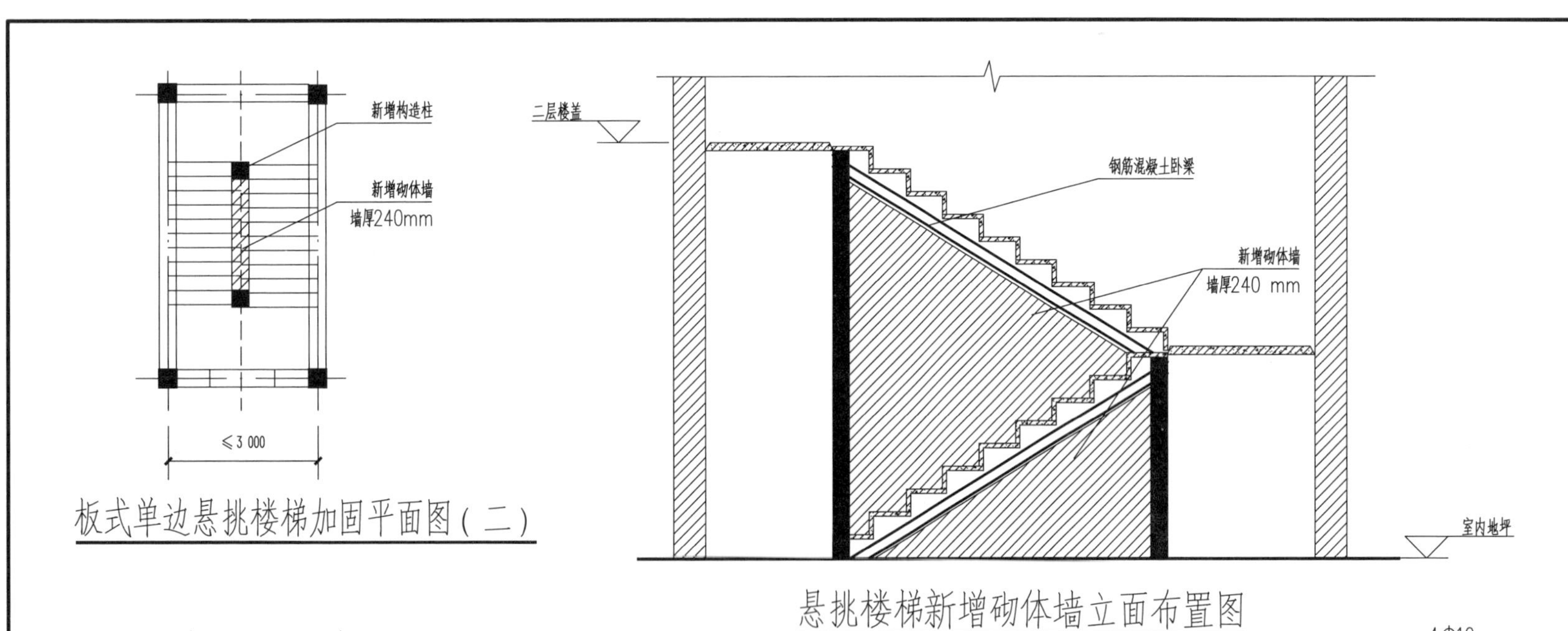

板式单边悬挑楼梯加固平面图（二）

悬挑楼梯新增砌体墙立面布置图

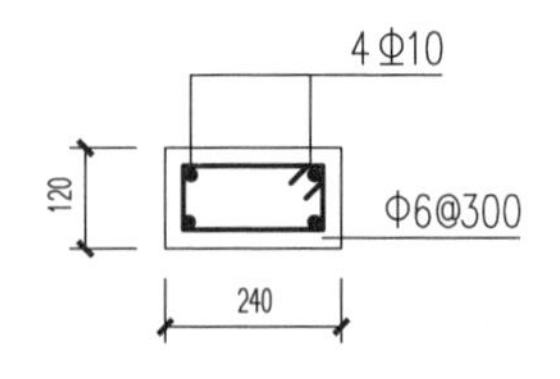

钢筋混凝土卧梁

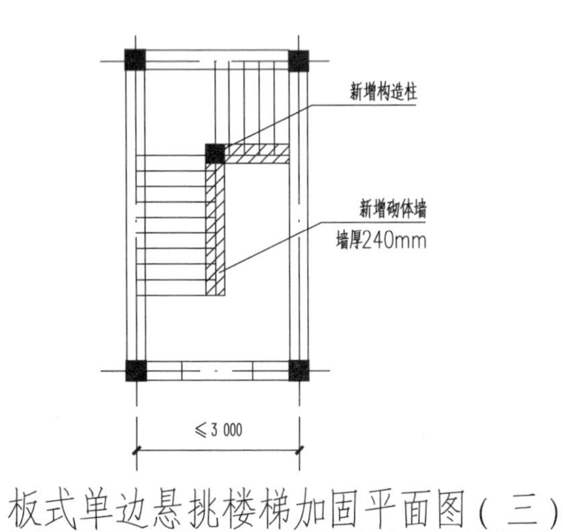

板式单边悬挑楼梯加固平面图（三）

注：
1. 图中悬挑梯板的加固见本分册第38页。
2. 新增砌体墙体的块材及砂浆要求见本分册第26页。
3. 新增砌体墙两端应增设钢筋混凝土构造柱，与构造柱相连墙体应留马牙槎。
4. 新增砌体墙、构造柱基础可采用素混凝土基础，基础挖至老土，基础埋深及截面尺寸应经计算确定。
5. 梯板底部新增钢筋混凝土卧梁，新增钢筋混凝土构造柱采用C20混凝土浇筑。
6. 梯板与卧梁之间空隙应在浇筑卧梁时一起填满。
7. 构造柱配筋选用表见本分册第17页。
8. 本加固方案适用于悬挑长度不大于1.5 m的楼梯加固，超出范围需另行设计。

板式单边悬挑楼梯加固详图								图集号	川2017G128-TY（二）
审核	李德超	[signature]	校对	宋世军	[signature]	设计	陈雪莲	页	35

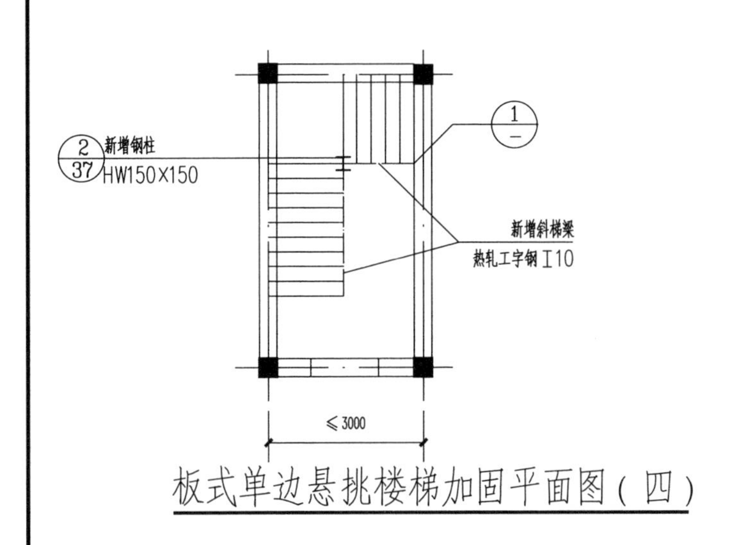

板式单边悬挑楼梯加固平面图(四)

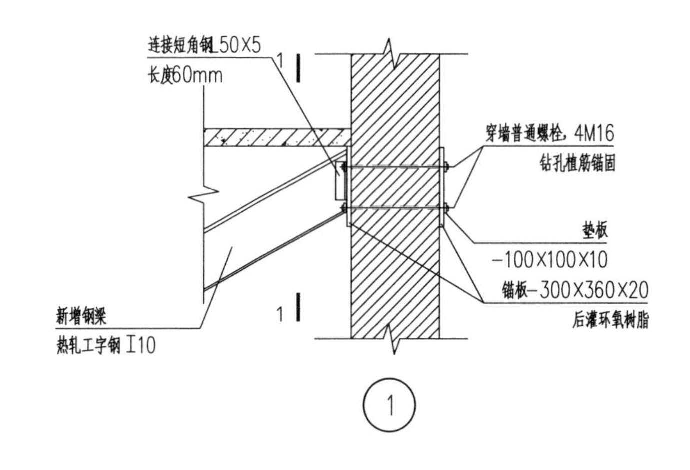

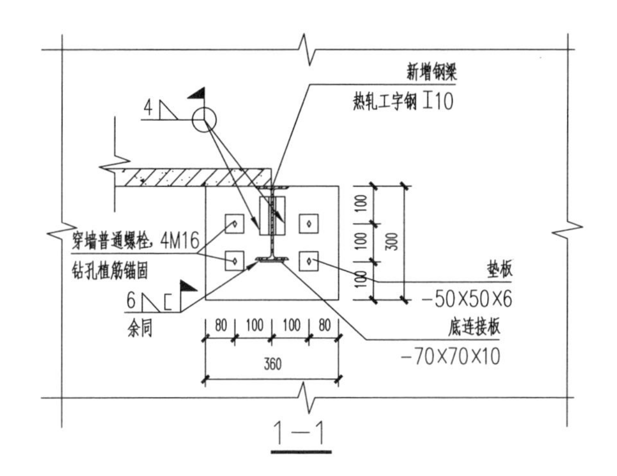

1-1

注:

1. 图中悬挑梯板的加固见本分册第38页。
2. 悬挑梯板与新增斜钢梁间的间隙应用细石混凝土填满，具体做法见本分册第37页详图1。
3. 本加固方案适用于悬挑长度不大于1.5 m的楼梯加固，超出范围需另行设计。
4. 斜钢梁基础做法见本分册第34页详图“斜钢梁基础做法”。

板式单边悬挑楼梯加固详图							图集号	川2017G128-TY(二)
审核	李德超	校对	宋世军		设计	陈雪莲	页	36

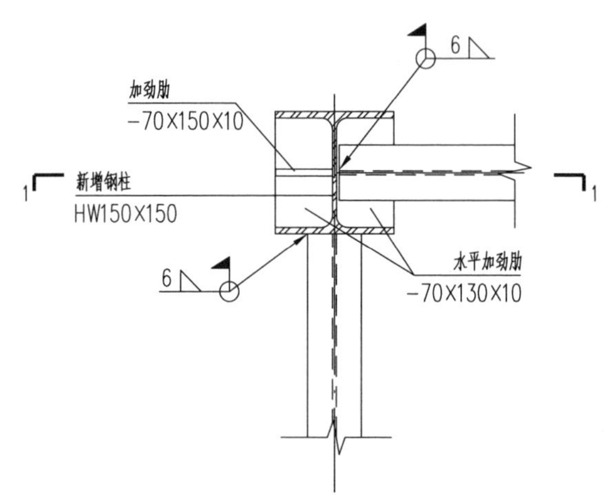

② 钢柱与钢梁连接节点

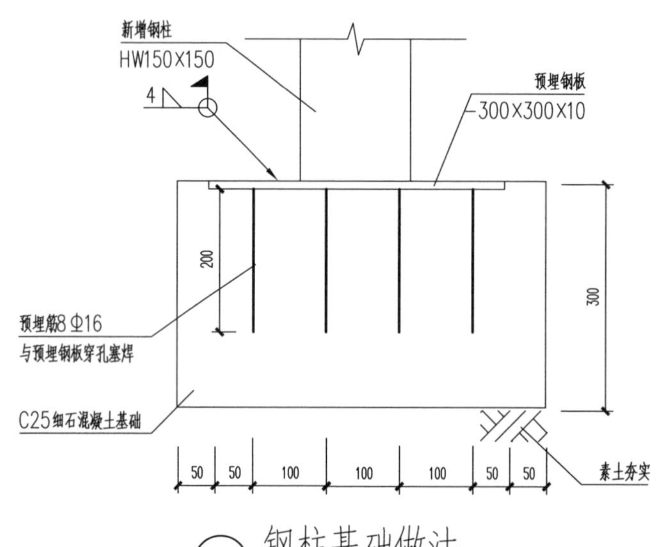

③ 钢柱基础做法

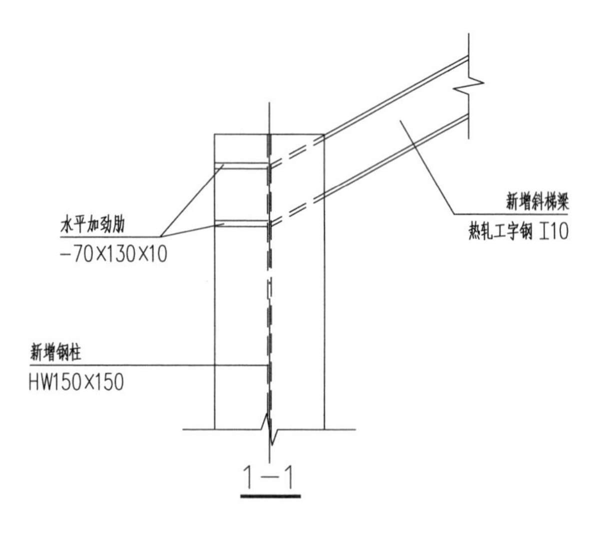

1-1

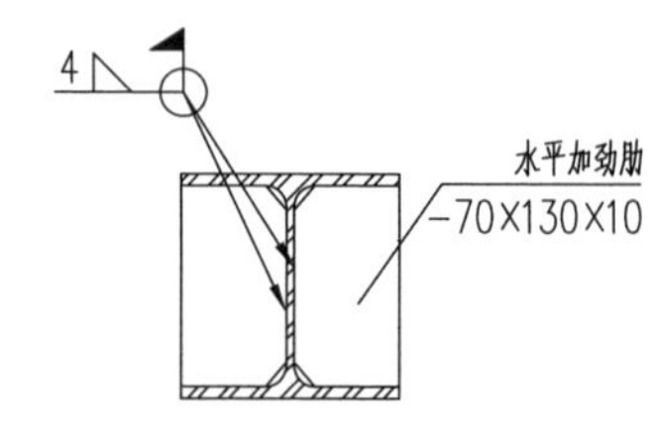

钢柱水平加劲肋切角详图

板式单边悬挑楼梯加固详图							图集号	川2017G128-TY(二)
审核	李德超		校对	宋世军	设计	陈雪莲	页	37

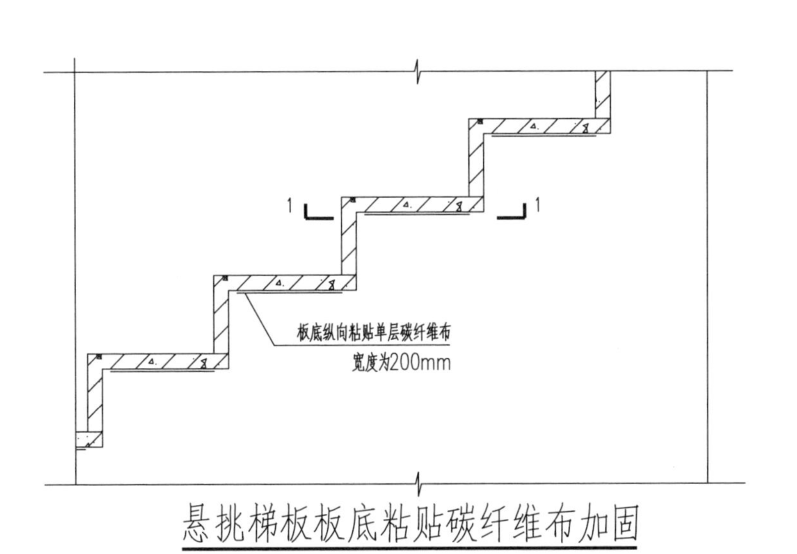

悬挑梯板板底粘贴碳纤维布加固

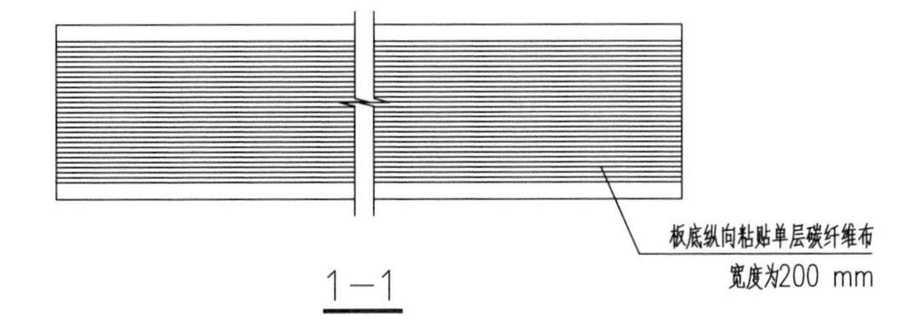

1—1

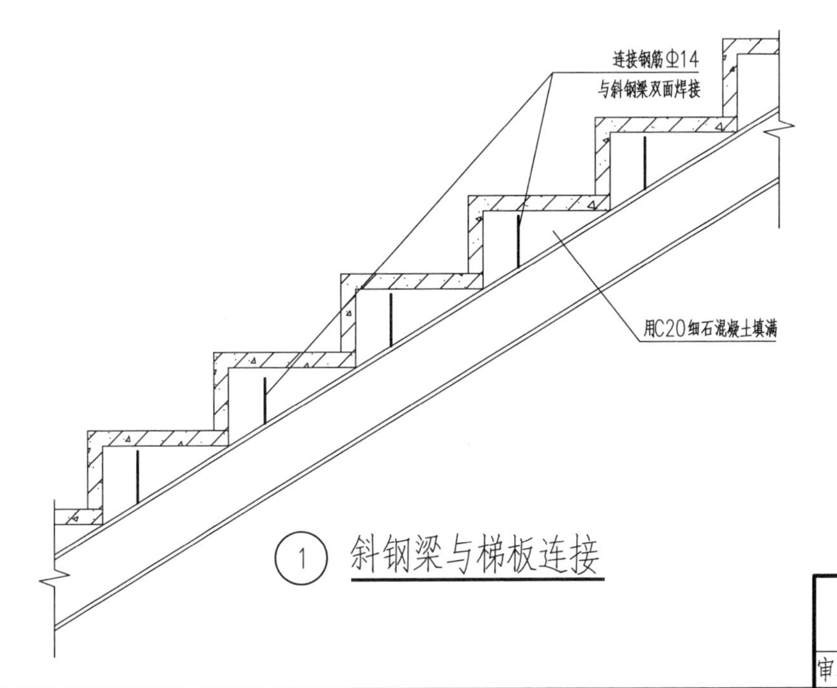

① 斜钢梁与梯板连接

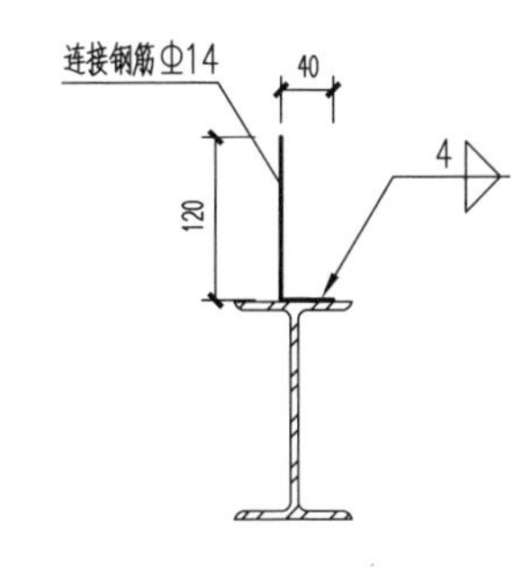

连接钢筋详图

注:
1. 斜钢梁与梯板间用C20细石混凝土填实。
2. 在斜钢梁上翼缘每阶梯板下方焊接一根Φ14钢筋作为连接筋。

悬挑梯板板底粘贴碳纤维布加固								图集号	川2017G128-TY(二)
审核	李德超		校对	宋世军		设计	陈雪莲	页	38

两层房屋加固示例

1 已知条件

1.1 某农房建于1985年，为两层砌体结构、纵横墙承重，层高均为3.0 m。墙体为烧结实心砖、混合砂浆砌筑，无圈梁，局部设置构造柱。二层楼盖为预制钢筋混凝土板，机制瓦屋面，①、⑥轴墙体为硬山承檩。

1.2 抗震设防烈度为8度，对抗震不满足要求的项目进行加固设计，其房屋平面见下图。

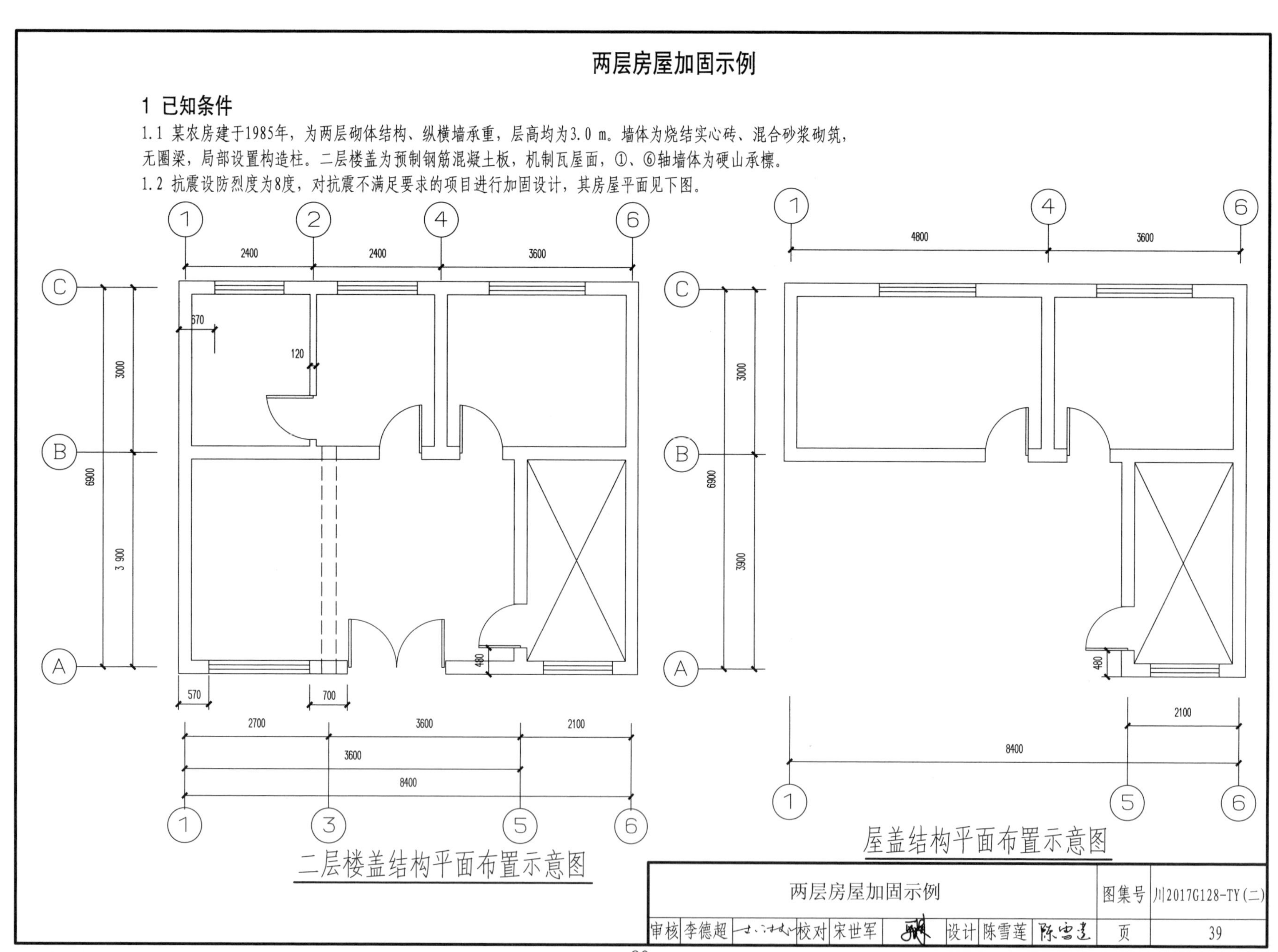

二层楼盖结构平面布置示意图

屋盖结构平面布置示意图

两层房屋加固示例									图集号	川2017G128-TY(二)
审核	李德超		校对	宋世军		设计	陈雪莲		页	39

2 房屋抗震加固表

内容			要求	实际设置	是否满足
结构体系	最大高度和层高要求	最大高度限值/m	6.3	6.0	满足
		层高限值/m	3.0/3.3	3.0/3.0	满足
	结构体系要求	抗震横墙最大间距/m	6.0/4.5	6.3/4.8	不满足
		独立砖柱	不宜有独立砖柱支承跨度大于6.0 m的梁	无	满足
		墙体厚度/mm	厚度不小于180	底层个别承重墙厚120	不满足
材料实际强度	砌筑砂浆强度		不宜低于M1.0	M2.5	满足
	砖强度		MU7.5	MU10	满足
整体性连接	墙体		平面内应闭合，纵横墙交接处应可靠连接	平面内闭合，咬槎砌筑，无削弱	满足
	圈梁设置要求		在屋盖 各纵横墙 檐口处的墙顶设置圈梁	未设置圈梁	不满足
	楼盖、屋盖与墙体的连接		预制板伸入墙体的长度不应小于80 mm	预制板伸入墙体的长度为100 mm	满足
易损易倒塌部位	隔墙与其他构件的连接		隔墙与两侧墙体应有拉结	无隔墙	满足

续表

内容		要求	实际设置	是否满足
易损易倒塌部位	女儿墙的设置	无锚固的女儿墙最大高度为0.5 m	女儿墙高度1.2 m，有锚固	满足
局部尺寸	承重外墙尽端至门窗洞边的最小距离/m	1.0	0.48	不满足
	承重窗间墙最小宽度/m	0.8	0.7	不满足
	非承重外墙尽端至门窗洞边的最小距离/m	0.9	0.57	不满足
	内墙门窗洞口至外纵墙的最小距离/m	1.0	0.48	不满足
构造柱设置		较突出的外墙转角、外墙四大角处、较大洞口两侧、大房间四角处、楼梯间四角、山墙与内纵墙交接处、隔开间(轴线)横墙与外纵墙交接处	未设置构造柱	不满足
是否硬山承檩		8度区不能采用硬山承檩	硬山承檩	不满足

两层房屋加固示例							图集号	川2017G128-TY(二)
审核	李德超	校对	宋世军		设计	陈雪莲	页	40

3 加固方案的选择

3.1 对局部尺寸、墙体厚度、横墙间距不满足要求的墙肢采用双面钢筋网水泥砂浆面层进行加固。

3.2 由于房屋采用硬山承檩，对其采用双面钢筋水泥砂浆面层进行加固，加固方法详见本图集第（六）分册第11页相关内容。

3.3 对楼梯间角部、内纵墙与山墙交接处，隔开间横墙与外纵墙交接处增设钢筋网水泥砂浆组合砌体构造柱。

3.4 对房屋四大角增设钢筋混凝土构造柱。

3.5 在屋盖处的外墙增设钢筋混凝土圈梁、内墙增设组合圈梁。

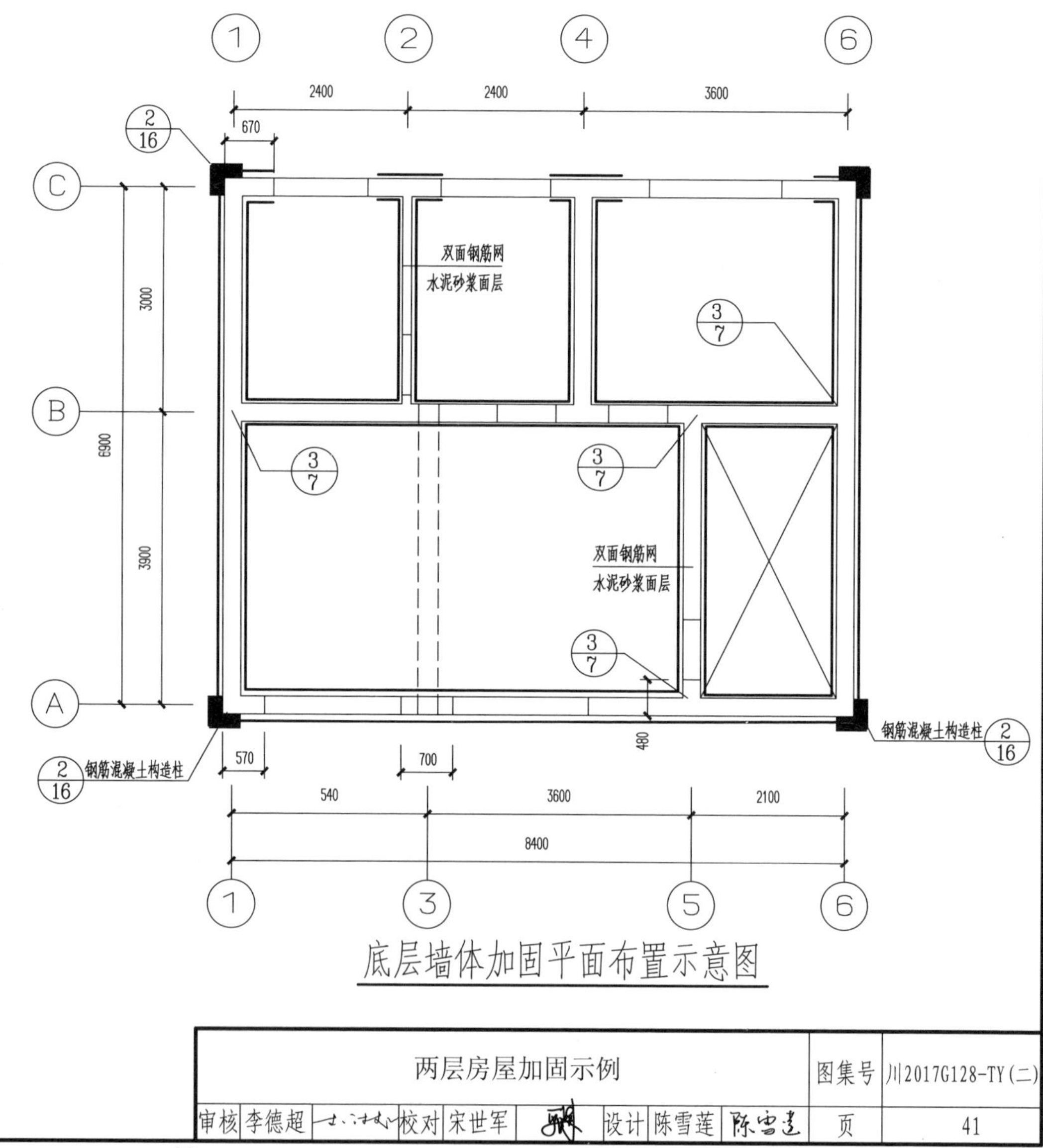

底层墙体加固平面布置示意图

两层房屋加固示例								图集号	川2017G128-TY(二)
审核	李德超	[signature]	校对	宋世军	[signature]	设计	陈雪莲	页	41

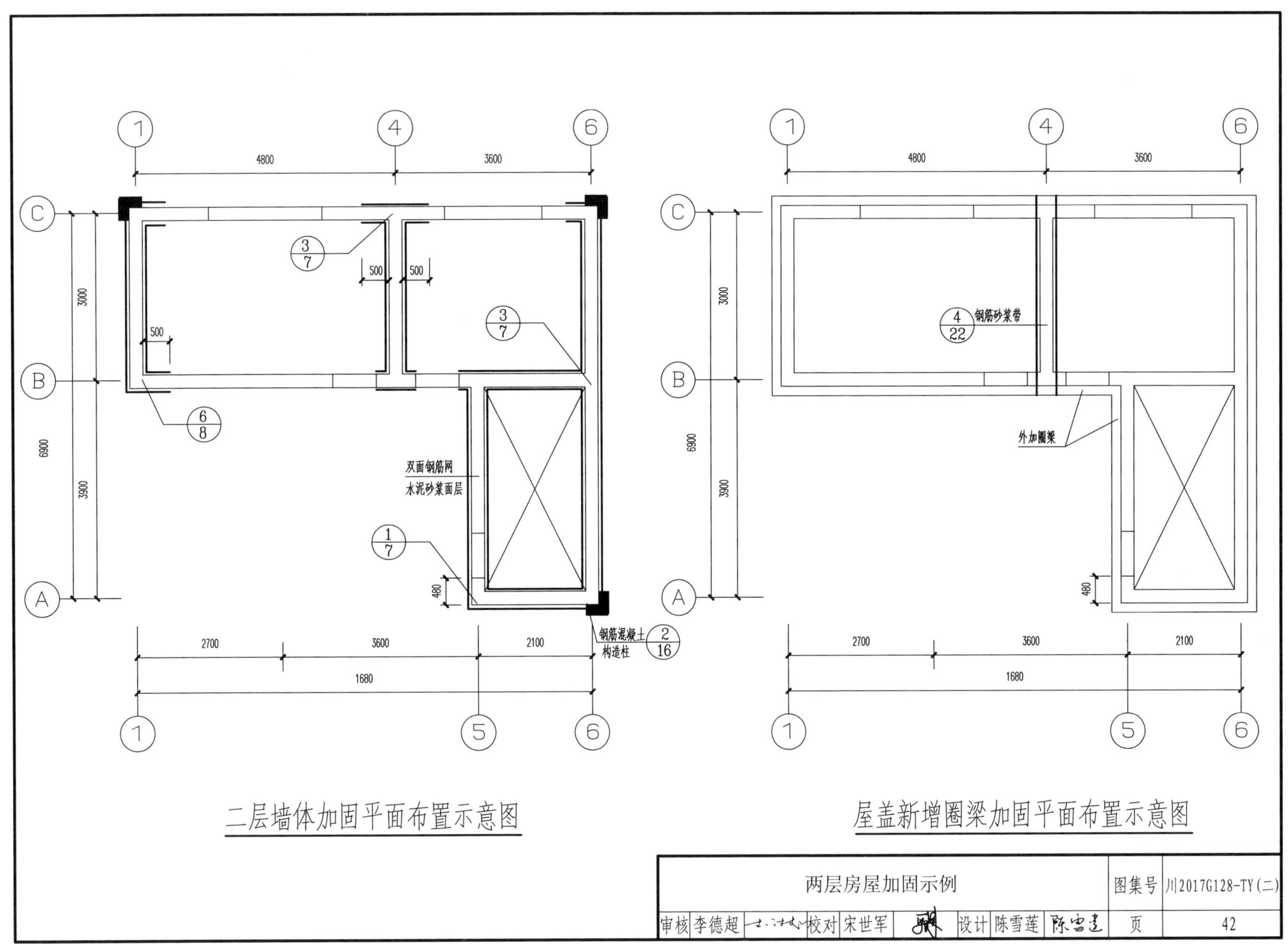

二层墙体加固平面布置示意图
双面钢筋网
水泥砂浆面层
钢筋混凝土
构造柱
4800
3600
3000
3900
6900
500
480
2700
2100
1680
屋盖新增圈梁加固平面布置示意图
钢筋砂浆带
外加圈梁
两层房屋加固示例
图集号
川2017G128-TY(二)
审核
李德超
校对
宋世军
设计
陈雪莲
页
42

四川省农村居住建筑抗震加固图集

(混凝土小型空心砌块结构房屋)

批准部门： 四川省住房和城乡建设厅

主编单位： 四川省建筑科学研究院

参编单位： 四川省建筑工程质量检测中心

四川省建筑新技术工程公司

四川通信科研规划设计有限责任公司

批准文号： 川建标发〔2018〕65号

图 集 号： 川2017G128-TY(三)

实施日期： 2018年3月1日

主编单位负责人：

主编单位技术负责人：

技 术 审 定 人：

设 计 负 责 人：

目　录

目录								图集号	川2017G128-TY(三)
审核	李德超		校对	陈雪莲		设计	甘立刚	页	1

说 明

1 一般规定

1.1 本分册适用于混凝土小型空心砌块砌体承重的一层或二层农村住房的抗震加固。

1.2 对不满足抗震鉴定要求且需进行抗震加固的混凝土小型空心砌块砌体结构房屋，应依据抗震鉴定出的隐患缺陷，采取提高房屋抗震承载力、加强房屋整体性连接、加强结构局部部位稳定性，以及加强抗震构造等方法进行抗震加固。

1.3 当房屋不超过两层，但总高或层高超过表1.3限值时，应采取提高墙体抗震能力和加强墙体约束的抗震加固措施。

表1.3　房屋的总高度和层高限值　　　　单位：m

烈度											
6度			7度			8度			9度		
总高	底层	二层	总高	底层	二层	总高	底层	二层	总高	底层	二层
7.2	3.9	3.3	6.6	3.6	3.0	6.0	3.0	3.0	3.3	3.3	-

注：表中房屋总高度不包括房屋室内外高差。若房屋有室内外高差，可将表中高度增加0.3 m。

1.4 当房屋抗震横墙最大间距超过表1.4限值不大于1.0 m时，可采用提高抗震横墙承载力且新增构造柱的抗震加固方法；当超过表1.4限值大于1.0 m时，应新增抗震横墙。

表1.4　房屋抗震横墙间距限制　　　　单位：m

楼、屋盖类别	烈度			
	6度	7度	8度	9度
预制钢筋混凝土板	6.6	6.0	4.5	—
现浇钢筋混凝土板	7.2	6.6	6.0	3.6
木楼、屋盖	6.0	4.2	3.0	3.3

1.5 当混凝土小型空心砌块砌体为下列情况时，应采用提高墙体承载力的方法对墙体进行抗震加固：

1.5.1 砌体厚度小于190 mm；

1.5.2 砌块强度等级低于MU7.5；

1.5.3 6度、7度时砌筑砂浆强度等级低于Mb2.5，8、9度时低于Mb5.0时。

1.6 当房屋墙体的局部尺寸小于表1.6的限值时，可采取提高局部墙体承载力，或加强局部墙体稳定的方法进行抗震加固。

表1.6　房屋墙体局部最小尺寸限值　　　　单位：m

部位	烈度			
	6度	7度	8度	9度
门窗洞口间墙最小宽度	0.8	0.8	1.0	1.3
承重外墙尽端至门窗洞边的最小距离	0.8	1.0	1.2	1.5
非承重外墙尽端至门窗洞边的最小距离	0.8	0.9	1.0	1.0
内墙阳角至门窗洞边的最小距离	0.8	0.8	1.2	1.8
内横墙上门窗洞口至外纵墙的最小距离	0.8	1.0	1.2	1.5

1.7 当房屋的芯柱或构造柱设置不满足表1.7的要求时，可采用新增芯柱或钢筋混凝土构造柱进行抗震加固。

表1.7　芯柱或构造柱设置部位要求　　　　单位：m

<table>
<tr><td rowspan="2">房屋层数</td><td colspan="4">烈度</td></tr>
<tr><td>6度</td><td>7度</td><td>8度</td><td>9度</td></tr>
<tr><td rowspan="4">单层</td><td colspan="4">较突出的外墙转角、外墙四大角处</td></tr>
<tr><td></td><td colspan="3">较大洞口两侧、大房间四角处</td></tr>
<tr><td></td><td></td><td colspan="2">隔10 m横墙与外纵墙交接处、山墙与内纵墙交接处</td></tr>
<tr><td></td><td></td><td></td><td>隔开间（轴线）横墙与外纵墙交接处</td></tr>
<tr><td rowspan="3">两层</td><td colspan="3">较突出的外墙转角、外墙四大角处、楼梯间四角</td><td rowspan="3"></td></tr>
<tr><td></td><td colspan="2">大房间四角、较大洞口两侧、山墙与内纵墙交接处</td></tr>
<tr><td></td><td></td><td>隔开间（轴线）横墙与外纵墙交接处、楼梯间对应的另一侧内横墙与外纵墙交接处</td></tr>
</table>

1.8 当房屋的圈梁设置不满足下列要求时，可采用新增封闭式圈梁进行抗震加固。

1.8.1 6、7度时，在屋盖檐口处的墙顶设置圈梁；8度、9度时，在屋盖檐口及楼盖处的墙顶均应设置圈梁；外墙及内抗震横墙顶均设置圈梁。圈梁应连接闭合。

1.8.2 圈梁可选用钢筋水泥砂浆组合砌体圈梁（以下简称组合圈梁）或钢筋混凝土圈梁。

1.9 当两层房屋第二层外纵墙外延且存在下列情况时，应采取提高墙体承载能力和加强房屋整体性的措施进行抗震加固。

1.9.1 第二层外纵墙与底层纵墙的轴线外延尺寸：6度时大于1.0 m，7度时大于0.8m，8度时大于0.6 m。

1.9.2 墙体厚度小于190 mm，或墙体的砌筑砂浆强度等级低于Mb5，砌块强度等级低于MU10。

1.9.3 抗震横墙间距大于6.0 m；外延一侧的底层纵墙墙肢宽度小于1.2 m，且墙肢两侧未设构造柱或芯柱。

1.9.4 当芯柱或构造柱的设置不满足本说明表1.7要求，以及横墙与外墙交接处未设置芯柱或构造柱；楼屋盖处未设圈梁。

1.10 8、9度时，除本说明第1.9条以外的情况，墙体沿竖向上下不连续，应进行加固。

1.11 设置有悬挑楼梯，应进行加固。

1.12 楼梯间设置在房屋尽端或转角处，应进行加固。

1.13 纵横墙交接处采用通缝砌筑，且无可靠拉结措施时或出屋顶的楼梯间的纵横墙交接处未设置拉结钢筋时，应进行加固。

1.14 墙体布置在平面内不闭合时，应进行加固。

1.15 楼盖、屋盖构件的支承长度不符合表1.15 的规定时，应进行加固。

表1.15 楼盖、屋盖构件的最小支承长度　　单位：mm

构件名称	预制板			预制进深梁	木屋架木大梁	对接木龙骨木檩条		搭接木龙骨木檩条
位置	外墙	内墙	梁上	墙上	墙上	屋架上	墙上	屋架上、墙上
支承长度	100	80	80	190	190	60	100	满搭

1.16 对无拉结或拉结不牢的后砌隔墙，可在隔墙与原墙体交接处和顶部采用锚筋和锚板进行加固；当隔墙过长、过高时，可采用钢筋网砂浆面层进行加固，并应与原主体结构间新增拉结措施。

1.17 出屋面烟囱、无锚固女儿墙不得超过0.5 m。超过规定高度时，宜拆除、降低高度或采用钢筋网水泥砂浆加固，并采取拉结措施。

1.18 当8、9度屋盖采用硬山搁檩时，应对硬山墙体采用双面钢筋网水泥砂浆面层进行加固。

2 方法选用

2.1 面层加固：当墙体砌筑砂浆强度等级偏低、砌筑质量差等导致抗震承载能力不满足要求时，可在墙体的两侧采用钢筋网水泥砂浆面层加固。

2.2 拆除重砌或新增抗震墙：对强度过低、现状及质量较差的原墙体可拆除重砌，因横墙间距不满足要求时可新增砌体抗震墙。

2.3 当墙体布置在平面内不闭合时，可新增墙段或在开口处新增现浇钢筋混凝土框形成闭合。

2.4 纵横墙连接较差时，可在墙体交接处局部采用钢筋网水泥砂浆面层加固。

2.5 楼、屋盖构件有位移或支承长度不满足要求时，可新增托梁或采取增强楼、屋盖整体性等措施。

2.6 当构造柱设置不符合要求时，应新增钢筋混凝土构造柱、芯柱或钢筋网水泥砂浆组合砌体构造柱（以下简称组合构造柱）进行加固。当墙体需采用双面钢筋网水泥砂浆面层进行加固时，可选用在需设构造柱的部位增设加强型钢筋砂浆带形成的组合构造柱进行加固。

2.7 当圈梁设置不符合抗震要求时，且墙体需采用钢筋网面层加固时，可选用在需设置圈梁的部位增设加强型钢筋砂浆带形成的组合圈梁进行加固。

2.8 抗震设防烈度为7～9度时，应对不满足整体性连接和抗震构造措施要求的木屋盖系统进行加固。

2.9 当窗间墙宽度等局部尺寸不满足要求时，可新增钢筋混凝土窗框或采用钢筋网水泥砂浆面层等加固。

2.10 当支承大梁等的墙段抗震能力不满足要求时，可新增砌体柱、组合柱、钢筋混凝土柱或采用钢筋网水泥砂浆面层加固。

2.11 当悬挑构件不符合鉴定要求时，宜在悬挑构件根部新增钢筋混凝土柱或砌体组合柱加固，并对悬挑构件进行复核。

2.12 隔墙无拉结或拉结不牢，可采用镶边、埋设钢夹套、锚筋加固；当隔墙过长、过高时，可采用钢筋网水泥砂浆面层进行加固。

3 施工要求

3.1 钢筋网水泥砂浆面层加固法施工应符合下列要求:

3.1.1 墙面锚筋或穿墙筋的位置应设在水平灰缝处，避免钻孔对块材造成损伤。

3.1.2 钢筋网水泥砂浆面层其他构造参照本图集“第（二）分册 砖砌体结构房屋”的相关要求。

3.2 新增混凝土小砌块抗震墙的施工应符合以下要求:

3.2.1 混凝土小砌块墙体的砌筑应满足相关要求。

3.2.2 当新增墙体与原墙体间采用通缝砌筑时，待墙体施工完成后对新旧墙体交接处局部采用双面钢筋网水泥砂浆面层进行加固。

3.2.3 新增墙体顶部与原楼盖梁（板）交接的100 mm浇筑C20无收缩细石混凝土。

3.3 新增构造柱施工应符合下列要求:

3.3.1 新增钢筋混凝土构造柱混凝土的浇筑及养护应满足相关要求;

3.3.2 新增钢筋混凝土构造柱、双面钢筋网面层和组合构造柱的构造参照本图集“第（二）分册 砖砌体结构房屋”的相关要求。

3.4 钢筋混凝土围套加固独立砌体柱的构造参照本图集“第（二）分册 砖砌体结构房屋”的相关要求。

3.5 新增现浇钢筋混凝土框加固墙体不封闭的构造参照本图集“第（二）分册 砖砌体结构房屋”的相关要求。

3.6 隔墙与梁、墙连接的加固构造参照本图集“第（二）分册 砖砌体结构房屋”的相关要求。

3.7 楼板支承长度不足时加固构造参照本图集“第（二）分册 砖砌体结构房屋”的相关要求。

3.8 悬挑楼梯加固构造参照本图集“第（二）分册 砖砌体结构房屋”的相关要求。

新增芯柱说明

1 特点及适用范围

当混凝土小型空心砌块结构房屋的芯柱不符合抗震要求时，可采用增设芯柱的方法进行加固。即：在需增设芯柱的部位，对相应部位的混凝土小型空心砌块凿开空洞、插入竖向贯通墙体的钢筋，并浇筑灌实混凝土。

2 设计要点

2.1 新增芯柱的主要设置部位及相关规定

2.1.1 新增芯柱可按本分册第2页说明表1.7的相应部位设置；新增芯柱宜在平面内对称布置，应由底层设起，并应沿房屋全高贯通，不得错位；新增芯柱应与圈梁连成闭合系统。

2.1.2 新增芯柱的钢筋和混凝土应贯通楼板，当采用钢筋混凝土预制板楼盖时，应采用贯通措施。

2.1.3 新增芯柱应伸入室外地面以下500 mm或与地圈梁相连。

2.2 新增芯柱的设计要点：

2.2.1 新增芯柱混凝土强度等级宜采用C20。

2.2.2 新增芯柱的钢筋直径：6、7、8度时不应小于12 mm，9度时不应小于14 mm。

2.2.3 当墙体转角处、纵横墙交接处、较大洞口两侧增设芯柱时，宜沿墙高间距600 mm设置墙体拉结钢筋网片。

3 施工要求

3.1 在需新增芯柱对应墙体砌块孔洞处划线标出需进行切割的位置。

3.2 切割的宽度宜为60 mm；切割的高度以能插入插筋为宜。

3.3 应待临近孔的混凝土浇筑3天以后方能进行相邻孔的切割施工。

3.4 应在浇筑完毕后的12小时以内对混凝土保湿养护，养护时间不得少于7天。养护用水应与拌制用水相同。

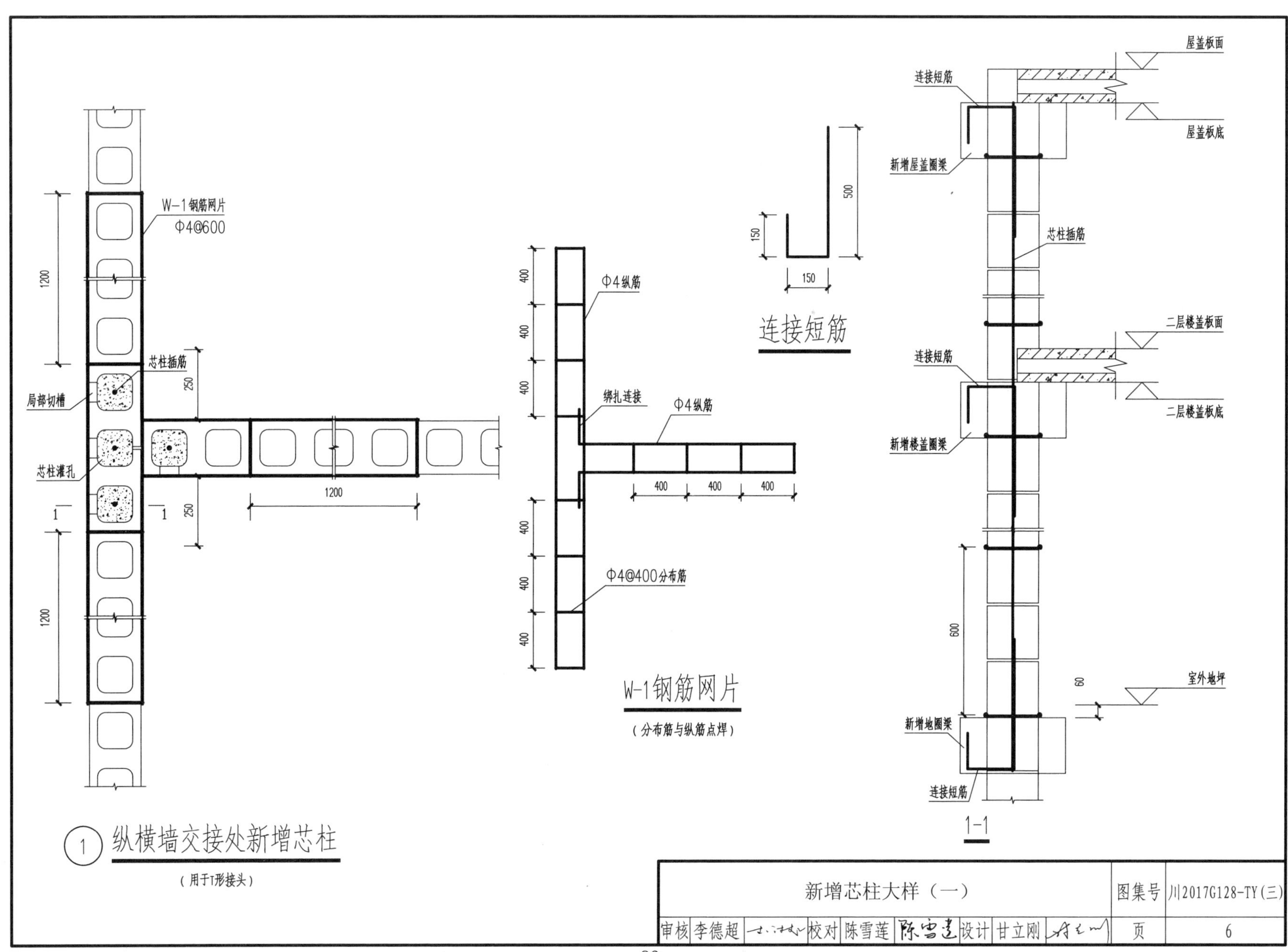

W-1钢筋网片
Φ4@600
1200
芯柱插筋
局部切槽
芯柱灌孔
250
1200
1
1
(1) 纵横墙交接处新增芯柱
（用于T形接头）
400
Φ4纵筋
绑扎连接
Φ4纵筋
Φ4@400分布筋
W-1钢筋网片
（分布筋与纵筋点焊）
500
150
150
连接短筋
屋盖板面
屋盖板底
连接短筋
新增屋盖圈梁
芯柱插筋
二层楼盖板面
二层楼盖板底
新增楼盖圈梁
600
60
室外地坪
新增地圈梁
连接短筋
1-1
新增芯柱大样（一）
图集号 川2017G128-TY(三)
审核 李德超 校对 陈雪莲 设计 甘立刚
页 6

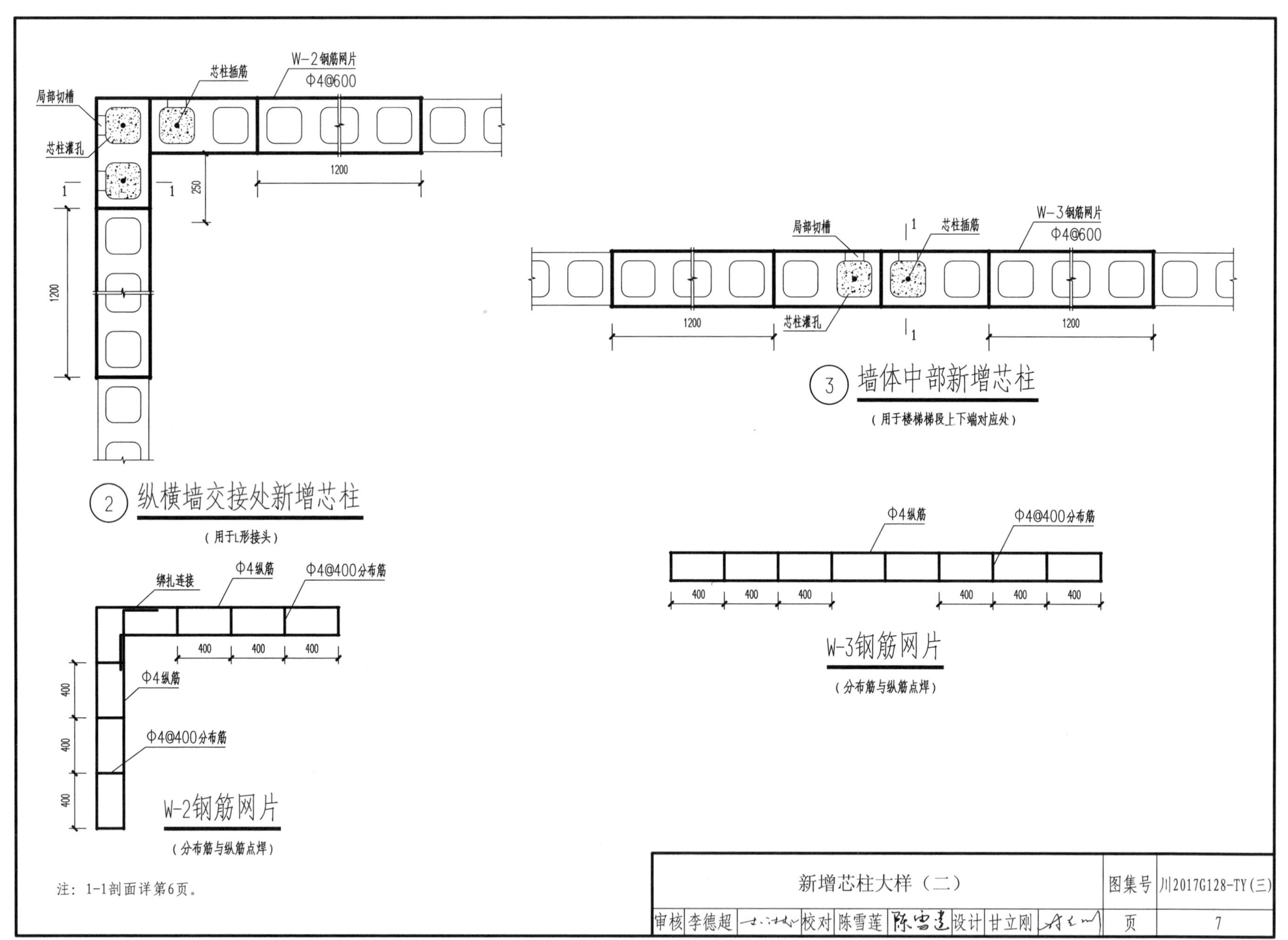

芯柱插筋
W-2钢筋网片
Φ4@600
局部切槽
芯柱灌孔
1
1
250
1200
1200
2 纵横墙交接处新增芯柱
（用于L形接头）
局部切槽
1
芯柱插筋
W-3钢筋网片
Φ4@600
1200
芯柱灌孔
1
1200
3 墙体中部新增芯柱
（用于楼梯梯段上下端对应处）
绑扎连接
Φ4纵筋
Φ4@400分布筋
400
400
400
Φ4纵筋
Φ4@400分布筋
400
400
400
W-2钢筋网片
（分布筋与纵筋点焊）
Φ4纵筋
Φ4@400分布筋
400
400
400
400
400
400
W-3钢筋网片
（分布筋与纵筋点焊）
注：1-1剖面详第6页。
新增芯柱大样（二）
图集号
川2017G128-TY(三)
审核
李德超
校对
陈雪莲
设计
甘立刚
页
7

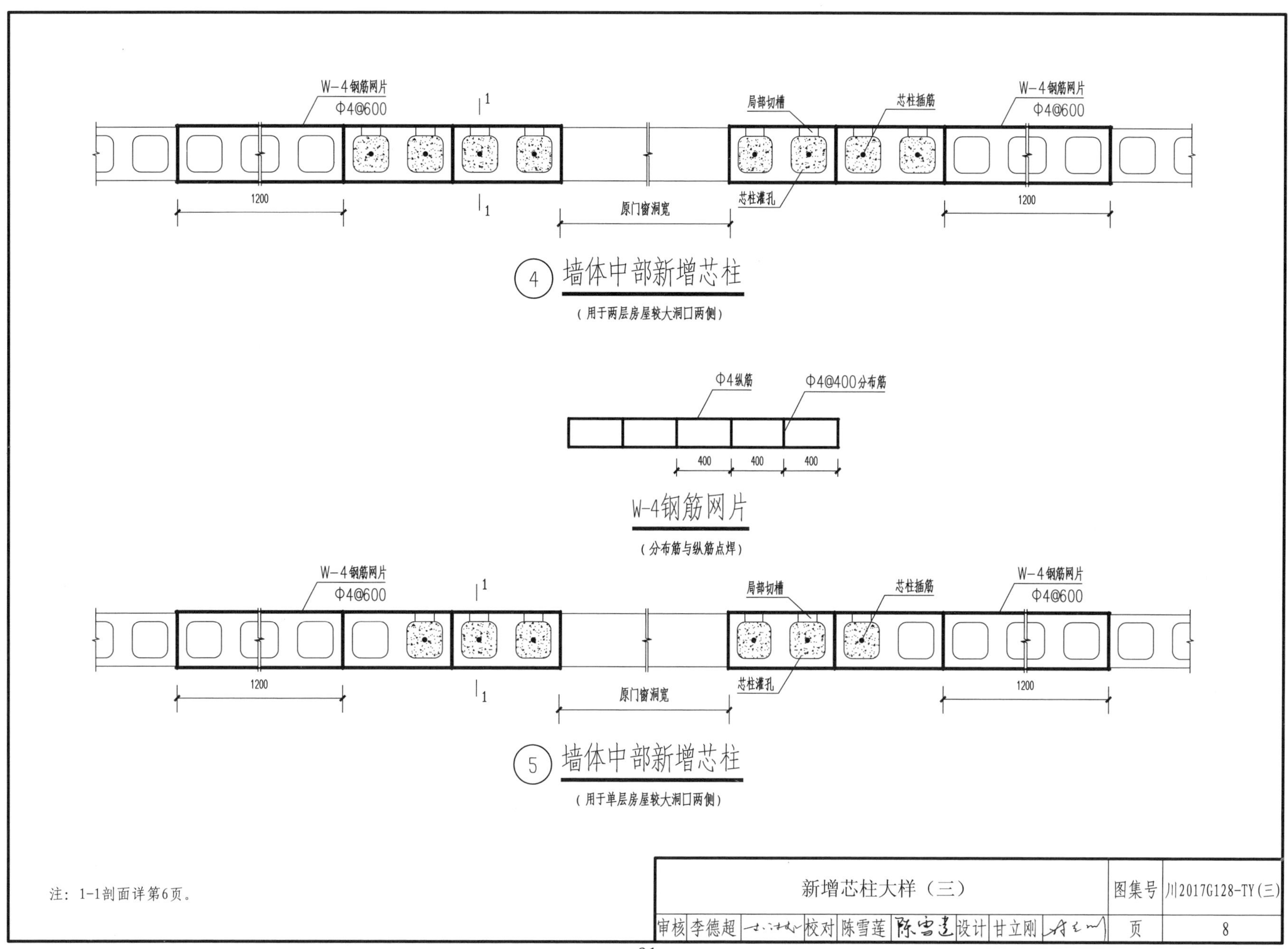
W-4钢筋网片
Φ4@600
1
局部切槽
芯柱插筋
W-4钢筋网片
Φ4@600
1200
1
原门窗洞宽
芯柱灌孔
1200
4 墙体中部新增芯柱
(用于两层房屋较大洞口两侧)
Φ4纵筋
Φ4@400分布筋
400
400
400
W-4钢筋网片
(分布筋与纵筋点焊)
W-4钢筋网片
Φ4@600
1
局部切槽
芯柱插筋
W-4钢筋网片
Φ4@600
1200
1
原门窗洞宽
芯柱灌孔
1200
5 墙体中部新增芯柱
(用于单层房屋较大洞口两侧)
注：1-1剖面详第6页。
新增芯柱大样（三）
图集号
川2017G128-TY(三)
审核
李德超
校对
陈雪莲
设计
甘立刚
页
8

新增钢筋混凝土框加固门窗洞口说明

1 特点及适用范围

当窗间墙宽度等局部尺寸不满足要求时，可新增钢筋混凝土框对门窗洞口进行加固。也可采用双面钢筋网水泥砂浆面层对局部尺寸不满足要求的墙体进行加固。

2 设计要点

2.1 新增钢筋混凝土框的截面宽度不应小于200 mm，截面高度同墙厚。

2.2 新增钢筋混凝土框的混凝土强度等级宜采用C20。

2.3 新增钢筋混凝土框的纵筋直径6、7、8度时不应小于12 mm，9度时不宜小于14 mm。

2.4 新增钢筋混凝土框的箍筋直径不应小于6 mm，间距不应大于200 mm。

2.5 新增钢筋混凝土框应与墙体可靠连接，宜沿层高方向间距500 mm设置拉结钢筋与墙体连接。

3 施工要求

3.1 U形连接筋在原墙体中钻孔锚固采用干硬性水泥砂浆浆锚，锚固深度应不小于180 mm，钻孔直径为2.5d（d为钢筋直径），钻孔边距不小于50 mm。

3.2 钢筋混凝土框主筋采用搭接互锚，搭接长度详大样。

3.3 模板及模板支撑应可靠，模板的接缝不应漏浆。在浇筑混凝土前，模板内的杂物应清理干净；木模板应浇水湿润，但模板内不应有积水。

3.4 应在浇筑完毕后的12小时以内对混凝土加以覆盖并保湿养护，养护时间不得少于7天。养护用水应与拌制用水相同。

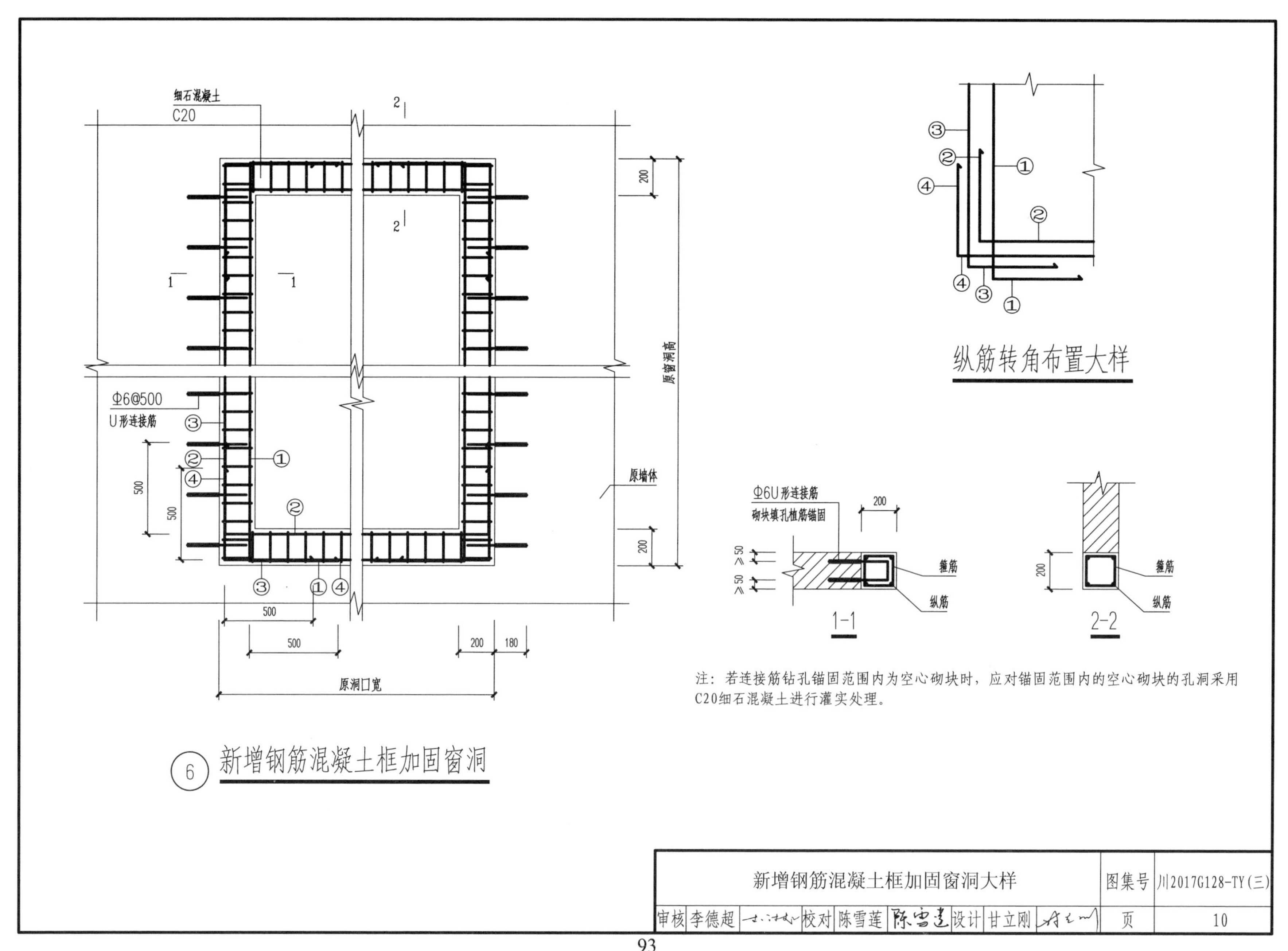
细石混凝土
C20
Φ6@500
U形连接筋
原窗洞高
原墙体
原洞口宽
500
200
180
⑥ 新增钢筋混凝土框加固窗洞
纵筋转角布置大样
Φ6U形连接筋
砌块填孔植筋锚固
≥50
箍筋
纵筋
1-1
2-2
注：若连接筋钻孔锚固范围内为空心砌块时，应对锚固范围内的空心砌块的孔洞采用C20细石混凝土进行灌实处理。
新增钢筋混凝土框加固窗洞大样
图集号 川2017G128-TY(三)
审核 李德超 校对 陈雪莲 设计 甘立刚
页 10

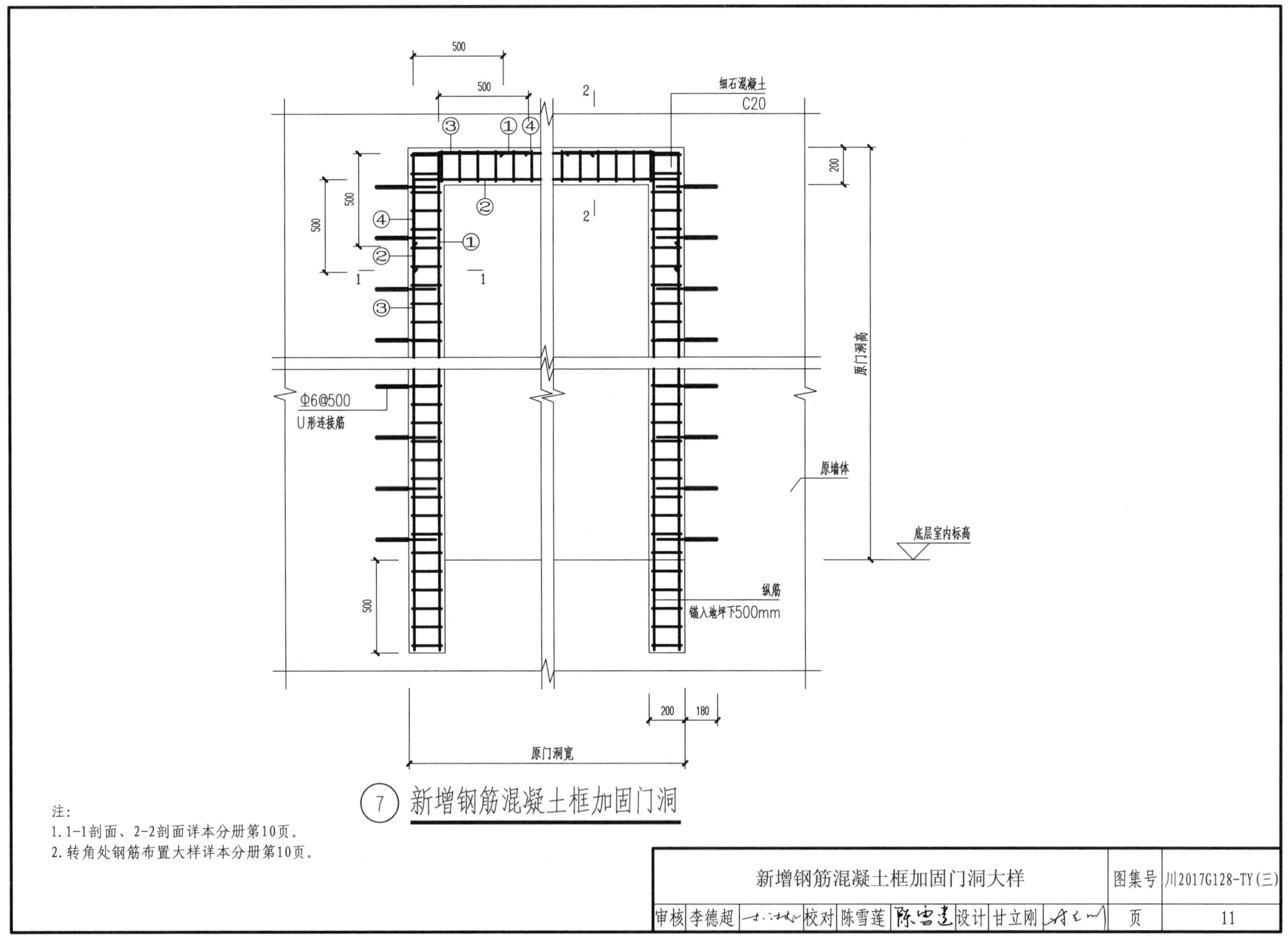

⑦ 新增钢筋混凝土框加固门洞

注：
1. 1-1剖面、2-2剖面详本分册第10页。
2. 转角处钢筋布置大样详本分册第10页。

新增钢筋混凝土框加固门洞大样									图集号	川2017G128-TY(三)
审核	李德超		校对	陈雪莲		设计	甘立刚		页	11

新增圈梁说明

1 特点及适用范围

当圈梁位置设置不符合本分册第3页说明第1.8条要求时，应新增圈梁进行加固。新增圈梁可选用钢筋混凝土圈梁或组合圈梁。

2 设计要点

2.1 增设的圈梁应与墙体可靠连接；圈梁在楼（屋）盖平面内应闭合，在阳台、楼梯间等圈梁标高变换处，应有局部加强措施；变形缝两侧的圈梁应分别闭合。

2.2 钢筋混凝土圈梁。

2.2.1 钢筋混凝土圈梁应现浇，其混凝土强度等级不应低于C20，纵向钢筋宜采用HRB335级和HRB400级的热轧钢筋，箍筋宜采用HPB300级热轧光圆钢筋。

2.2.2 钢筋混凝土圈梁截面宽度单面不应小于100 mm；钢筋混凝土圈梁截面高度不应小于200 mm。

2.2.3 钢筋混凝土圈梁的纵向钢筋根数单面不应少于4根，抗震设防烈度为6、7度时，钢筋直径为12 mm，8、9度时，钢筋直径为14 mm；箍筋直径可采用6 mm，其间距宜为200 mm；与新增构造柱或芯柱交接部位的两侧各500 mm范围内，箍筋间距应加密至100 mm。

2.2.4 钢筋混凝土圈梁在转角处应单侧设2根直径12 mm的斜筋。

2.2.5 钢筋混凝土圈梁的钢筋外保护层厚度和纵筋接头的相关要求按本图集第2分册执行。

2.2.6 钢筋混凝土圈梁与墙体的连接，可采用销键连接。销键的高度宜与圈梁相同，其宽度不应小于180 mm；销键的主筋可采用4根直径12 mm的钢筋，箍筋直径可采用6 mm；销键的水平间距可为0.6~0.8 m，当遇窗洞时宜设在窗洞两侧。

2.3 组合圈梁的水泥砂浆强度等级应为M15。抗震设防烈度为6、7度时，钢筋直径为12 mm，8、9度时，钢筋直径为14 mm 。

3 施工要求

3.1 增设圈梁处的墙面有酥碱、油污或饰面层时，应清除干净；圈梁与墙体连接的孔洞应用水冲洗干净；混凝土浇筑前，应浇水湿润墙面和木模板。

3.2 圈梁的混凝土宜连续浇筑，不应在距横墙1 m范围内留施工缝；外墙圈梁顶面应做泛水，其底面应做滴水槽。

3.3 组合圈梁施工要点应符合本图集“第（二）分册 砖砌体结构房屋”的相关要求。

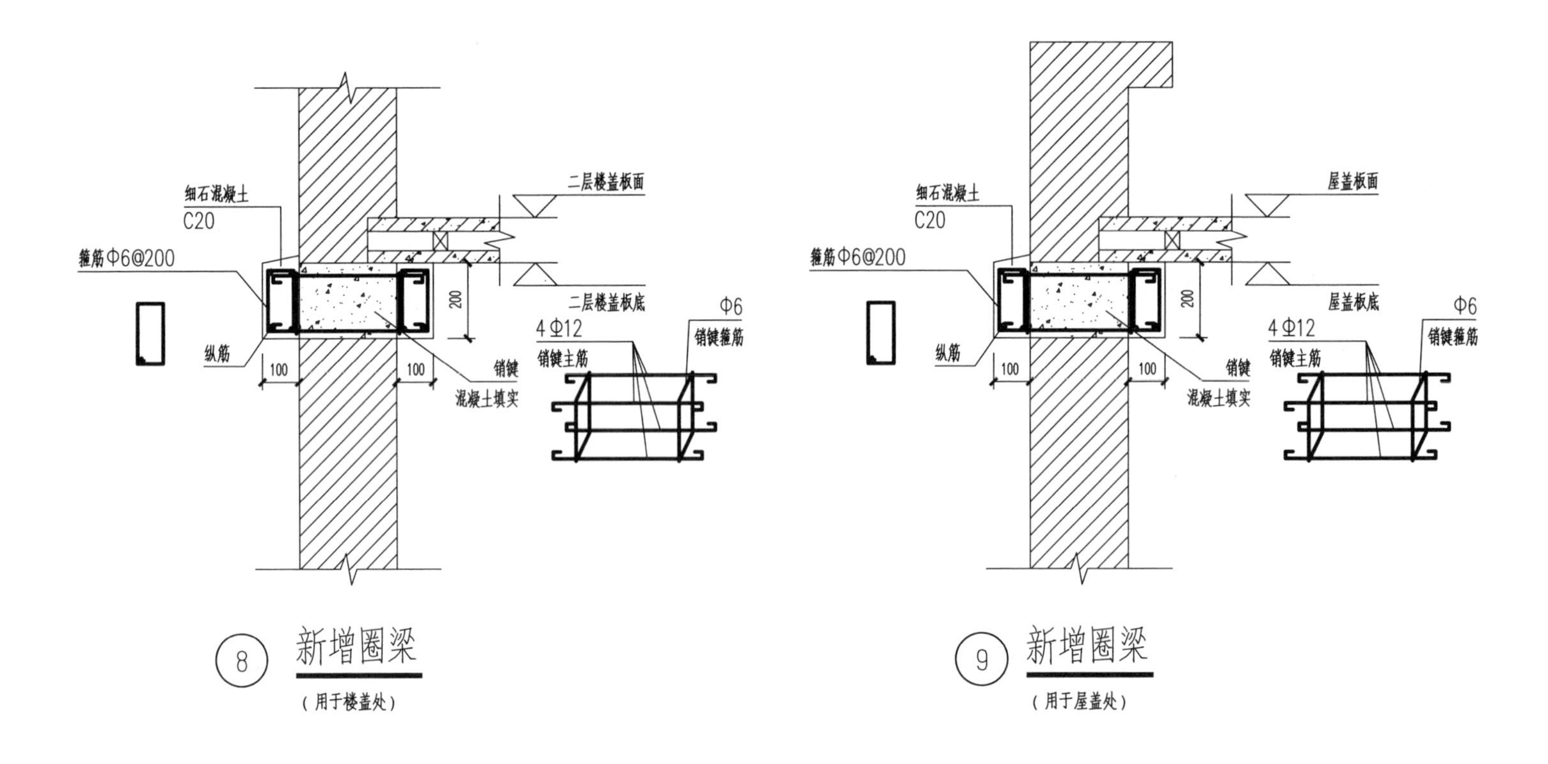

注：

1. 板底新增圈梁的混凝土浇筑应在预制板的孔洞位置设置浇注孔，开设浇注孔时，应轻敲细凿，且不应使预制板肋处的钢筋外露及受损。
2. 在浇注孔的原预制板孔处设置堵头，浇注孔应采用圈梁混凝土一并恢复。浇注孔间距可取500 mm。
3. 销键对应混凝土小砌块孔洞处局部切槽摆放钢筋后对小砌块的孔洞进行灌实处理。

墙体新增圈梁大样							图集号	川2017G128-TY(三)
审核	李德超		校对	陈雪莲	陈雪莲	设计	甘立刚		页	13

两层房屋加固示例

1 已知条件

1.1 某农房建于1983年，为两层砌体结构、纵横墙承重，层高均为3.0 m，室内外高差0.1 m。墙体为混凝土小型空心砌块、混合砂浆砌筑，未设置圈梁，未设置构造柱。楼、屋盖均为预制钢筋混凝土板。

1.2 抗震设防烈度为7度，对抗震不满足要求的项目进行加固设计，其房屋平面如后图所示。

2 示例房屋抗震检查表

内容			要求	实际设置	是否满足
结构体系	最大高度和层高要求	最大高度限值/m	6.6	6.1	满足
		底层层高限值/m	3.9	3.0	满足
	结构体系要求	抗震横墙最大间距/m	6.0	7.2	不满足
		独立砌块柱	不应独立砌块柱支承跨度大于6.0 m的梁	无	满足
		墙体厚度/mm	厚度不小于190	墙厚190	满足
材料实际强度	砌筑砂浆强度		不宜低于Mb2.5	Mb2.5	满足
	砌块强度		MU7.5	MU10	满足
整体性连接	墙体		平面内应闭合，纵横墙交接处应可靠连接	平面内闭合咬槎砌筑，无削弱	满足

续表

内容		要求	实际设置	是否满足
整体性连接	圈梁设置要求	在屋盖各纵横墙檐口处的墙顶设置圈梁	未设置圈梁	不满足
	楼盖、屋盖与墙体的连接	预制板伸入墙体的长度不应小于80 mm	预制板伸入墙体的长度为80 mm	满足
易损易倒塌部位	隔墙与其他构件的连接	隔墙与两侧墙体应有拉结	无隔墙	满足
	女儿墙的设置	无锚固的女儿墙最大高度为0.5 m	女儿墙高度0.5 m	满足
局部尺寸	承重外墙尽端至门窗洞边的最小距离/m	1.0	0.5	不满足
	承重窗间墙最小宽度/m	0.8	0.7	不满足
	非承重外墙尽端至门窗洞边的最小距离/m	0.9	0.64	不满足
	内墙门窗洞口至外纵墙的最小距离/m	1.0	1.815	满足

续表

内容	要求	实际设置	是否满足
芯柱或构造柱设置	较突出的外墙转角、外墙四大角处、较大洞口两侧、大房间四角处、楼梯间四角、山墙与内纵墙交接处	未设置芯柱或构造柱	不满足
楼梯间设置	楼梯间不宜设置在房屋尽端或转角处	楼梯间设置在中部	满足

3 加固方案的选择

3.1 对抗震横墙最大间距不满足要求的房间增设抗震墙进行加固。

3.2 对屋盖增设钢筋混凝土圈梁进行加固。

3.3 对局部尺寸不满足要求的墙肢采用双面钢筋网水泥砂浆面层或新增钢筋混凝土框进行加固。

3.4 对外墙四大角、楼梯间四角、内纵墙与山墙交接处、较大洞口两侧增设钢筋混凝土芯柱或组合构造柱进行加固。

加固示例：底层墙体和二层楼盖						图集号	川2017G128-TY(三)
审核	李德超	校对	陈雪莲	设计	甘立刚	页	15

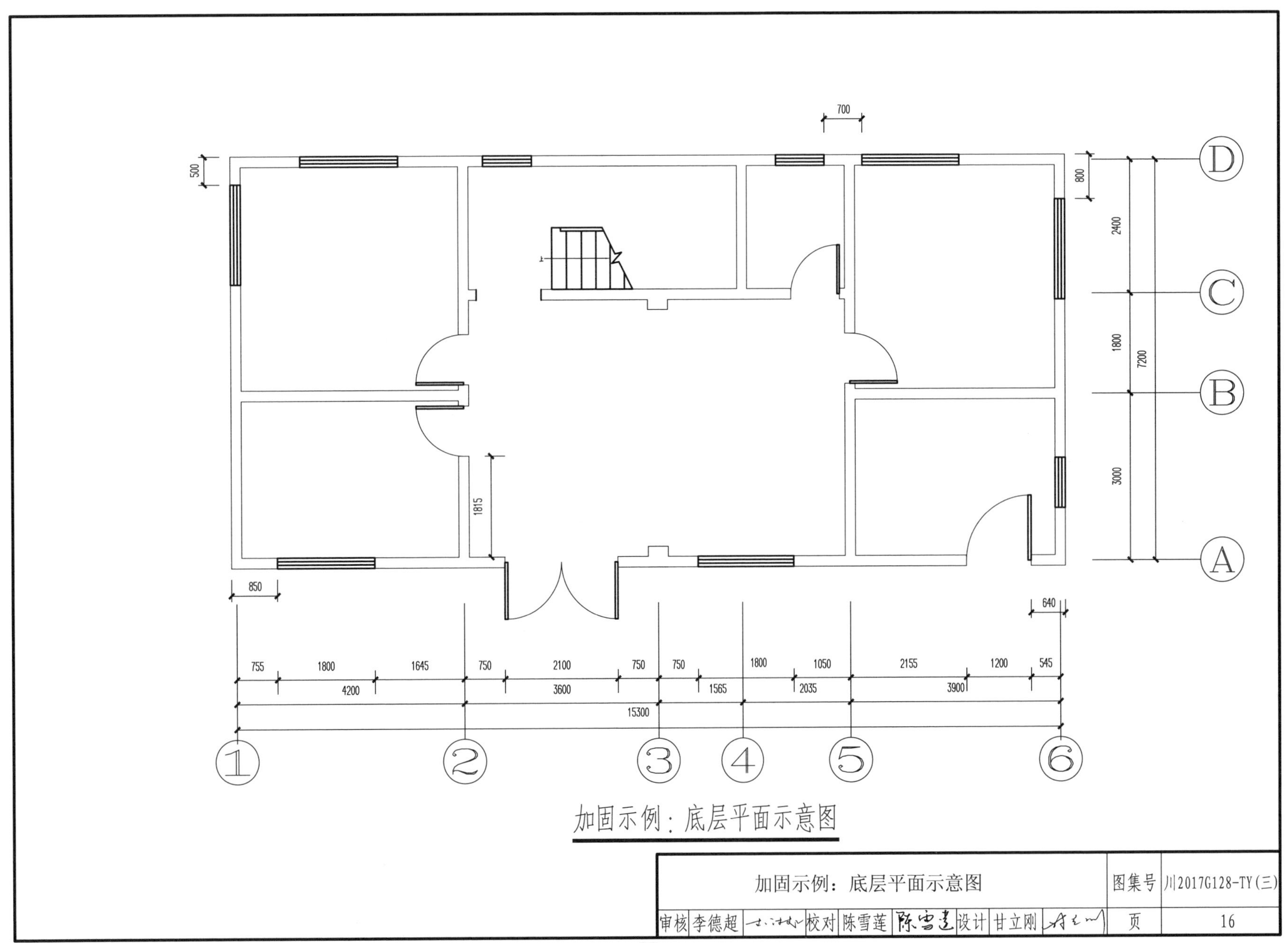

加固示例：底层平面示意图

加固示例：底层平面示意图							图集号	川2017G128-TY(三)
审核	李德超		校对	陈雪莲		设计	甘立刚	页	16

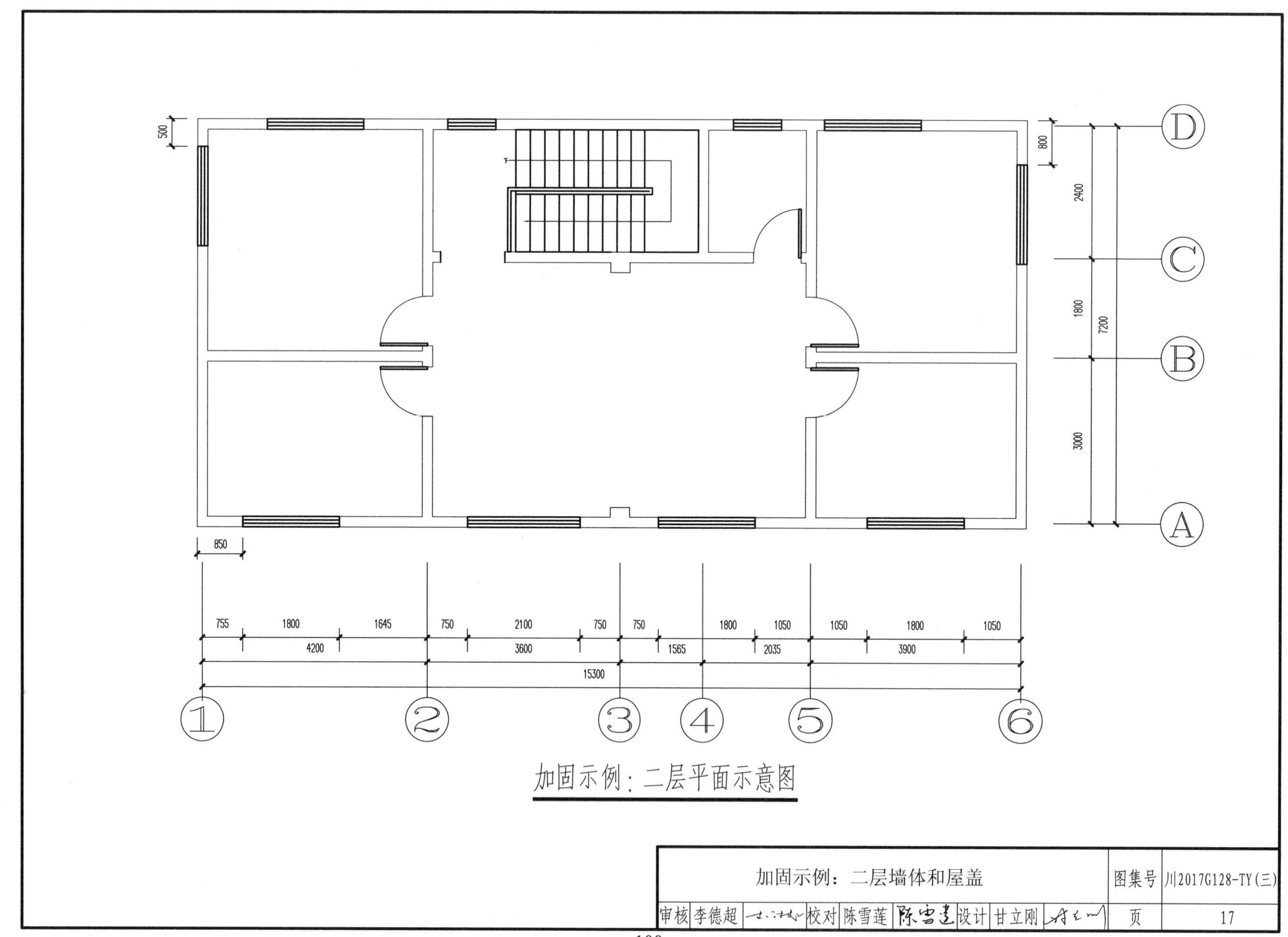

加固示例：二层墙体和屋盖						图集号	川2017G128-TY(三)
审核	李德超	校对	陈雪莲	设计	甘立刚	页	17

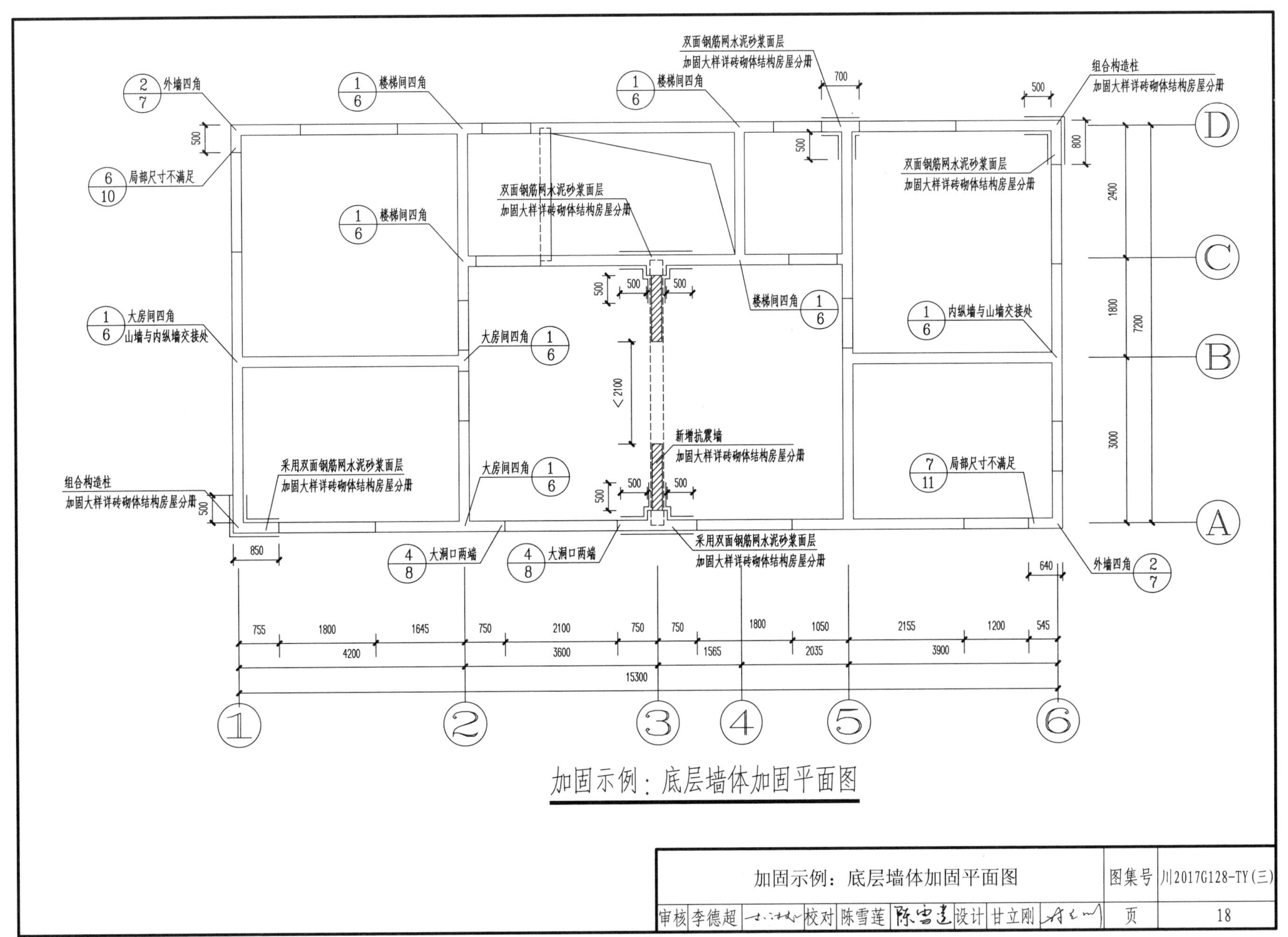

加固示例：底层墙体加固平面图

加固示例：底层墙体加固平面图						图集号	川2017G128-TY(三)
审核	李德超	校对	陈雪莲	设计	甘立刚	页	18

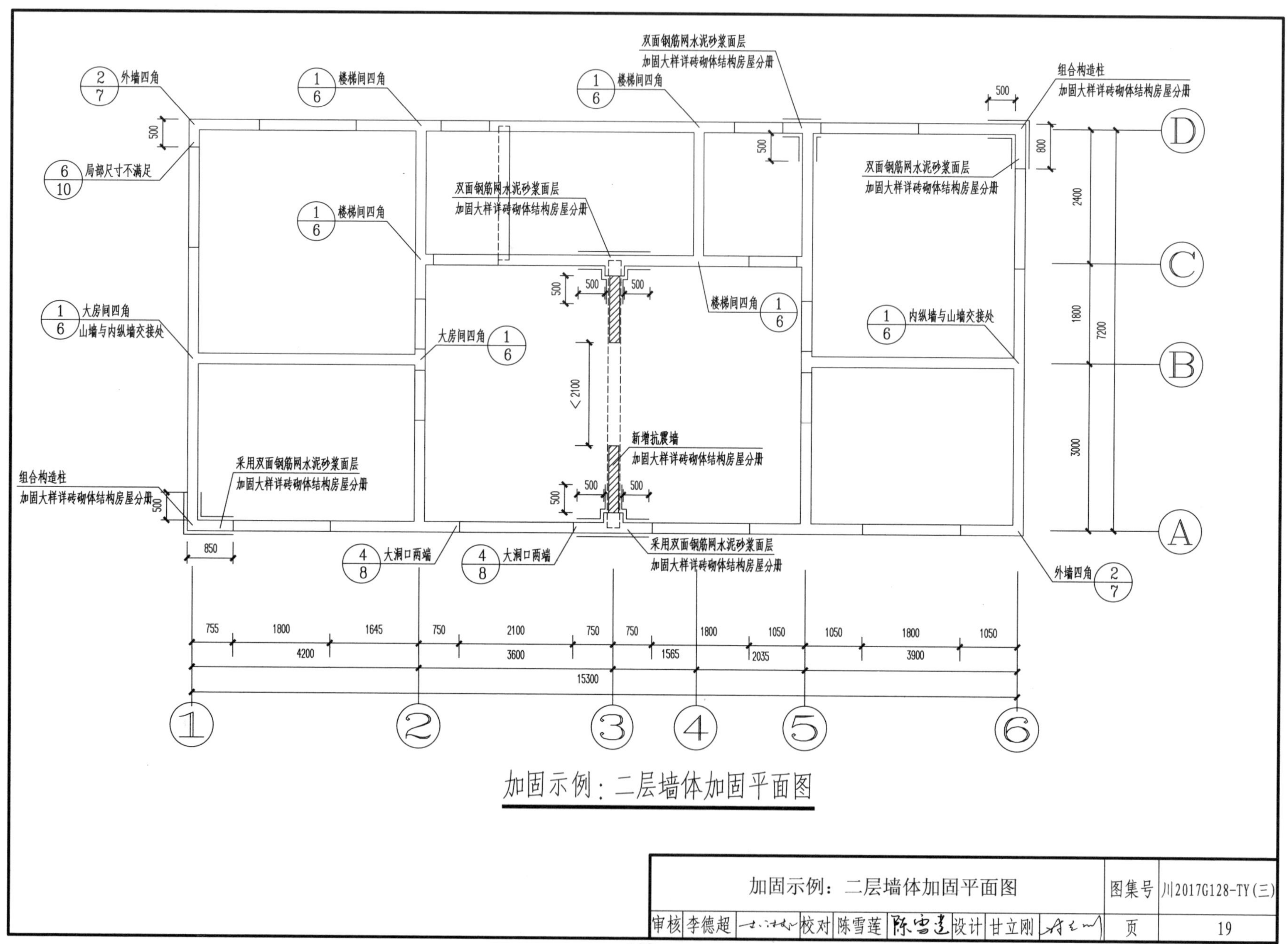

外墙四角
楼梯间四角
双面钢筋网水泥砂浆面层
加固大样详砖砌体结构房屋分册
组合构造柱
局部尺寸不满足
大房间四角
山墙与内纵墙交接处
内纵墙与山墙交接处
新增抗震墙
采用双面钢筋网水泥砂浆面层
大洞口两端
500
800
850
2400
1800
3000
7200
<2100
755
1800
1645
750
2100
1050
4200
3600
1565
2035
3900
15300
A
B
C
D
1
2
3
4
5
6
7
8
10
加固示例：二层墙体加固平面图
图集号
川2017G128-TY(三)
审核
李德超
校对
陈雪莲
设计
甘立刚
页
19

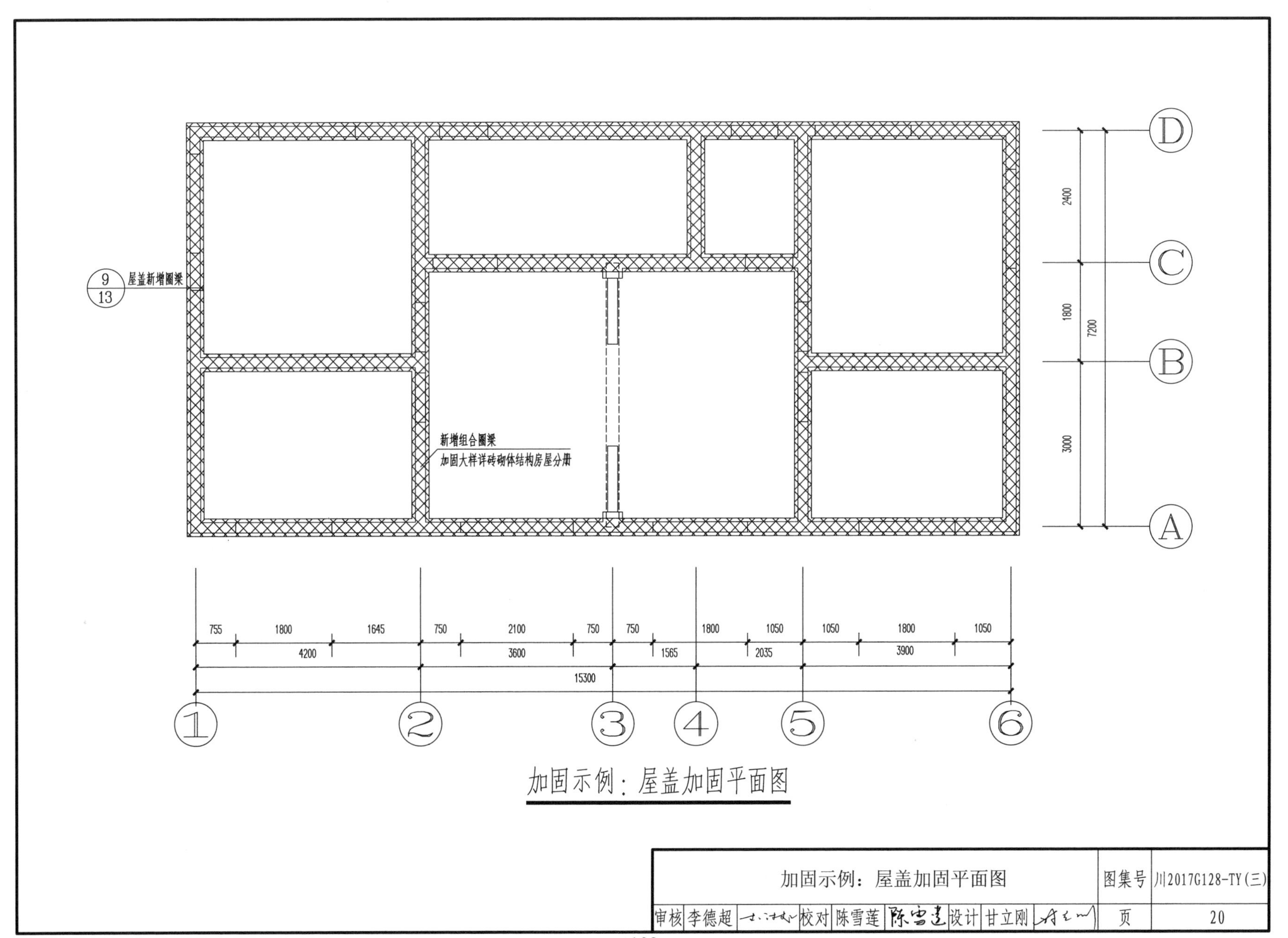
9
13
屋盖新增圈梁
新增组合圈梁
加固大样详砖砌体结构房屋分册
D
C
B
A
2400
1800
3000
7200
755
1800
1645
750
2100
750
750
1800
1050
1050
1800
1050
4200
3600
1565
2035
3900
15300
1
2
3
4
5
6
加固示例：屋盖加固平面图
加固示例：屋盖加固平面图
图集号
川2017G128-TY(三)
审核
李德超
校对
陈雪莲
设计
甘立刚
页
20

四川省农村居住建筑抗震加固图集

(石砌体结构房屋)

批准部门： 四川省住房和城乡建设厅

主编单位： 四川省建筑科学研究院

参编单位： 四川省建筑工程质量检测中心
四川省建筑新技术工程公司
四川通信科研规划设计有限责任公司

批准文号： 川建标发〔2018〕65号

图 集 号： 川2017G128-TY(四)

实施日期： 2018年3月1日

主编单位负责人：

主编单位技术负责人：

技 术 审 定 人：

设 计 负 责 人：

目 录

目录								图集号	川2017G128-TY(四)
审核	李德超		校对	陈雪莲		设计	甘立刚	页	1

说 明

1 一般规定

1.1 本分册适用于采用砂浆砌筑的料石砌体墙和平毛石砌体墙承重的农村住房抗震加固。

1.2 对不满足抗震鉴定要求且须进行抗震加固的石砌体结构房屋，应依据抗震鉴定出的隐患缺陷，采取提高房屋抗震承载力、加强房屋整体性连接、加强结构局部部位稳定性，以及加强抗震构造等方法进行抗震加固。

1.3 当房屋总高或层高超过表1.3限值时，应采取提高墙体抗震能力和加强墙体约束的抗震加固措施。

表1.3 石砌体房屋的总高度和层高限值　　单位：m

房屋类型	烈度								
	6度			7度			8度		
料石砌体	总高	底层	二层	总高	底层	二层	总高	底层	二层
	6.3	3.3	3.0	6.3	3.3	3.0	3.3	3.3	-
毛石砌体	总高	底层	二层	总高	底层	二层			
	3.3	3.3	-	3.3	3.3	-			

注：表中房屋总高度不包括房屋室内外高差。若房屋有室内外高差，可将表中高度增加0.3 m。

1.4 当房屋抗震横墙最大间距超过表1.4限值不大于1.0 m时，可采用提高抗震横墙承载力且新增构造柱的抗震加固方法；当超过表1.4限值大于1.0 m时，应新增抗震横墙。

表1.4 抗震横墙最大间距　　单位：m

楼、屋盖类别	烈度		
	6度	7度	8度
预制钢筋混凝土板	6.0	6.0	6.0
现浇钢筋混凝土板	7.0	7.0	7.0
木楼、屋盖	5.0	5.0	5.0

1.5 当石砌体墙为下列情况时，应采用提高墙体承载力的方法对墙体进行抗震加固：

1.5.1 料石墙体厚度小于180 mm；毛石墙体厚度小于350 mm；

1.5.2 块材强度等级低于MU10；

1.5.3 6度、7度时砌筑砂浆强度等级低于M1.0，8度时低于M2.5时。

1.6 当房屋门窗洞口间墙宽度、外墙尽端至门窗洞口边距离、内墙阳角至门窗洞口边距离等局部尺寸小于1.2 m时，可采取提高局部墙体承载力，或加强局部墙体稳定的方法进行抗震加固。

1.7 当房屋的构造柱设置不满足表1.7的要求时，可采用构造柱或钢筋水泥砂浆组合砌体构造柱（以下简称组合构造柱）进行抗震加固。

表1.7 构造柱设置部位要求　　单位：m

房屋层数	烈度		
	6度	7度	8度
单层	较突出的外墙转角、外墙四大角		
		大房间四角	
两层	较突出的外墙转角、外墙四大角、楼梯间四角、大房间四角、较大洞口两侧		
	隔开间横墙（轴线）与外纵墙交接处	每开间横墙（轴线）与外纵墙交接处，山墙与内纵墙交接处	

1.8 当房屋的圈梁设置不满足下列要求时，可采用新增封闭式圈梁进行抗震加固。

1.8.1 楼盖及屋盖处均应沿纵、横墙顶设置圈梁；横墙圈梁应与外纵墙圈梁连接闭合。

1.8.2 料石砌体墙房屋新增圈梁可选用钢筋水泥砂浆组合砌体圈梁（以下简称组合圈梁）或钢筋混凝土圈梁；毛石砌体房屋新增圈梁应采用钢筋混凝土圈梁。

1.9 设置有悬挑楼梯，应进行加固。

1.10 独立料石柱承重的，应对独立料石柱进行加固。

1.11 纵横墙交接处采用通缝砌筑，且无可靠拉结措施时或出屋顶的楼梯间

说明						图集号	川2017G128-TY(四)
审核	李德超	校对	陈雪莲	设计	甘立刚	页	2

的纵横墙交接处未设置拉结钢筋时，应进行加固。

1.12 墙体布置在平面内不闭合时，应进行加固。

1.13 对无拉结或拉结不牢的后砌隔墙，可在隔墙与原墙体交接处和顶部采用锚板和锚筋进行加固；当隔墙过长、过高时，可采用钢筋网砂浆面层进行加固，并应与原主体结构间新增拉结措施。

1.14 出屋面烟囱、无拉结女儿墙不得超过0.5 m。超过规定高度时，宜拆除、降低高度或采用钢筋网水泥砂浆加固，并采取拉结措施。

1.15 8度时采用硬山搁檩屋盖，应进行加固。

2 方法选用

2.1 水泥砂浆面层加固：当墙体砌筑砂浆强度等级偏低、砌筑质量差导致抗震承载能力不满足要求时，料石砌体可在墙体的一侧或两侧采用钢筋网水泥砂浆面层加固；毛石砌体应在墙体的两侧采用钢筋网水泥砂浆面层加固。

2.2 拆除重砌或新增抗震墙：对强度过低、现状及质量较差的原墙体可拆除重砌，因横墙间距不满足要求时可新增砌体抗震墙。

2.3 当墙体布置在平面内不闭合时，可新增墙段或在不封闭的开口处新增现浇钢筋混凝土框形成闭合。

2.4 纵横墙连接较差时，可在墙体交接处局部采用钢筋网水泥砂浆面层加固。

2.5 楼、屋盖构件有位移或支承长度不满足要求时，可新增托梁或采取增强楼、屋盖整体性等的措施。

2.6 当构造柱设置不符合要求时，料石砌体墙可采用新增钢筋混凝土构造柱或组合构造柱进行加固；毛石砌体墙应采用新增钢筋混凝土构造柱进行加固。

2.7 当窗间墙宽度等局部尺寸不满足要求时，料石砌体墙可采用新增钢筋混凝土窗框或钢筋网砂浆面层的方法进行加固；毛石砌体墙应采用新增钢筋混凝土窗框的方法进行加固。

2.8 当支承大梁等的墙段抗震能力不满足要求时，可采用新增砌体柱、组合柱、钢筋混凝土柱或采用钢筋网水泥砂浆面层加固。

2.9 当悬挑构件不符合鉴定要求时，宜在悬挑构件靠墙的根部新增钢筋混凝土柱或砌体组合柱加固，并对悬挑构件进行复核。

2.10 隔墙无拉结或拉结不牢，可采用镶边、埋设钢夹套、锚筋加固；当隔墙过长、过高时，可采用钢筋网水泥砂浆面层进行加固。

3 施工要求

3.1 钢筋网水泥砂浆面层加固法施工应符合下列要求：

3.1.1 墙面锚筋或穿墙筋的位置应设在水平灰缝处，避免钻孔对块材造成损伤。

3.1.2 对毛石砌体采用钢筋网水泥砂浆面层加固时，面层钢筋网竖向钢筋直径≥12 mm，水平钢筋直径≥10 mm，网格尺寸≤200 mm；穿墙拉结筋直径≥12 mm。

3.1.3 钢筋网水泥砂浆面层其他构造参照本图集“第（二）分册 砖砌体结构房屋”的相关要求。

3.2 新增石砌体抗震墙的施工应符合以下要求：

3.2.1 料石加工面的平整度和平毛石的厚度应满足相关要求。

3.2.2 石砌体墙体的砌筑应满足相关要求。

3.2.3 当新增墙体与原墙体间采用通缝砌筑时，待墙体施工完成后对新旧墙体交接处局部采用双面钢筋网水泥砂浆面层进行加固。

3.2.4 新增墙体顶部与原楼盖梁（板）交接的100 mm浇筑C20无收缩细石混凝土。

3.3 钢筋混凝土围套加固独立料石柱的构造参照本图集“第（二）分册 砖砌体结构房屋”的相关要求。

3.4 新增现浇钢筋混凝土框加固墙体不封闭的构造参照本图集“第（二）分册 砖砌体结构房屋”的相关要求。

3.5 隔墙与梁、墙连接的加固构造参照本图集“第（二）分册 砖砌体结构房屋”的相关要求。

3.6 楼板支承长度不足时加固构造参照本图集“第（二）分册 砖砌体结构房屋”的相关要求。

3.7 悬挑楼梯加固构造参照本图集“第（二）分册 砖砌体结构房屋”的相关要求。

料石砌体新增构造柱说明

1 特点及适用范围

当料石砌体墙房屋的构造柱设置不符合抗震要求时，可增设钢筋混凝土构造柱或组合构造柱。当墙体需采用双面钢筋网水泥砂浆进行加固时，可选用在需设置构造柱的部位增设加强型钢筋砂浆带形成的组合构造柱进行加固。

2 设计要点

2.1 新增构造柱的主要设置部位及相关规定

2.1.1 新增构造柱可按本分册第2页说明表1.7的相应部位设置；新增构造柱宜在平面内对称布置，应由底层设起，并应沿房屋全高贯通，不得错位；新增构造柱应与圈梁连成闭合系统。

2.1.2 新增构造柱混凝土应贯通楼板，当采用钢筋混凝土预制板楼盖时，应采用贯通措施。

2.1.3 新增构造柱应设置基础，并应设置拉结筋或锚筋等与原墙体、原基础可靠连接；基础埋深应与原墙体基础相同。

2.2 新增构造柱的设计要点：

2.2.1 新增构造柱及基础混凝土强度等级不低于C20。

2.2.2 新增构造柱的纵筋应贯通墙身，且与圈梁连接；纵筋直径6、7度时不应小于12 mm，8度时不宜小于14 mm。

2.2.3 新增构造柱应与墙体可靠连接，宜沿层高方向间距1 m设置拉结钢筋与墙体连接。

2.3 对组合构造柱的设计要点参照本图集“第（二）分册 砖砌体结构房屋”的相关要求。

3 施工要求

3.1 新增构造柱应与被加固部位的墙面紧贴。

3.2 新增箍筋应焊接封闭，焊缝长度：双面焊时不小于5d，单面焊时不小于10d。

3.3 模板及模板支撑应可靠，模板的接缝不应漏浆。在浇筑混凝土前，模板内的杂物应清理干净；木模板应浇水湿润，但模板内不应有积水。

3.4 应在浇筑完毕后的12小时以内对混凝土加以覆盖并保湿养护，养护时间不得少于7天。养护用水应与拌制用水相同。

3.5 双面钢筋网水泥砂浆配筋加强带和钢筋网水泥砂浆组合砌体构造柱的施工要求参照本图集“第（二）分册 砖砌体结构房屋”的相关要求。

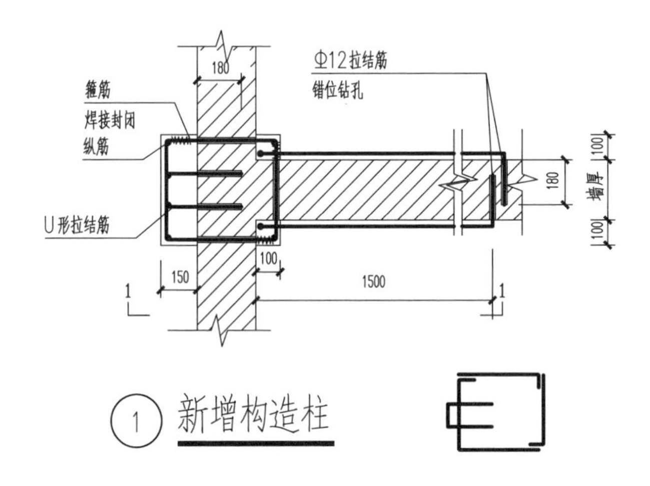

① 新增构造柱

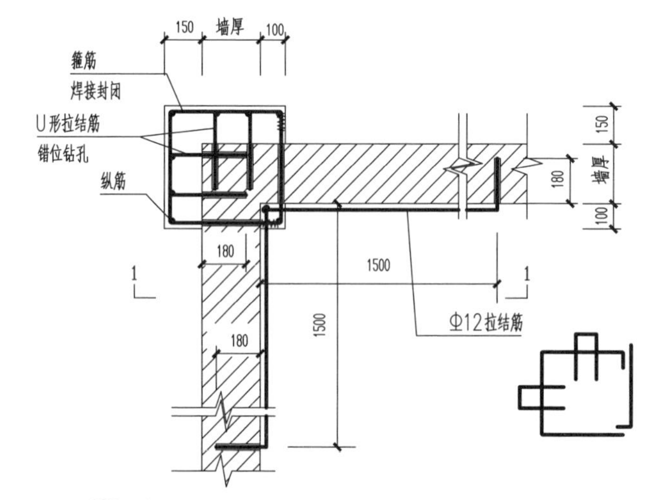

② 新增构造柱

注:

1. 1-1剖面、2-2剖面详本分册第6页。
2. 新增构造柱纵向钢筋宜对称配置；钢筋直径6、7度时不应小于12 mm，8度时不应小于14 mm；钢筋间距不宜大于200 mm。
3. 新增构造柱箍筋的直径不应小于10 mm，间距不应大于250 mm，且应焊接封闭，在距柱顶和柱脚的500 mm范围内，其间距应适当加密，宜为150 mm。
4. 当柱一侧的纵向钢筋多于3根时，应设置直径不应小于6 mm、间距不应大于500 mm的拉结筋，拉结筋可在水平灰缝中钻孔植筋锚固，锚固材料可采用干硬性水泥砂浆，钻孔直径为2.5d（d为钢筋直径）。
5. U形拉结筋钻孔错位不应小于50 mm。

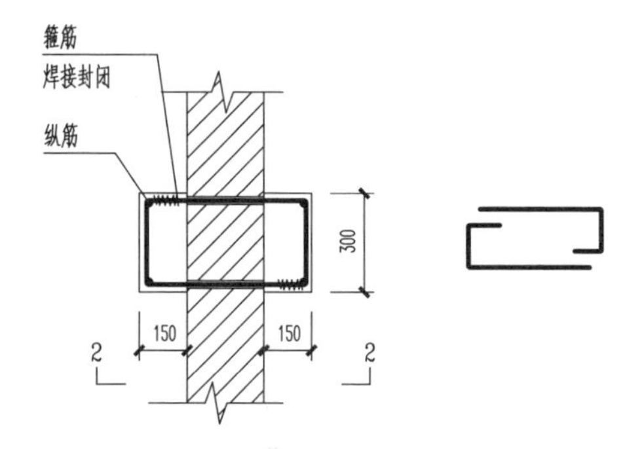

③ 新增构造柱

料石砌体新增构造柱大样（一）								图集号	川2017G128-TY(四)
审核	李德超		校对	陈雪莲		设计	甘立刚	页	5

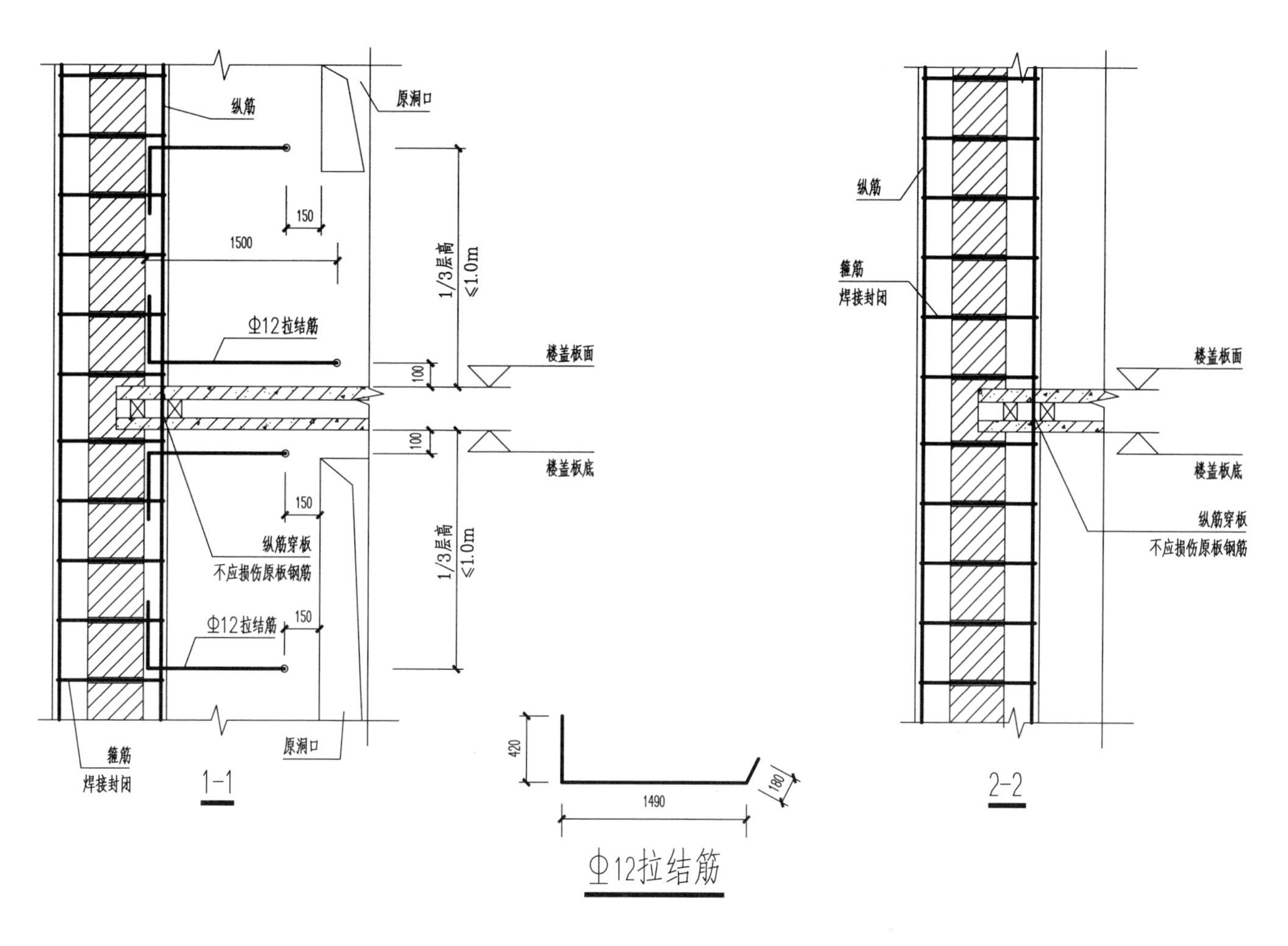

注：混凝土浇筑应在预制板的孔洞位置设置浇注孔，开设浇注孔时，应轻敲细凿，且不应使预制板肋处的钢筋外露及受损。在浇注孔的原预制板孔处设置堵头，浇注孔应采用圈梁混凝土一并恢复。

料石砌体新增构造柱大样（二）								图集号	川2017G128-TY(四)
审核	李德超	[signature]	校对	陈雪莲	[signature]	设计	甘立刚	[signature] 页	6

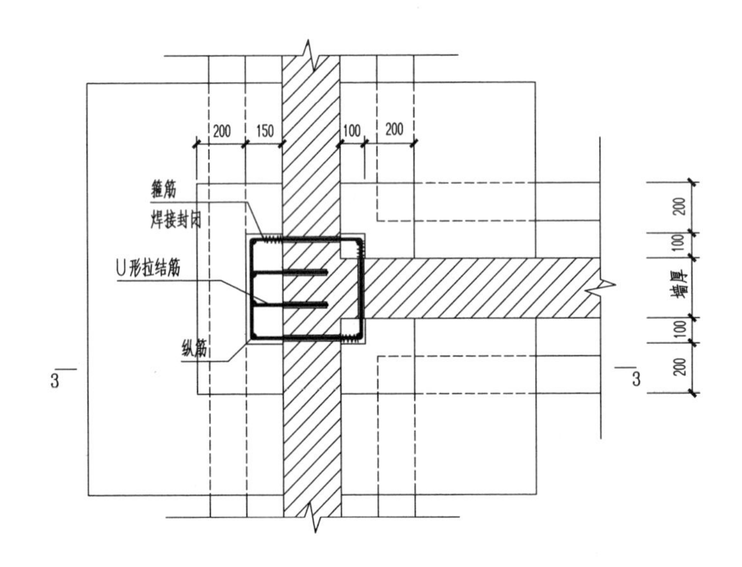

④ 新增构造柱底部平面图

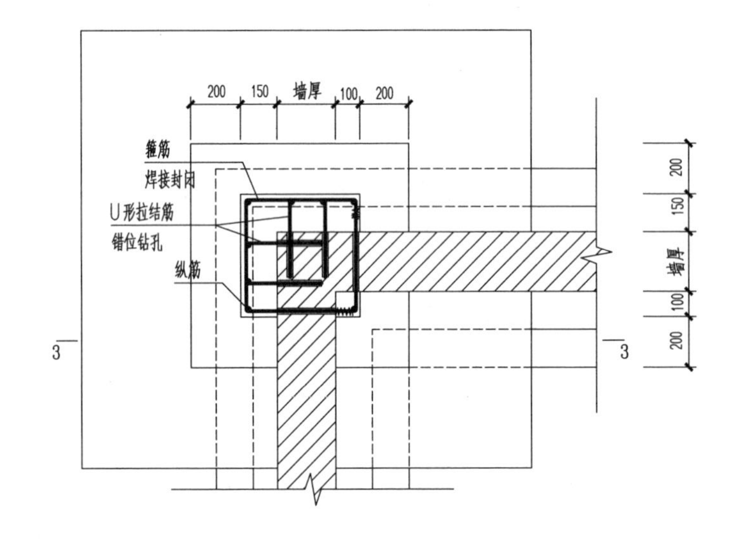

⑤ 新增构造柱底部平面图

注：

1. 3-3剖面详本分册第8页。
2. 新增构造柱纵向钢筋、箍筋的设置和箍筋简图详本分册第5页。
3. 新增垫层混凝土强度等级为C10。
4. 新增构造柱及基础的混凝土强度不应低于C20。
5. U形拉结筋钻孔错位不应小于50 mm。

料石砌体新增构造柱大样（三）						图集号	川2017G128-TY(四)
审核	李德超	校对	陈雪莲	设计	甘立刚	页	7

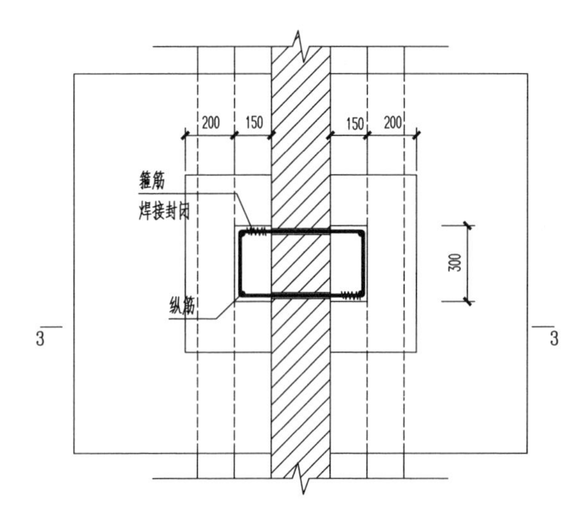

⑥ 新增构造柱底部平面图

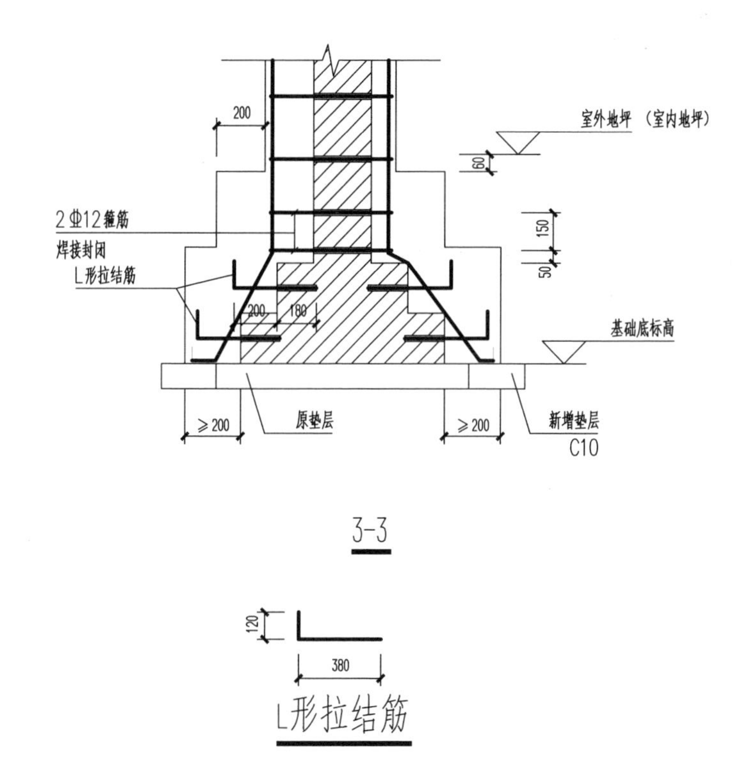

3-3

120
380

L形拉结筋

注:
1. 新增构造柱纵向钢筋、箍筋的设置和箍筋简图详本分册第5页。
2. 新增垫层混凝土强度等级为C10。
3. 新增构造柱及基础的混凝土强度不应低于C20。

料石砌体新增构造柱大样（四）							图集号	川2017G128-TY(四)
审核	李德超		校对	陈雪莲		设计	甘立刚		页	8

毛石砌体新增构造柱说明

1 特点及适用范围

当毛石砌体墙房屋的构造柱设置不符合要求时，应增设钢筋混凝土构造柱进行加固。

2 设计要点

2.1 新增构造柱的主要设置部位及相关规定

2.1.1 新增构造柱可按本分册第2页说明表1.7的相应部位设置；新增构造柱宜在平面内对称布置，应由底层设起，并应沿房屋全高贯通，不得错位；新增构造柱应与圈梁连成闭合系统。

2.1.2 新增构造柱混凝土应贯通楼板，当采用钢筋混凝土预制板楼盖时，应采用贯通措施。

2.1.3 新增构造柱应设置基础，并应设置拉结筋或锚筋等与原墙体、原基础可靠连接；基础埋深应与原墙体基础相同。

2.2 新增构造柱的设计要点:

2.2.1 新增构造柱混凝土强度等级宜采用C20。

2.2.2 新增构造柱的纵筋应贯通墙身，且与圈梁连接；纵筋直径：6度时不应小于12 mm，7度时不宜小于14 mm。

2.2.3 新增构造柱应与墙体可靠连接，宜沿层高方向间距1 m设置拉结钢筋与墙体连接。

3 施工要求

3.1 新增构造柱应与被加固部位的墙面紧贴。

3.2 新增箍筋应焊接封闭，焊缝长度：双面焊时不小于5d，单面焊时不小于10d。

3.3 模板及模板支撑应可靠，模板的接缝不应漏浆。在浇筑混凝土前，模板内的杂物应清理干净；木模板应浇水湿润，但模板内不应有积水。

3.4 应在浇筑完毕后的12小时以内对混凝土加以覆盖并保湿养护，养护时间不得少于7天。养护用水应与拌制用水相同。

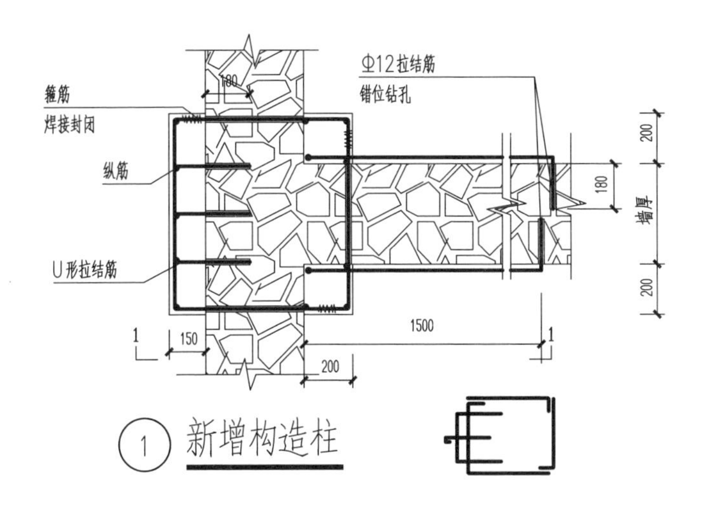

① 新增构造柱

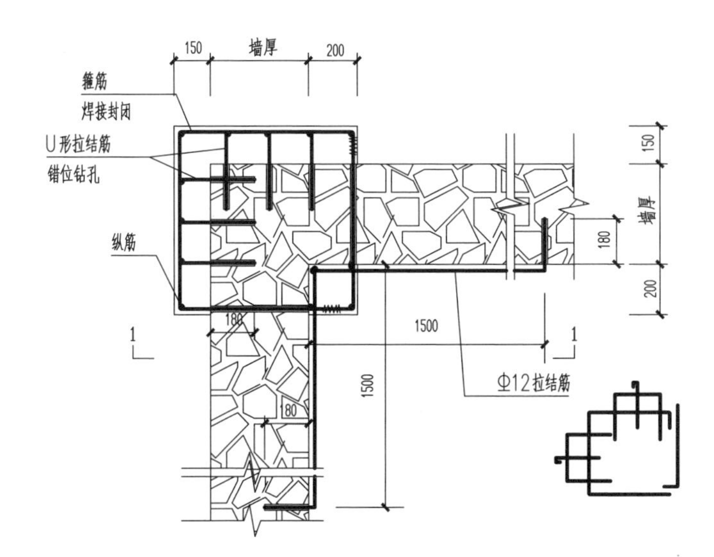

② 新增构造柱

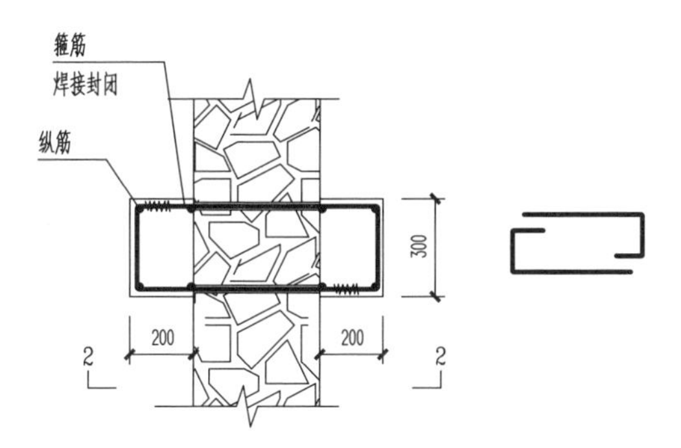

③ 新增构造柱

注:

1. 1-1剖面、2-2剖面详本分册第11页。
2. 新增构造柱纵向钢筋宜对称配置；钢筋直径，6度时不应小于12 mm，7度时不应小于14 mm；钢筋间距不宜大于200 mm。
3. 新增构造柱箍筋的直径不应小于12 mm，间距不应大于250 mm，且应焊接封闭，在距柱顶和柱脚的500 mm范围内，其间距应适当加密，宜为150 mm。
4. 当柱一侧的纵向钢筋多于4根时，应设置直径不应小于6 mm、间距不应大于500 mm的拉结筋，拉结筋可在水平灰缝中钻孔植筋锚固，锚固材料可采用干硬性水泥砂浆，钻孔直径为2.5d（d为钢筋直径）。
5. U形拉结筋钻孔错位不应小于50 mm。

毛石砌体新增构造柱大样（一）						图集号	川2017G128-TY(四)
审核	李德超	校对	陈雪莲	设计	甘立刚	页	10

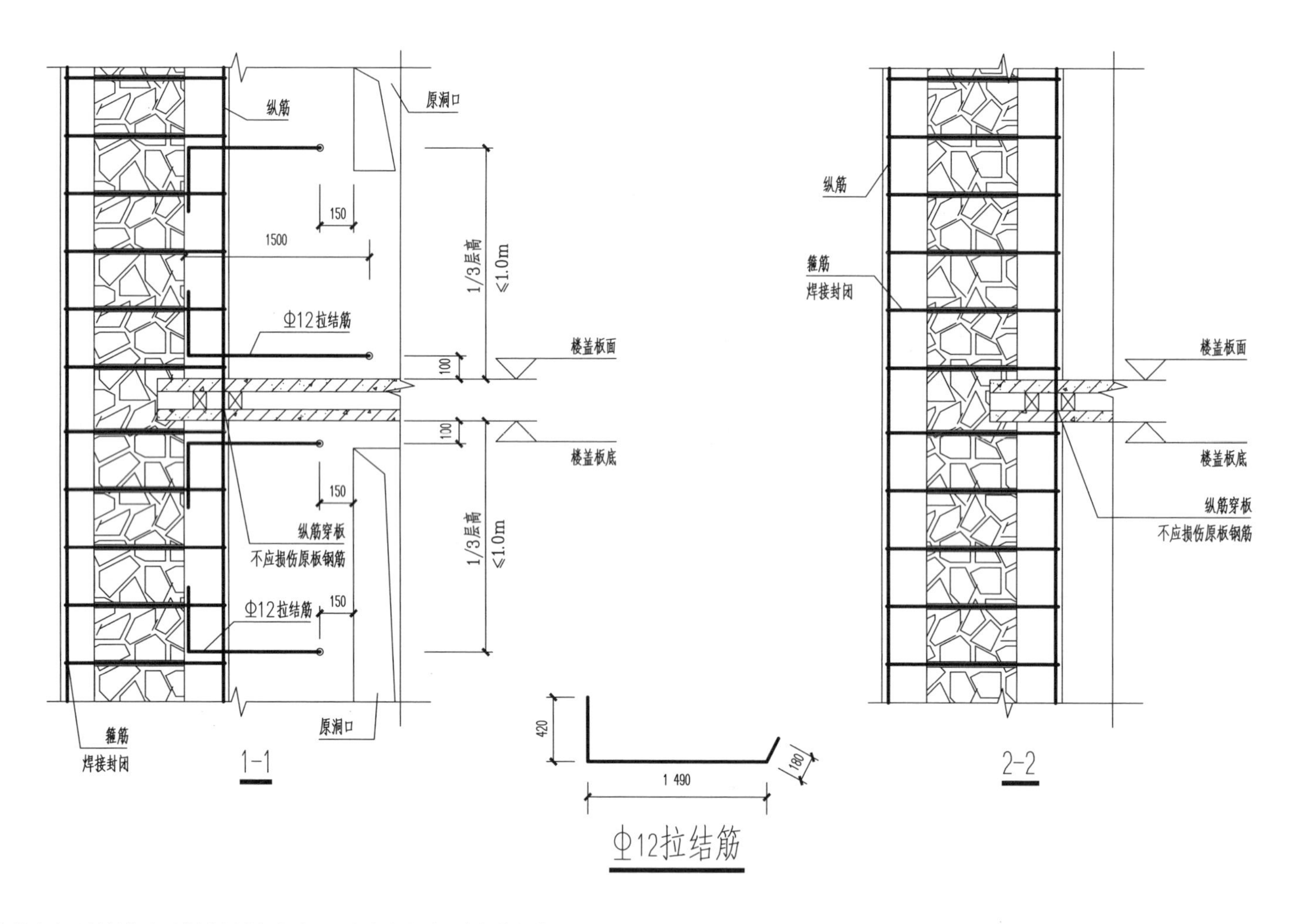

注：混凝土浇筑应在预制板的孔洞位置设置浇注孔，开设浇注孔时，应轻敲细凿，且不应使预制板肋处的钢筋外露及受损；在浇注孔的原预制板孔处设置堵头，浇注孔应采用圈梁混凝土一并恢复。

毛石砌体新增构造柱大样（二）							图集号	川2017G128-TY(四)
审核	李德超		校对	陈雪莲		设计	甘立刚		页	11

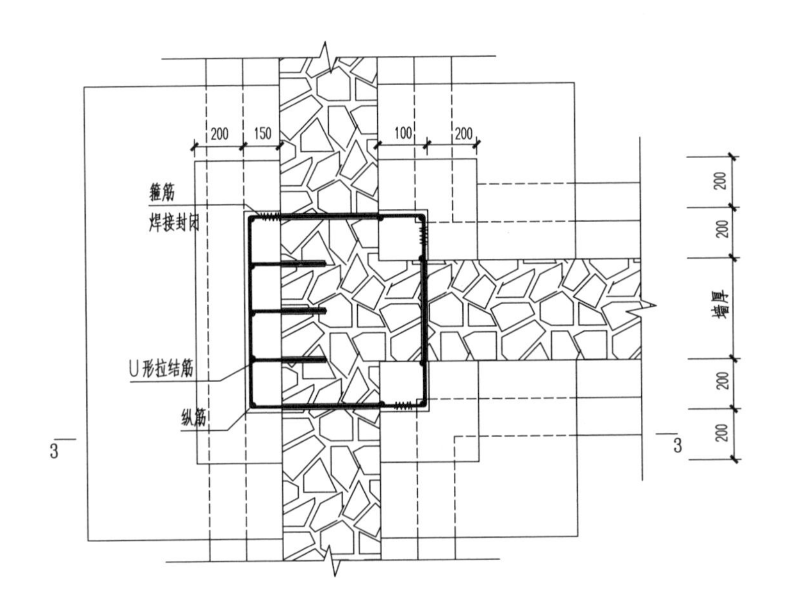

④ 新增构造柱底部平面图

200 150 墙厚 200 200

箍筋
焊接封闭
U形拉结筋
错位钻孔
纵筋
墙厚
3
3

⑤ 新增构造柱底部平面图

注:
1. 3-3剖面详本分册第13页。
2. 新增构造柱纵向钢筋、箍筋的设置和箍筋简图详本分册第10页。
3. 新增垫层混凝土强度等级为C10。
4. 新增构造柱及基础的混凝土强度不应低于C20。
5. U形拉结筋钻孔错位不应小于50 mm。

毛石砌体新增构造柱大样（三）						图集号	川2017G128-TY(四)
审核	李德超	校对	陈雪莲	设计	甘立刚	页	12

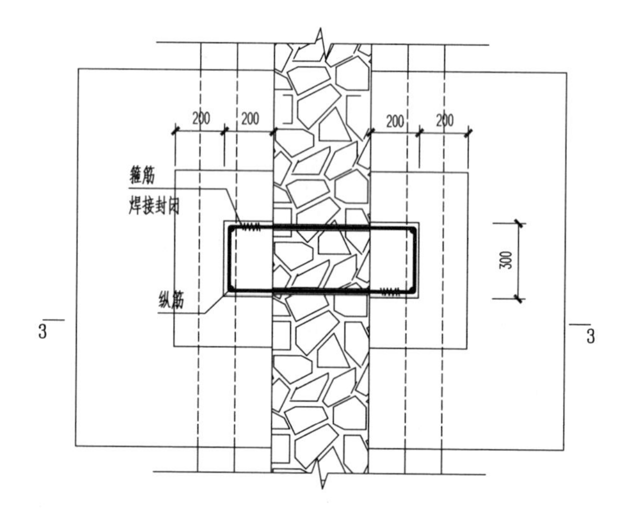

⑥ 新增构造柱底部平面图

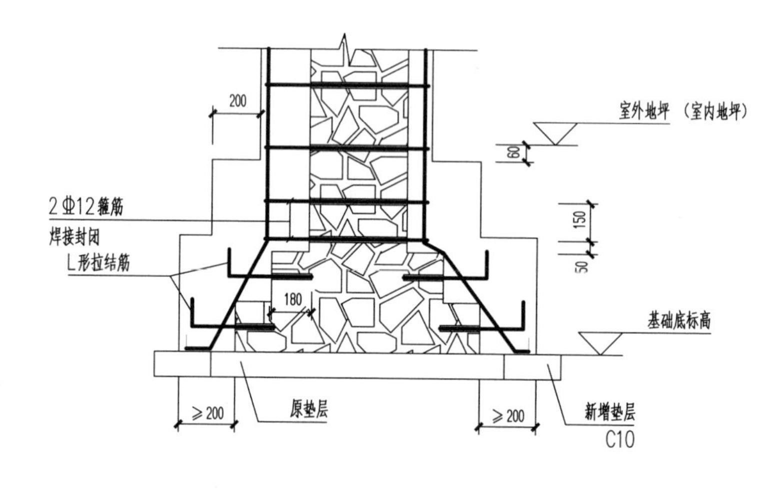

3-3

注：

1. 新增构造柱纵向钢筋、箍筋的设置和箍筋简图详本分册第10页。
2. 新增垫层混凝土强度等级为C10。
3. 新增构造柱及基础的混凝土强度不应低于C20。

毛石砌体新增构造柱大样（四）									图集号	川2017G128-TY(四)
审核	李德超	[signature]	校对	陈雪莲	[signature]	设计	甘立刚	[signature]	页	13

新增钢筋混凝土框加固门窗洞口说明

1 特点及适用范围

当窗间墙宽度、门窗间墙等的宽度局部尺寸不满足要求时，可新增钢筋混凝土框对门窗洞口进行加固。料石砌体也可采用钢筋网水泥砂浆面层对局部尺寸不满足要求的墙体进行加固。

2 设计要点

2.1 新增钢筋混凝土框的截面宽度不应小于200 mm，截面高度同墙厚。

2.2 新增钢筋混凝土框的混凝土强度等级宜采用C20。

2.3 新增钢筋混凝土框的纵筋直径6、7度时不应小于12 mm，8度时不宜小于14 mm。

2.4 新增钢筋混凝土框的箍筋直径不应小于6 mm，间距不应大于200 mm。

2.5 新增钢筋混凝土框应与墙体可靠连接，宜沿层高方向间距500 mm设置拉结钢筋与墙体连接。

3 施工要求

3.1 U形连接筋在原墙体中钻孔锚固采用干硬性水泥砂浆浆锚，锚固深度应不小于180 mm，钻孔直径为2.5d（d为钢筋直径），钻孔边距不小于50 mm。

3.2 钢筋混凝土框主筋采用搭接互锚，搭接长度详大样。

3.3 模板及模板支撑应可靠，模板的接缝不应漏浆。在浇筑混凝土前，模板内的杂物应清理干净；木模板应浇水湿润，但模板内不应有积水。

3.4 应在浇筑完毕后的12小时以内对混凝土加以覆盖并保湿养护，养护时间不得少于7天。养护用水应与拌制用水相同。

新增钢筋混凝土框加固门窗洞口说明								图集号	川2017G128-TY(四)
审核	李德超	[签名]	校对	陈雪莲	[签名]	设计	甘立刚 [签名]	页	14

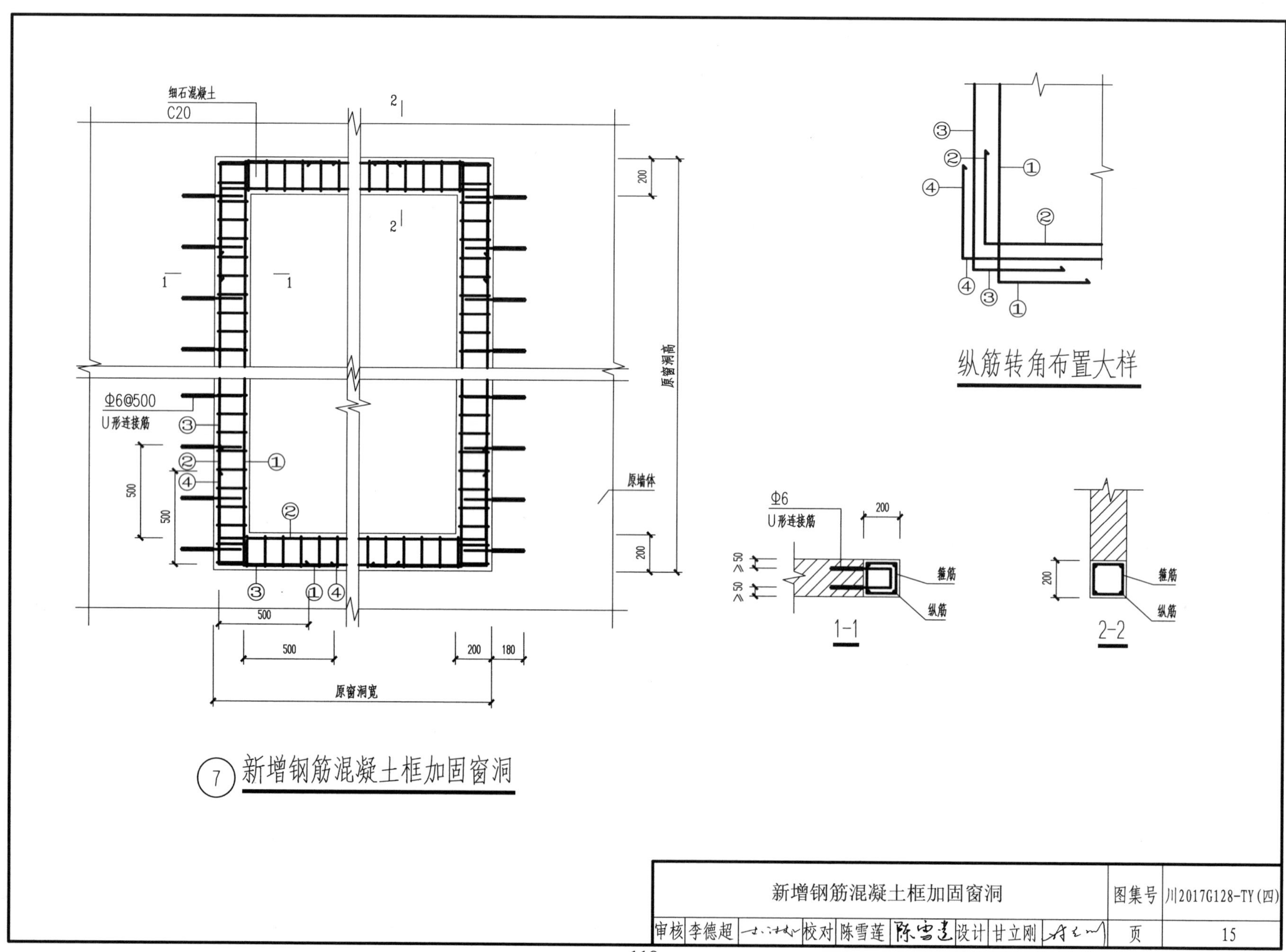
细石混凝土
C20
Φ6@500
U形连接筋
原窗洞高
原墙体
原窗洞宽
500
500
200
180
200
纵筋转角布置大样
Φ6
U形连接筋
≥50
≥50
箍筋
纵筋
1-1
2-2
7 新增钢筋混凝土框加固窗洞
新增钢筋混凝土框加固窗洞
图集号 川2017G128-TY(四)
审核 李德超 校对 陈雪莲 设计 甘立刚
页 15

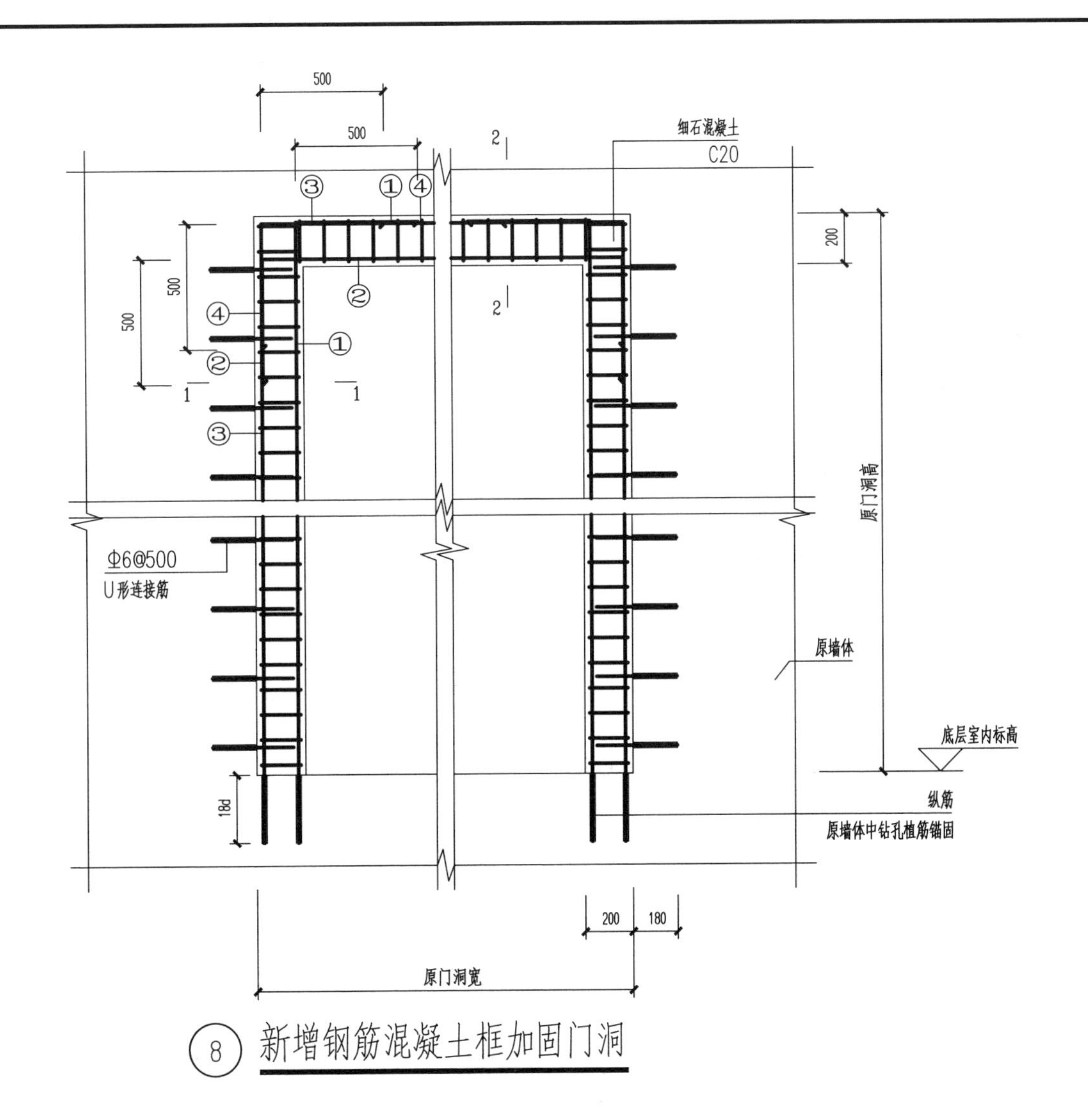

⑧ 新增钢筋混凝土框加固门洞

注：

1. 1-1剖面、2-2剖面详本分册第15页。
2. 转角处钢筋布置大样详本分册第15页。

新增钢筋混凝土框加固门洞							图集号	川2017G128-TY(四)
审核	李德超		校对	陈雪莲	设计	甘立刚	页	16

新增圈梁说明

1 特点及适用范围

当圈梁设置不符合本分册第2页说明第1.8条要求时，应增设圈梁进行加固。料石砌体墙房屋可选用外加钢筋混凝土圈梁或组合圈梁，毛石砌体墙房屋应采用外加钢筋混凝土圈梁。

2 设计要点

2.1 增设的圈梁应与墙体可靠连接；圈梁在楼（屋）盖平面内应闭合，在阳台、楼梯间等圈梁标高变换处，应有局部加强措施；变形缝两侧的圈梁应分别闭合。

2.2 钢筋混凝土圈梁

2.2.1 钢筋混凝土圈梁应现浇，其混凝土强度等级不应低于C20，纵向钢筋宜采用HRB335级和HRB400级的热轧钢筋，箍筋宜采用HPB300级热轧光圆钢筋。

2.2.2 钢筋混凝土圈梁截面宽度单面不应小于150 mm；钢筋混凝土圈梁截面高度不应小于300 mm。

2.2.3 钢筋混凝土圈梁的纵向钢筋根数单面不应少于4根，抗震设防烈度为6、7、8度时，直径可分别采用12 mm、12 mm和14 mm；箍筋直径可采用12 mm，其间距宜为200 mm；新增构造柱锚固点两侧各500 mm范围内，箍筋间距应加密至100 mm。

2.2.4 钢筋混凝土圈梁在转角处应设2根直径12 mm的斜筋。

2.2.5 钢筋混凝土圈梁的钢筋外保护层厚度和纵筋接头的相关要求按本图集第2分册执行。

2.3 组合圈梁的水泥砂浆强度等级为M15；纵筋的直径：6、7度时不应小于12 mm，8度时不应小于14 mm。组合圈梁的构造大样参照本图集“第（二）分册 砖砌体结构房屋”的相关要求。

3 施工要求

3.1 增设圈梁处的墙面有酥碱、油污或饰面层时，应清除干净；圈梁与墙体连接的孔洞应用水冲洗干净；混凝土浇筑前，应浇水湿润墙面和木模板。

3.2 圈梁的混凝土宜连续浇筑，不应在距横墙1 m范围内留施工缝；外墙圈梁顶面应做泛水，其底面应做滴水槽。

3.3 组合圈梁施工要点应符合本图集“第（二）分册 砖砌体结构房屋”的相关要求。

新增圈梁说明								图集号	川2017G128-TY(四)
审核	李德超	[signature]	校对	陈雪莲	[signature]	设计	甘立刚	页	17

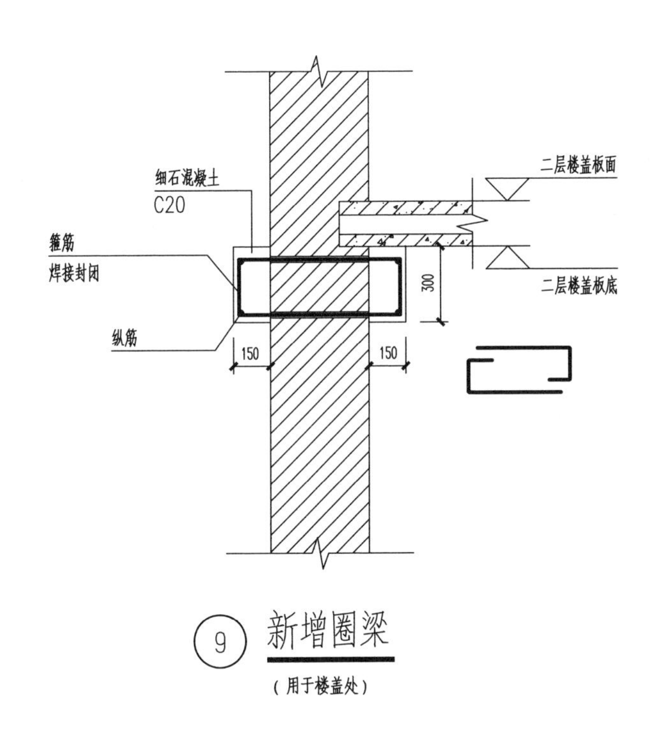

9 新增圈梁

（用于楼盖处）

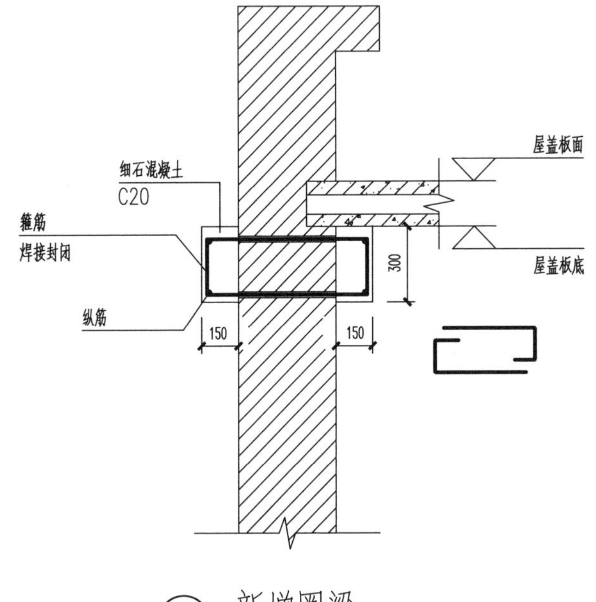

10 新增圈梁

（用于屋盖处）

注:

1.新增圈梁的混凝土浇筑，可在圈梁顶的楼屋面板上间隔设置浇筑孔。开凿浇筑孔应轻敲细凿，并不应损坏楼屋面板。

2.在浇注孔的原预制板孔处设置堵头，浇注孔应采用圈梁混凝土一并恢复。

3.浇注孔间距可取500 mm。

4.新增圈梁箍筋及纵筋设置详见本分册17页2.2.3条。

墙体新增圈梁大样								图集号	川2017G128-TY(四)
审核	李德超		校对	陈雪莲		设计	甘立刚	页	18

两层房屋加固示例

1 已知条件

1.1 某农房建于1981年，为两层砌体结构、纵横墙承重，层高均为3.0 m，室内外高差0.1 m。墙体为料石砌体、混合砂浆砌筑，未设置圈梁，未设置构造柱。楼、屋盖均为预制钢筋混凝土板。

1.2 抗震设防烈度为7度，对抗震不满足要求的项目进行加固设计，其房屋平面如后图所示。

2 示例房屋抗震检查表

内容			要求	实际设置	是否满足
结构体系	最大高度和层高要求	最大高度限值/m	6.3	6.1	满足
		底层层高限值/m	3.0	3.0	满足
	结构体系要求	抗震横墙最大间距/m	6.0	7.2	不满足
		独立料石柱	不应独立料石柱承重	无	满足
		墙体厚度/mm	厚度不小于180	墙厚240	满足
材料实际强度	砌筑砂浆强度		不宜低于M1.0	M2.5	满足
	料石强度		MU10	MU10	满足
整体性连接	墙体		平面内应闭合，纵横墙交接处应可靠连接	平面内闭合咬槎砌筑，无削弱	满足

续表

内容		要求	实际设置	是否满足
整体性连接	圈梁设置要求	在楼、屋盖各纵横墙的墙顶设置圈梁	未设置圈梁	不满足
易损易倒塌部位	隔墙与其他构件的连接	隔墙与两侧墙体应有拉结	无隔墙	满足
	女儿墙的设置	无锚固的女儿墙最大高度为0.5 m	女儿墙高度0.5 m	满足
局部尺寸	承重外墙尽端至门窗洞边的最小距离/m	1.2	0.525	不满足
	承重窗间墙最小宽度/m	1.2	0.7	不满足
	非承重外墙尽端至门窗洞边的最小距离/m	1.2	0.665	不满足
	内墙门窗洞口至外纵墙的最小距离/m	1.2	1.79	满足

续表

内容	要求	实际设置	是否满足
构造柱设置	较突出的外墙转角、外墙四大角、较大洞口两侧、大房间四角处、楼梯间四角、山墙与内纵墙交接处、每开间横墙（轴线）与外纵墙交接处	未设置构造柱	不满足
楼梯间设置	楼梯间不宜设置在房屋尽端或转角处	楼梯间设置在中部	满足

3 加固方案的选择

3.1 对抗震横墙最大间距不满足要求的房间增设抗震墙进行加固。

3.2 对楼、屋盖增设钢筋混凝土圈梁进行加固。

3.3 对局部尺寸不满足要求的墙肢采用双面钢筋网水泥砂浆面层或新增钢筋混凝土框进行加固。

3.4 对外墙四大角、楼梯间四角、内纵墙与山墙交接处、较大洞口两侧、每开间横墙（轴线）与外纵墙交接处增设钢筋混凝土构造柱或组合构造柱进行加固。

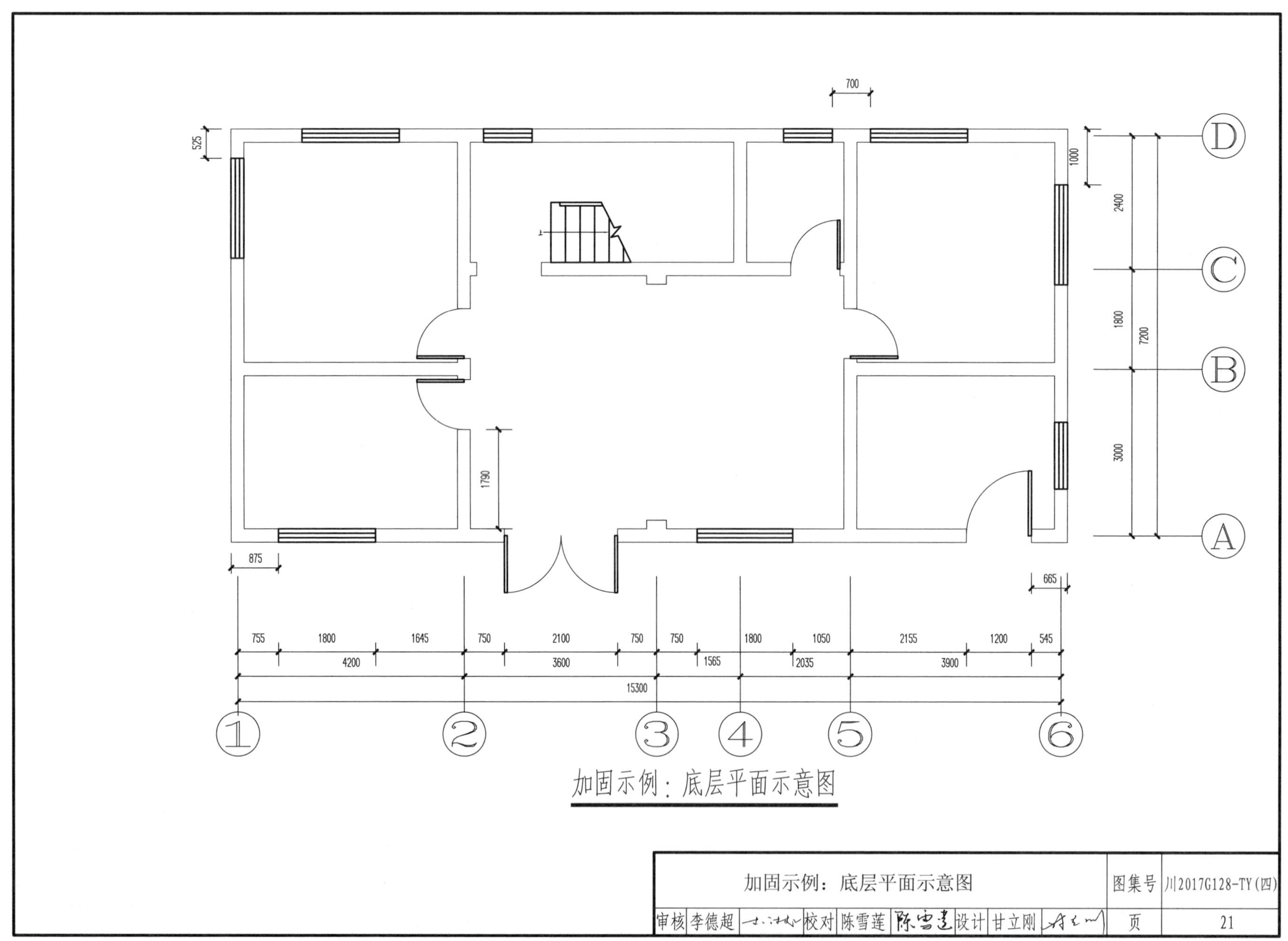
700
525
1000
2400
1800
7200
3000
1790
875
665
755
1800
1645
750
2100
750
750
1800
1050
2155
1200
545
4200
3600
1565
2035
3900
15300
D
C
B
A
1
2
3
4
5
6
加固示例：底层平面示意图
加固示例：底层平面示意图
图集号
川2017G128-TY(四)
审核
李德超
校对
陈雪莲
设计
甘立刚
页
21

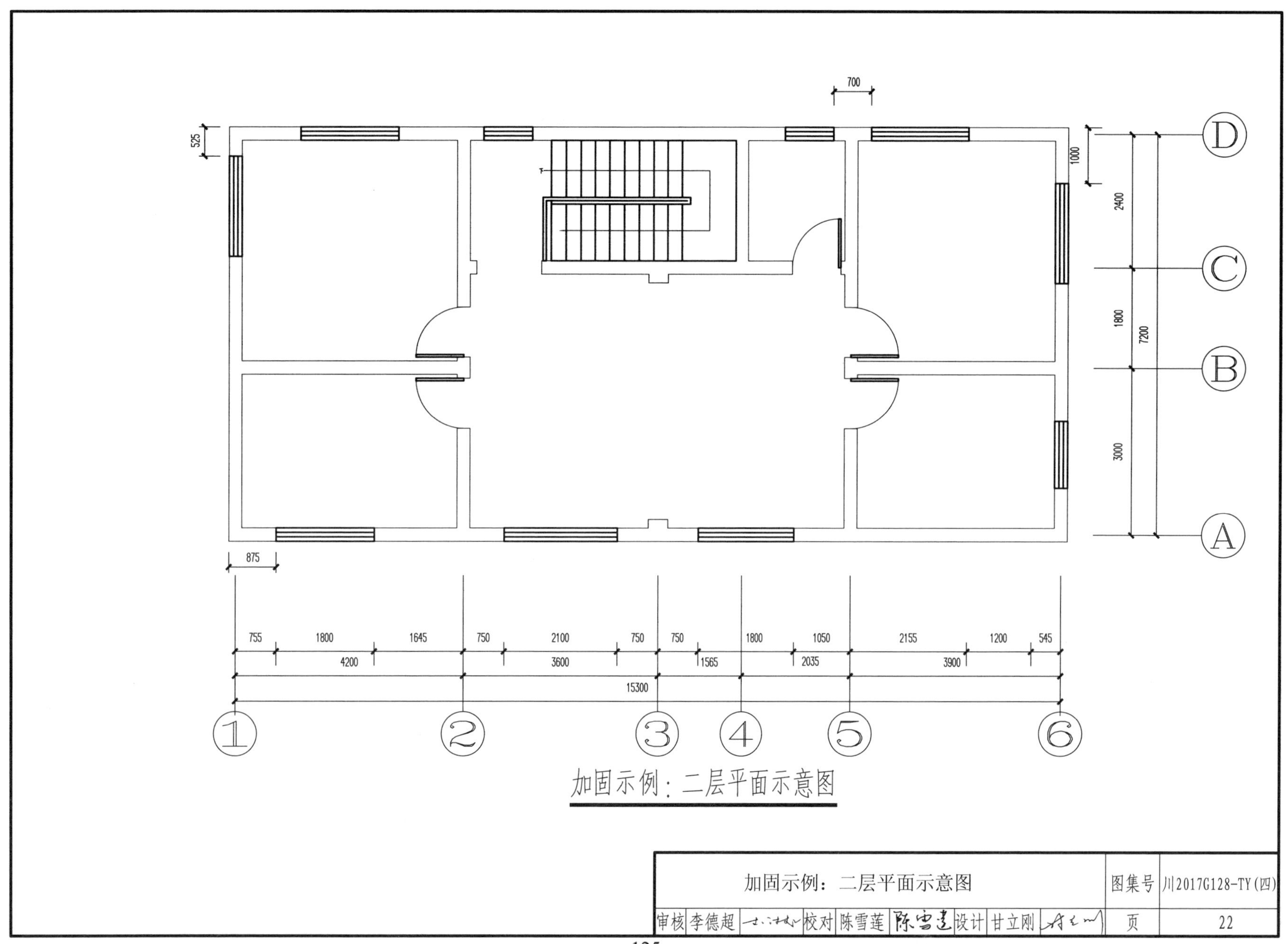

700
525
1000
2400
1800
7200
3000
D
C
B
A
875
755
1800
1645
750
2100
750
750
1800
1050
2155
1200
545
4200
3600
1565
2035
3900
15300
1
2
3
4
5
6
加固示例：二层平面示意图
加固示例：二层平面示意图
图集号
川2017G128-TY(四)
审核
李德超
校对
陈雪莲
设计
甘立刚
页
22

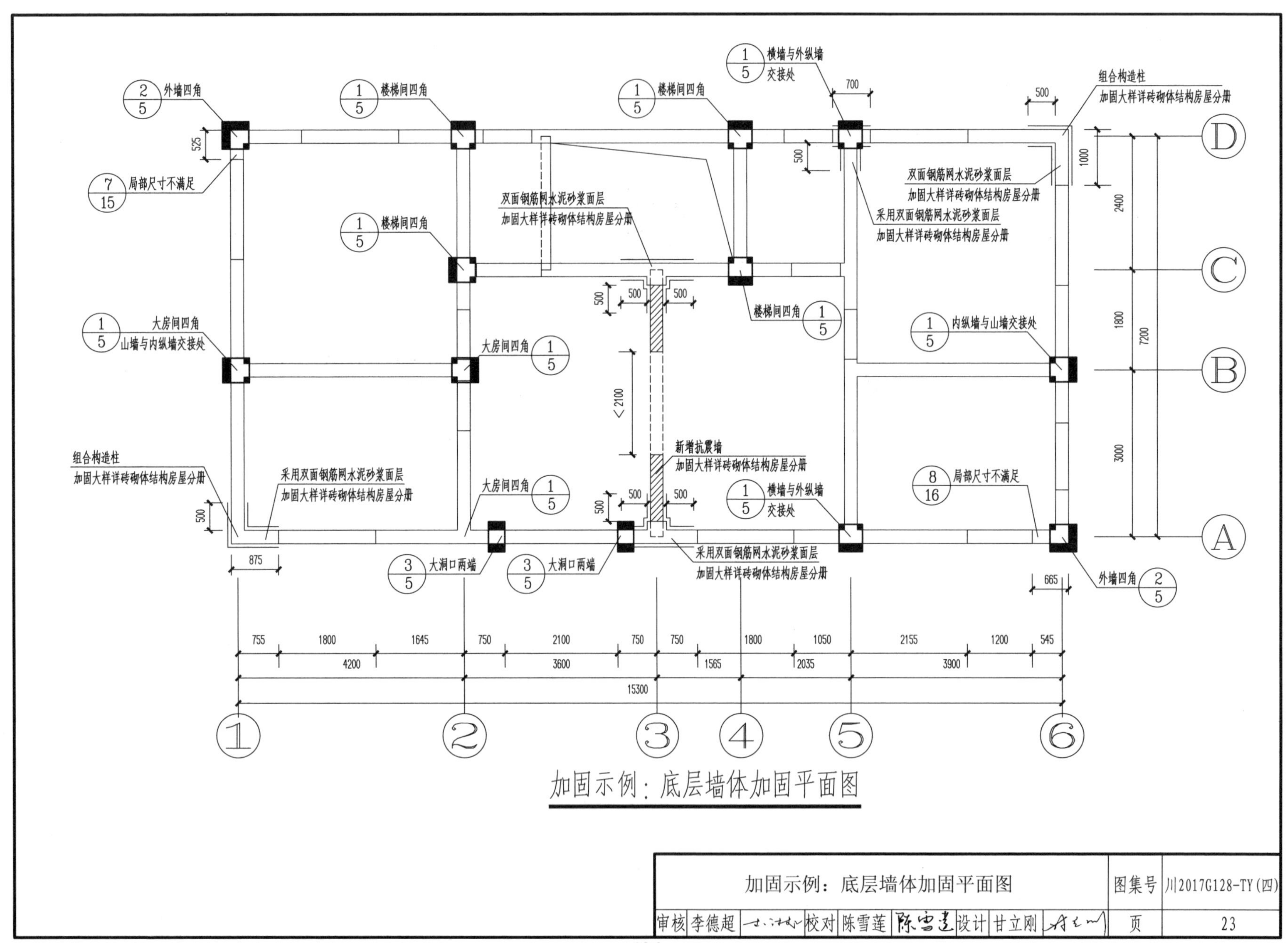
外墙四角
局部尺寸不满足
楼梯间四角
横墙与外纵墙交接处
组合构造柱
加固大样详砖砌体结构房屋分册
双面钢筋网水泥砂浆面层
采用双面钢筋网水泥砂浆面层
大房间四角
山墙与内纵墙交接处
内纵墙与山墙交接处
新增抗震墙
大洞口两端
加固示例：底层墙体加固平面图
图集号 川2017G128-TY(四)
审核 李德超 校对 陈雪莲 设计 甘立刚
页 23

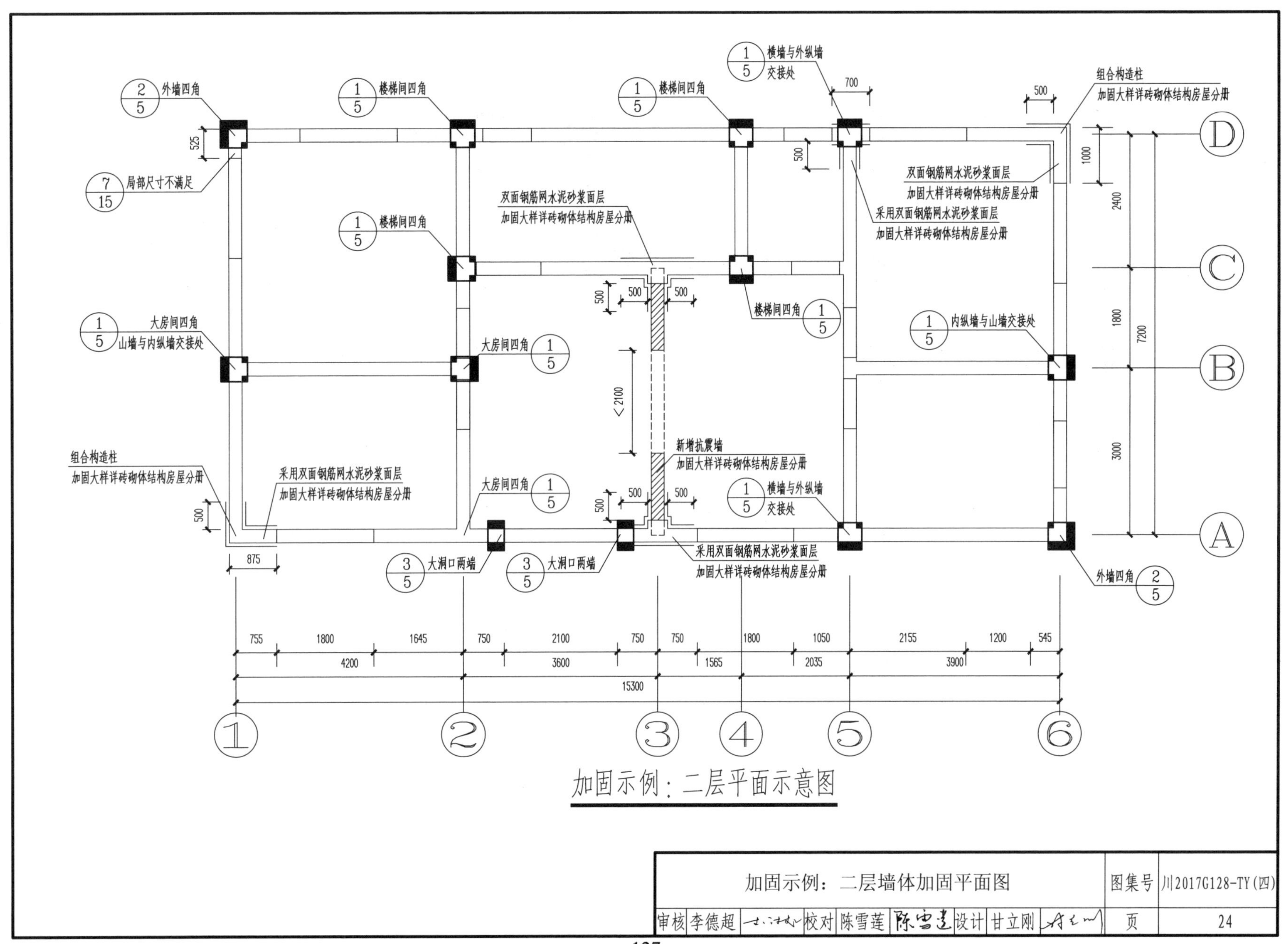

加固示例：二层墙体加固平面图						图集号	川2017G128-TY(四)
审核	李德超	校对	陈雪莲	设计	甘立刚	页	24

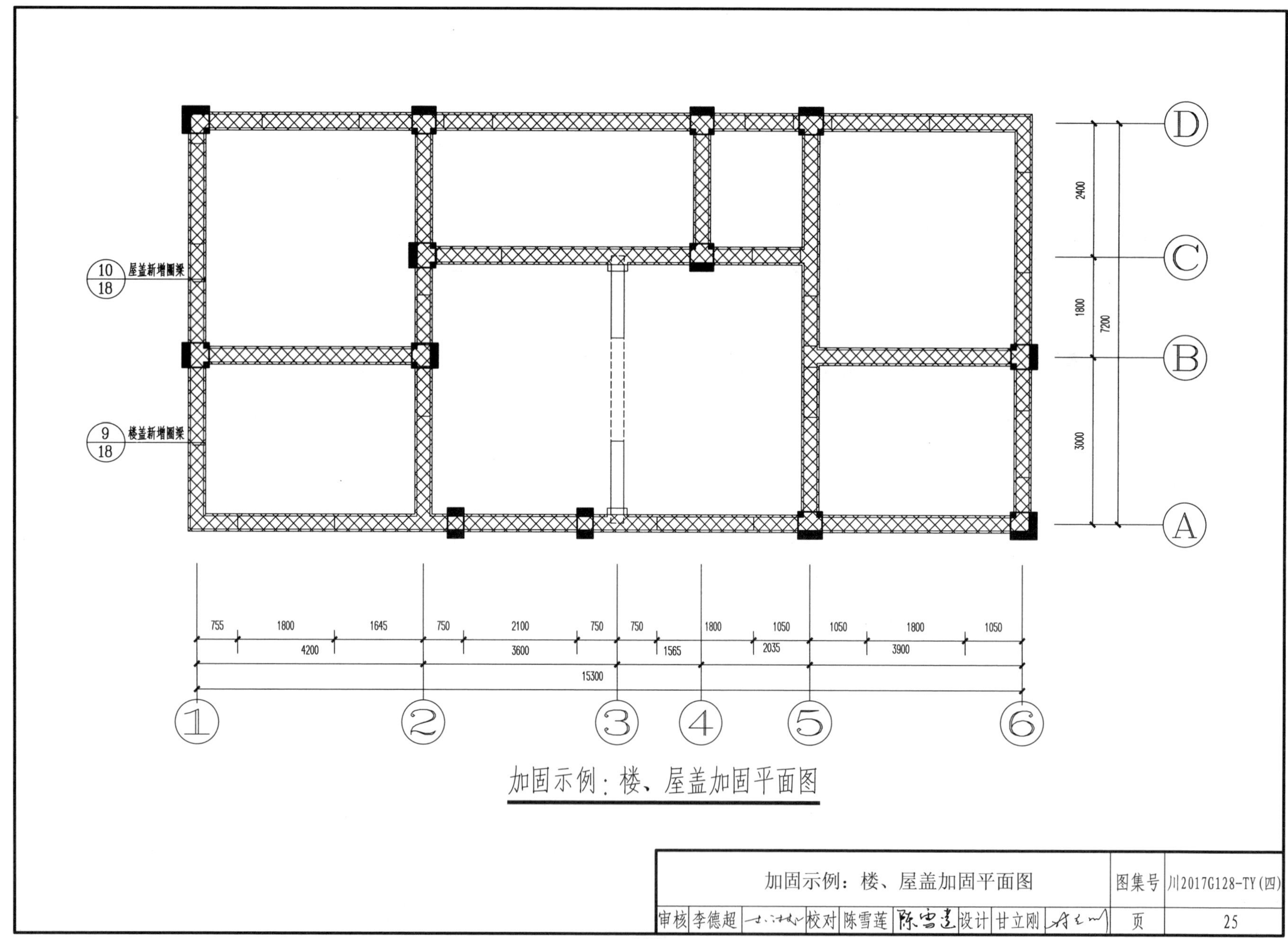

加固示例：楼、屋盖加固平面图						图集号	川2017G128-TY(四)
审核	李德超	校对	陈雪莲	设计	甘立刚	页	25

四川省农村居住建筑抗震加固图集

(木结构房屋)

批准部门：四川省住房和城乡建设厅

主编单位：四川省建筑科学研究院

参编单位：四川省建筑工程质量检测中心

四川省建筑新技术工程公司

四川通信科研规划设计有限责任公司

批准文号：川建标发〔2018〕65号

图 集 号：川2017G128-TY(五)

实施日期：2018年3月1日

主编单位负责人：（签名）

主编单位技术负责人：（签名）

技 术 审 定 人：（签名）

设 计 负 责 人：（签名）

目 录

目录						图集号	川2017G128-TY(五)
审核	陈华	校对	蒋智勇	设计	侯伟	页	1

说明

1 一般规定

1.1 本分册适用于穿斗木构架、木柱木屋架、木柱木梁等木结构承重体的农村住房的抗震加固。

1.2 对不满足抗震鉴定要求且须进行抗震加固的木结构房屋，应依据抗震鉴定指出的隐患缺陷，采取提高房屋抗震承载力、加强房屋整体性连接、加强结构局部部位稳定性，以及加强抗震构造等方法进行抗震加固。

1.3 当穿斗木构架、木柱木屋架房屋檐口高度大于6.6 m，以及木柱木梁房屋檐口高度大于3.3 m时，应采取提高房屋承重构架抗震能力的抗震加固措施。

1.4 当穿斗木构架房屋的两端山墙，以及木柱木屋架房屋的外墙为砌体墙或生土墙承重时，应增设木构架或木柱进行抗震加固。

1.5 当木结构房屋木柱的横向间距大于下表限值时，宜采取增设支撑和提高整体连接的抗震加固措施。

木结构木柱间距限值

设防烈度	6	7	8	9
横向间距/m	4.2		3.6	
纵向间距/m	6.0		4.2	

1.6 当两层木结构房屋的围护墙为土坯、毛石、砖砌体时，应拆除原第二层围护墙，改为板材、竹材等轻质围护墙；原第一层围护墙应加强自身稳定，并在围护墙内侧的木柱间增设木杆支挡措施。

1.7 木结构房屋加固用材料应满足以下要求:

1.7.1 受拉或拉弯构件应选用一等材（Ⅰa）；受弯或压弯构件应选用二等（Ⅱa）及以上木材。木材的最低强度应满足《木结构设计规范》GB 50005—2003第4.2.3条关于TB11的强度要求。

1.7.2 承重圆木柱梢径不应小于150 mm，圆木檩梢径不应小于100 mm，圆木椽梢径不应小于50 mm；木柱、木檩当采用方木时，边长不应小于120 mm；方木椽截面尺寸不小于105 mm×20 mm。

1.7.3 应选用干燥、结疤少、无腐朽的木材，并经防白蚁、防腐等处理；不应采用有较大变形、开裂、腐蚀、虫蛀或榫眼（孔）较多的旧构件。

1.7.4 承重木结构中连接用的钢材为Q235;螺栓材料应符合现行国家标准《六角头螺栓》GB/T 5782和《六角头螺栓 C级》GB/T 5780的规定；钢钉的材料性能应符合现行作业标准《一般用途圆钢钉》YB/T 5002有关规定。

1.7.5 加固用的所有外露铁件均应除锈，并涂刷防锈漆。

2 抗震加固措施

2.1 当房屋长度大于30 m时，应在中段且间隔不大于20 m处增设柱间交叉支撑。

2.2 当康房（甘孜州地区称崩壳房）的外承重墙为砌体墙时，应在砌体墙的内侧的承重木梁下增设木柱支承木梁，木梁木柱间应可靠连接，并在木柱间设置木支挡杆。

2.3 当木柱的柱脚石不符合抗震要求，或木柱与柱脚石无可靠连接时，可采取增设或更换柱脚石、增设木柱与柱脚石连接措施等方法进行加固。当柱脚石埋深小于200 mm时，可在柱脚石周边增砌砌体或现浇混凝土的围护柱墩。

2.4 当三角形木屋架或木柱木梁房屋未设置斜撑时，应增设斜撑。当穿斗木构架未设置竖向剪刀撑，且无可代替竖向剪刀撑的满铺木望板时，应增设剪刀撑或角部斜撑。

2.5 承重木构架、楼（屋）盖节点及各构件之间的连接，应符合下列规定:

2.5.1 当穿斗木构架的穿枋长度不足时，可在木柱中对接，应在对接处两侧沿水平方向加设扁钢连接牢固。

2.5.2 当穿斗木构架的穿枋在柱中不连续时，应采用铁件和螺栓加固；当榫槽截面占柱截面面积之比大于1/3时，应采用钢板条、扁钢箍、贴木板等措施加固。

2.5.3 当木柱接头不满足要求时，应采用铁件（扁钢围箍或对接U形箍）加固。

2.5.4 木柱与梁或屋架端部除榫接外，应加设铁件（扁钢或U形铁件）连接牢固。

说明								图集号	川2017G128-TY(五)
审核	陈华	陈华	校对	蒋智勇	蒋智勇	设计	侯伟	页	2

2.5.5 当榫接节点采用平榫连接时，应在对接处两侧加设扁钢牢固连接。

2.6 当木楼、屋盖节点间连接不符合要求时，可根据不符合情况分别采取增设扒钉、铁件、木夹板加固等措施。

2.7 当木结构房屋围护墙、内隔墙墙体材料不满足《四川省农村居住建筑抗震构造图集》（DBJT20-63）第（三）分册总说明中的相关要求时，应进行拆换。

2.8 木结构房屋的易倒塌部位不满足要求时，宜选择下列加固方法:

2.8.1 围护墙窗间墙宽度过小时，可增设钢筋混凝土窗框或采用钢筋网水泥砂浆面层等加固，具体做法详本图集“第（二）分册　砖砌体结构房屋”“第（三）分册　混凝土小型空心砌块结构房屋”。

2.8.2 当后砌隔墙与木构架及屋盖的拉结措施不符合要求时，可在隔墙顶部采取措施与屋架下弦或梁连接，端部与木柱连接；当隔墙过长、过高时，可采用钢筋网砂浆面层加固，具体做法详本图集“第（二）分册　砖砌体结构房屋”。

2.8.3 出入口处的烟囱等易倒塌构件不符合抗震要求时，具体做法详本图集“第（六）分册屋盖系统”。

2.8.4 屋檐外挑梁上砌体应拆除，改用瓜柱支撑檩条，瓜柱应与梁可靠连接。

3 施工要求

3.1 当对木结构房屋进行抗震加固时，应根据选用的加固方法制订保证房屋安全的加固施工方案。

3.2 加固施工方案应遵照先支撑，后加固维修的程序原则。支撑的形式主要可分为竖直支承（单木顶撑、多木杠撑、龙门架等）和横向拉固（水平、斜向搭头）两种。支撑必须注意:

3.2.1 定位: 选择恰当的临时支柱的支撑点，防止各个方向可能发生的移动，并注意结构受力体系是否会因此而临时改变，如改变则必须进行相应的处理。

3.2.2 牢固: 支撑必须稳定、牢固。竖直方向应采用木楔或千斤顶顶紧，横向应采用搭头牢靠连接。

3.2.3 顶起高度: 临时顶撑向上抬起的高度不能抬得过高，否则在更换或加固后将使构件产生附加应力。

3.3 木结构构件加固用连接钢板的施工应符合下列要求:

3.3.1 应先依据加固方案图对需增加连接钢板部位的细部尺寸进行复核，确定螺栓孔的位置。

3.3.2 增设连接钢板的部位不平整时，可进行适当的修整或采用胶粘剂粘结木块的方式进行找平处理。

3.3.3 钢板上的孔应为钻成孔，孔径为螺杆直径加2 mm。

3.3.4 每颗螺帽下应设钢垫板。

3.4 木结构加固施工应满足如下要求:

3.4.1 必须对设计要求、木材强度、现场木材供应情况等作全面的了解。

3.4.2 所用作木结构的树种应与设计规定的树种相符，或者应符合设计所采用的相同应力等级。

3.4.3 加固用木构件进场时木材的平均含水率不应大于25%，施工现场应有防止木材受潮的保护措施。

3.4.4 施工采用的木材强度较设计强度低时，应经设计人员按实际木材强度重新复核验算后，提出处理措施。

3.5 木结构加固所使用的木料应经过防白蚁、防腐处理。

3.6 防止木材腐朽措施如下:

3.6.1 现场制作的原木或方木含水率不应大于25%。

3.6.2 防止雨雪等天然水浸湿木材；使用期间防止凝结水使木材受潮。

3.6.3 尽量采用干燥的木材制作结构构件，并使其处于通风良好的条件下。处于房屋隐蔽部位的木构件，应设置通风洞口。

3.6.4 不允许将承重结构的任何部分封闭在围护结构之中。

3.6.5 木构件与砖石砌体或混凝土构件接触处应作防腐处理。

3.6.6 应采取化学的措施对木构件进行防腐。

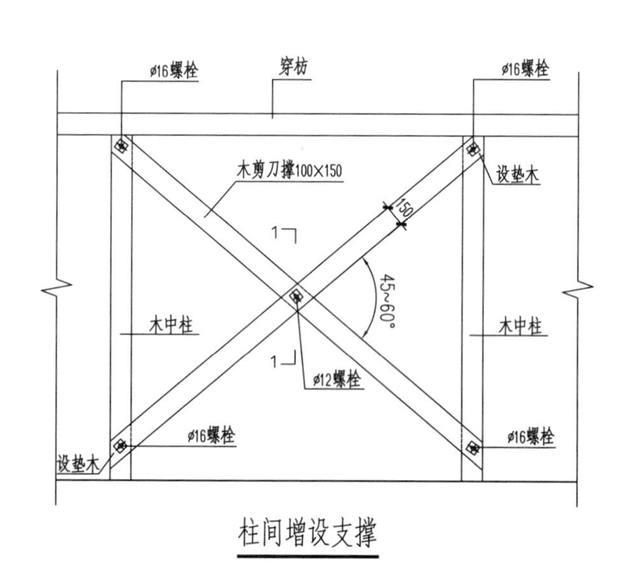

柱间增设支撑

1-1

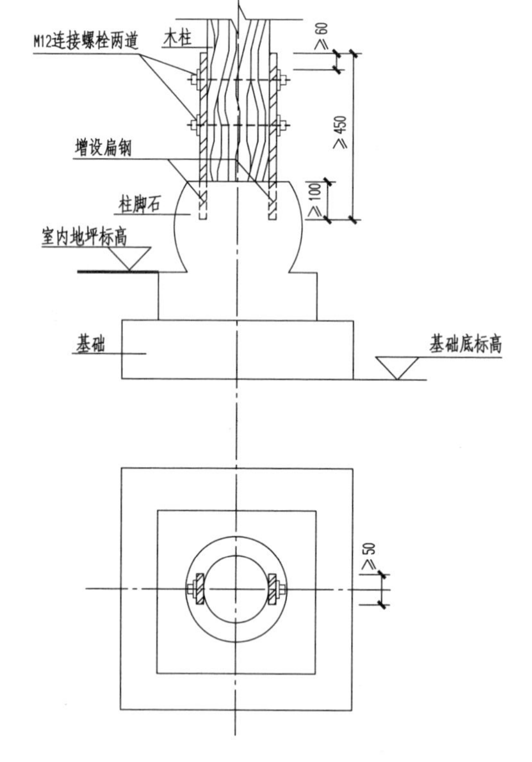

木柱基础抗震加固(一)

(用于已有柱脚石增强连接)

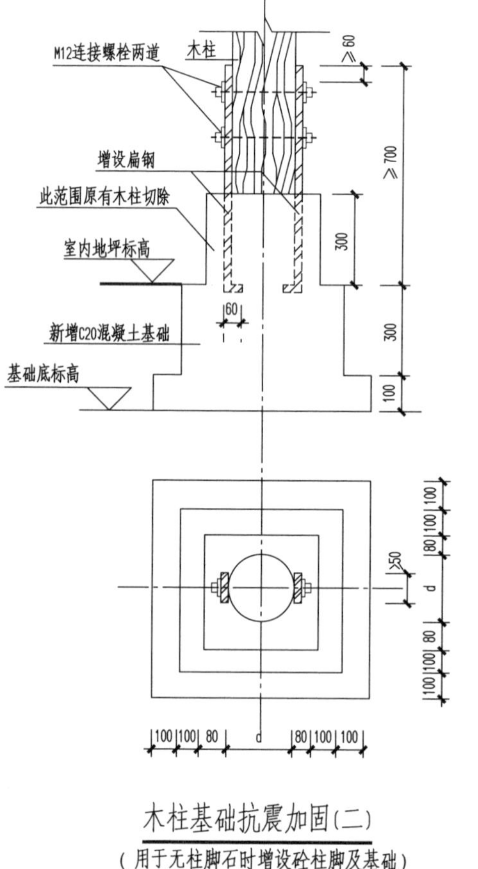

木柱基础抗震加固(二)

(用于无柱脚石时增设砼柱脚及基础)

注:

1. 本图适用于木柱间增设支撑及木柱基础的抗震加固。
2. 建筑长度大于30 m时，在中段且间隔不大于20 m的柱间增设交叉支撑。
3. 柱脚加固的连接螺栓与木柱底部距离不小于100 mm。
4. 柱脚石人工开孔截面大小为70 mm×30 mm，增设扁钢采用1：2水泥砂浆进行锚固，扁钢厚度4 mm，宽度50 mm。

木柱间增设支撑及木柱基础抗震加固							图集号	川2017G128-TY(五)
审核	陈华	陈华	校对	蒋智勇	蒋智勇	设计	侯伟	页	4

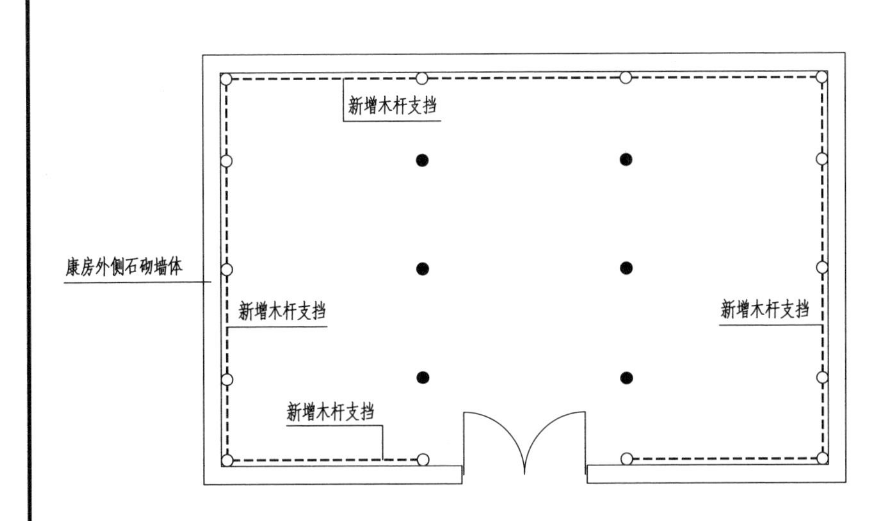

康房增设木柱及支挡平面示意

(●表示原有木柱;○表示增设木柱)

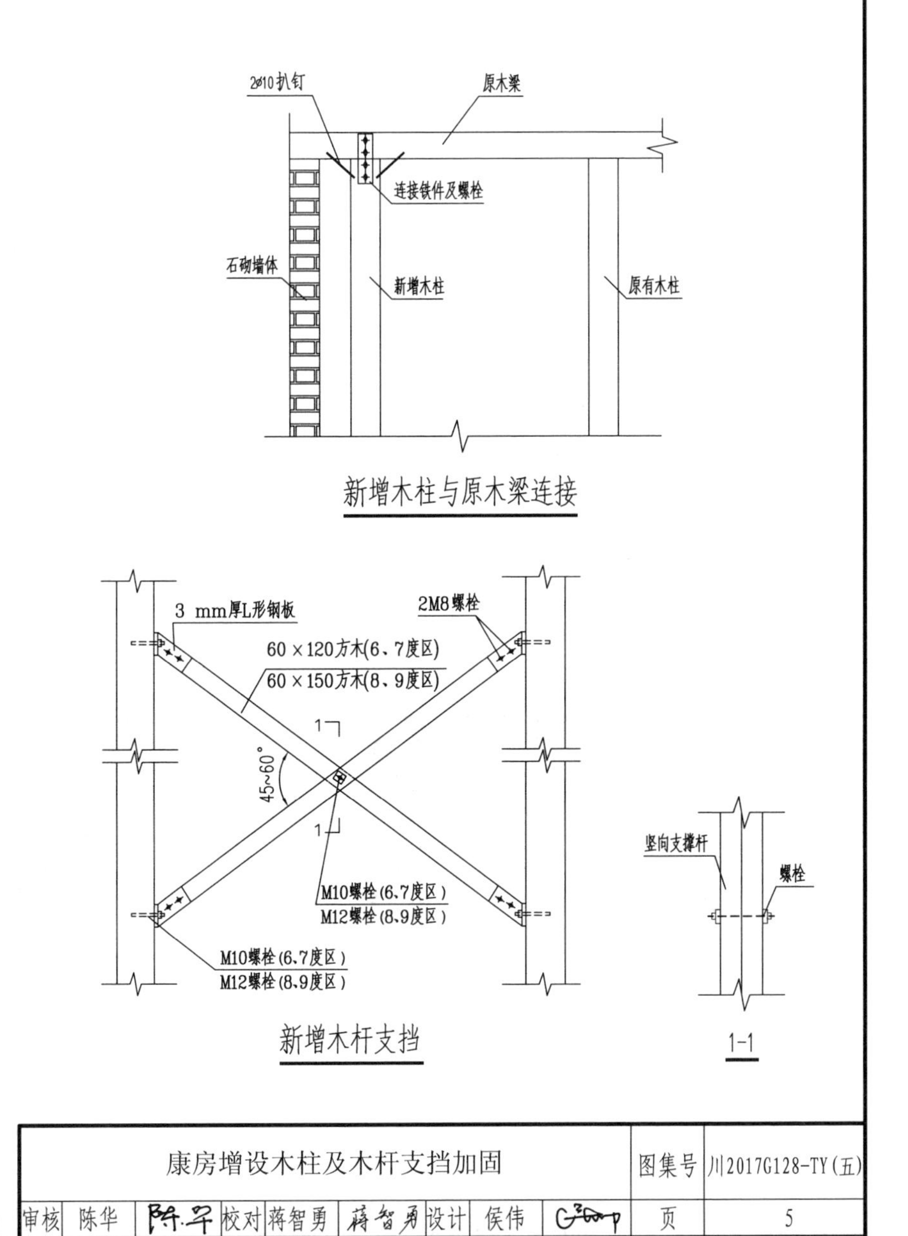

注:

1. 本图适用于康房增设木柱及木杆支挡的加固。
2. 新增木柱与原木梁间的连接铁件厚度不宜小于6 mm,宽度不宜小于80 mm;连接螺栓不少于4M12,螺栓距离构件边缘不宜小于50 mm。
3. 新增木柱基础做法参见本分册第4页。

康房增设木柱及木杆支挡加固								图集号	川2017G128-TY(五)
审核	陈华	陈华	校对	蒋智勇	蒋智勇	设计	侯伟	页	5

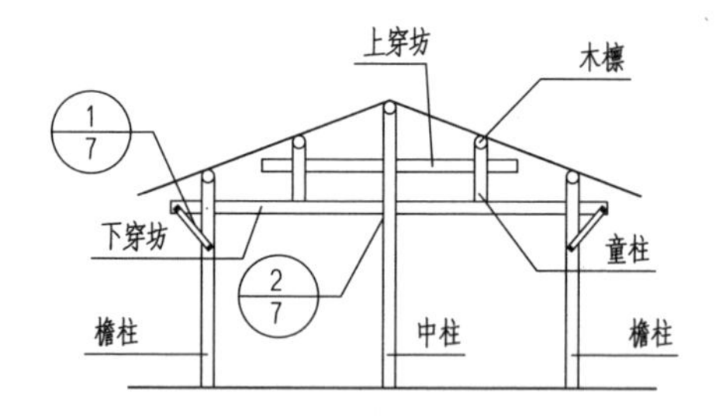

a）穿斗木构架（单层）

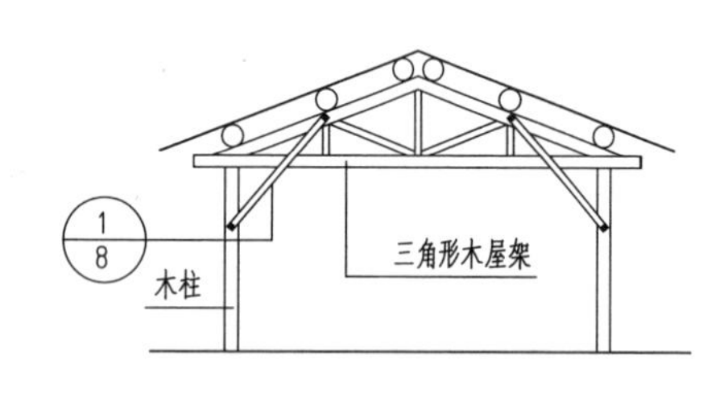

c）木柱木屋架（单层）

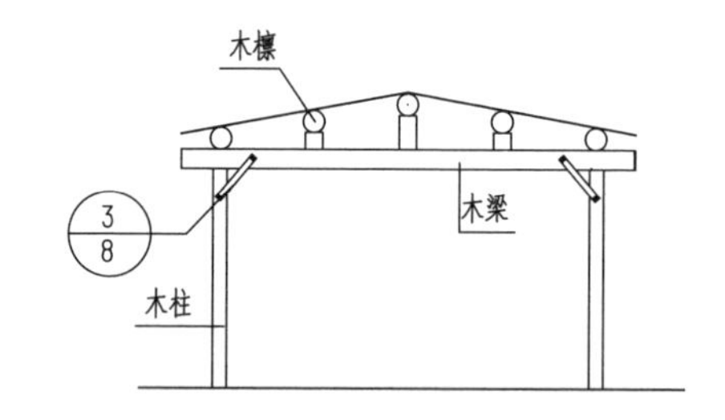

e）木柱木梁平顶（单层）

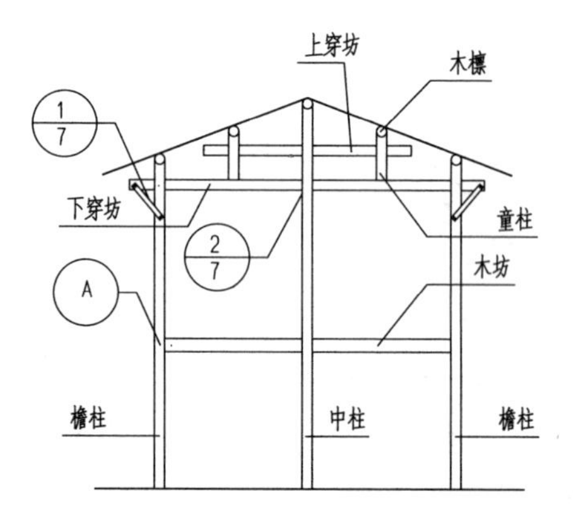

b）穿斗木构架（两层）

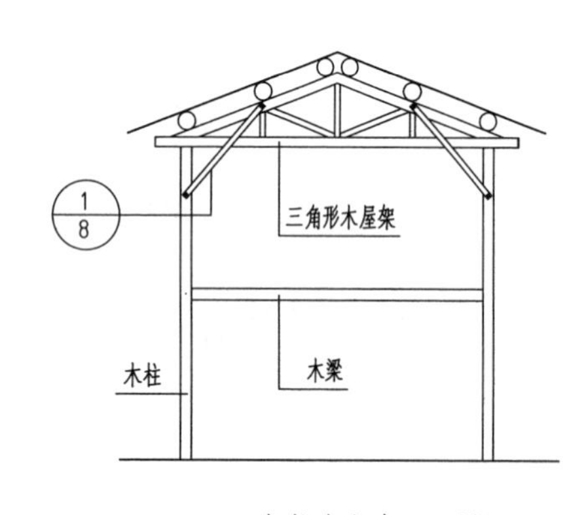

d）木柱木屋架（两层）

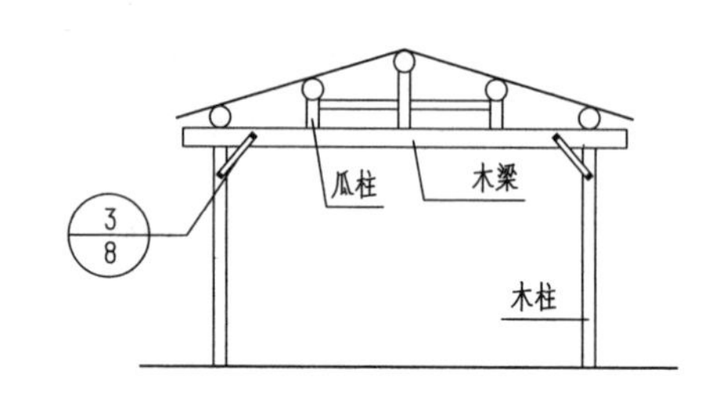

f）木柱木梁坡顶（单层）

注：
Ⓐ点详图参照本分册第7页的②节点施工。

木构架房屋主体结构形式								图集号	川2017G128-TY（五）
审核	陈华		校对	蒋智勇		设计	侯伟	页	6

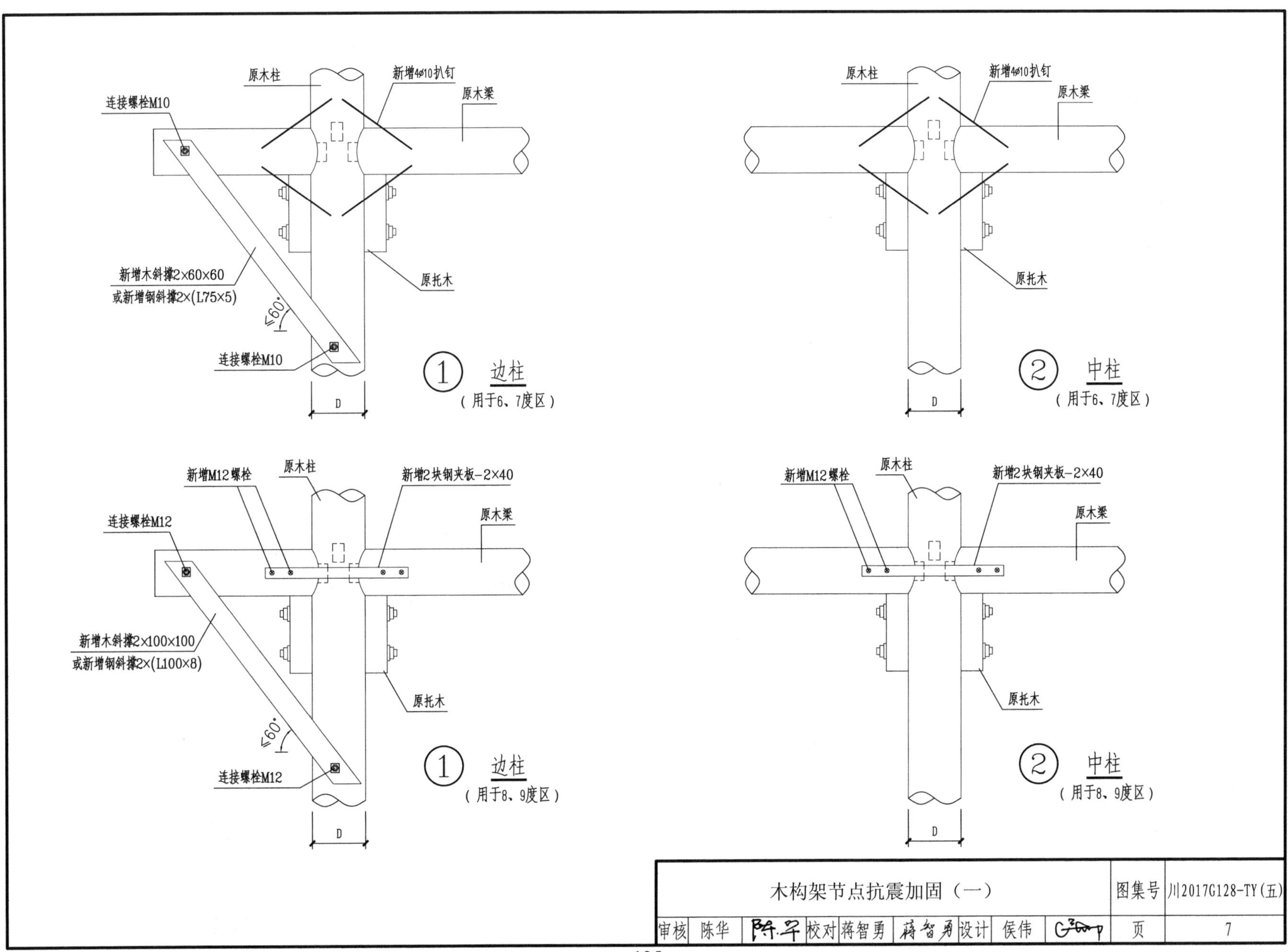
原木柱
新增4ø10扒钉
原木梁
连接螺栓M10
新增木斜撑2×60×60
或新增钢斜撑2×(L75×5)
≤60°
原托木
连接螺栓M10
D
① 边柱
(用于6、7度区)
原木柱
新增4ø10扒钉
原木梁
原托木
D
② 中柱
(用于6、7度区)
新增M12螺栓
原木柱
新增2块钢夹板-2×40
原木梁
连接螺栓M12
新增木斜撑2×100×100
或新增钢斜撑2×(L100×8)
原托木
≤60°
连接螺栓M12
D
① 边柱
(用于8、9度区)
新增M12螺栓
原木柱
新增2块钢夹板-2×40
原木梁
原托木
D
② 中柱
(用于8、9度区)
木构架节点抗震加固（一）
图集号 川2017G128-TY(五)
审核 陈华 校对 蒋智勇 设计 侯伟
页 7

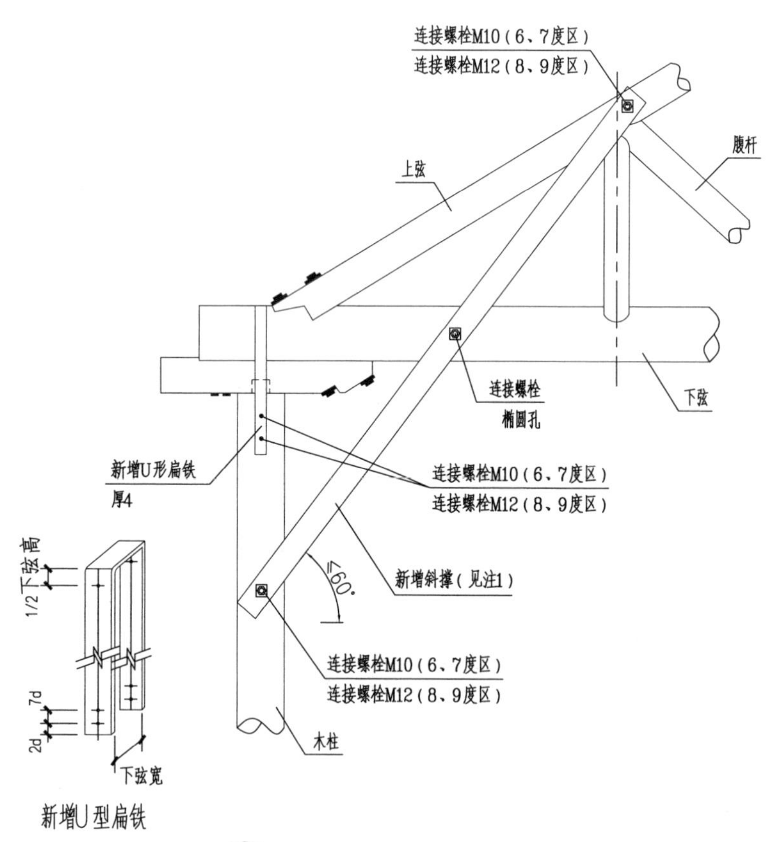

① 木柱与木屋架连接增设斜撑

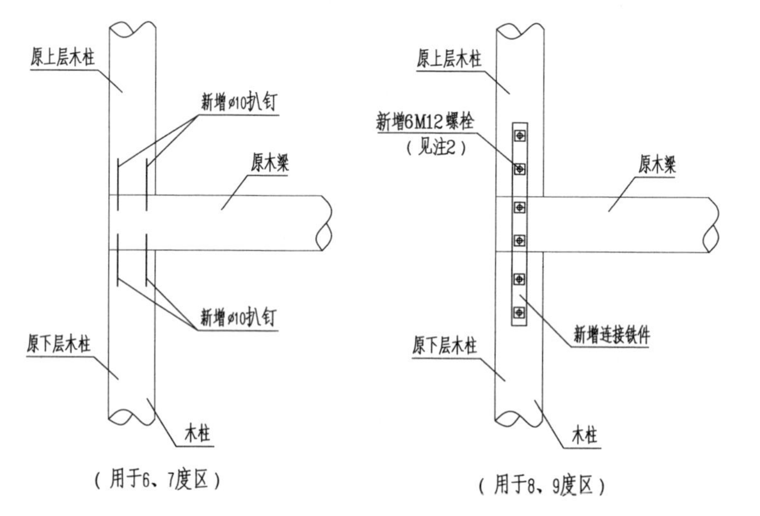

② 梁柱节点增设扒钉或连接铁件

（本图用于上、下柱不连续的节点加固）

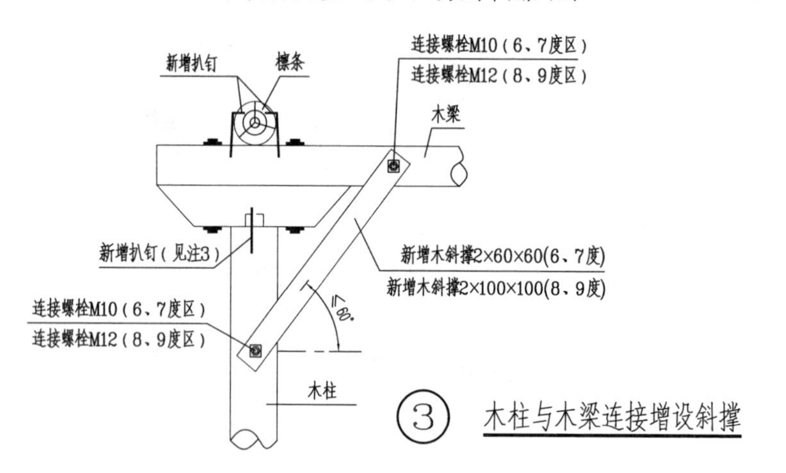

③ 木柱与木梁连接增设斜撑

注：

1. 图中新增斜撑在6、7度时为木斜撑2×60×60或钢斜撑2×L75×5，新增斜撑在8、9度时为木斜撑2×100×100或钢斜撑2×L100×8。
2. 图中新增连接铁件厚度不宜小于6 mm，宽度不宜小于80 mm；螺栓距离构件边缘不宜小于50 mm。
3. 图中新增扒钉直径：6、7度时8 mm，8度时10 mm，9度时12 mm。

木构架节点抗震加固（二）							图集号	川2017G128-TY(五)
审核	陈华	[签名]	校对	蒋智勇	[签名]	设计	侯伟	[签名]	页	8

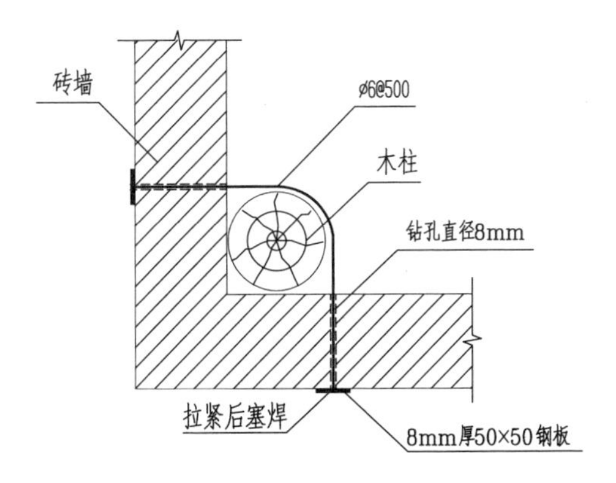

木柱与墙体增强连接(一)

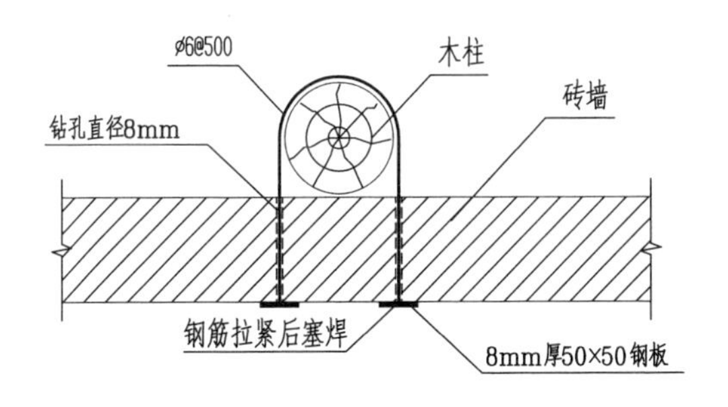

木柱与墙体增强连接(二)

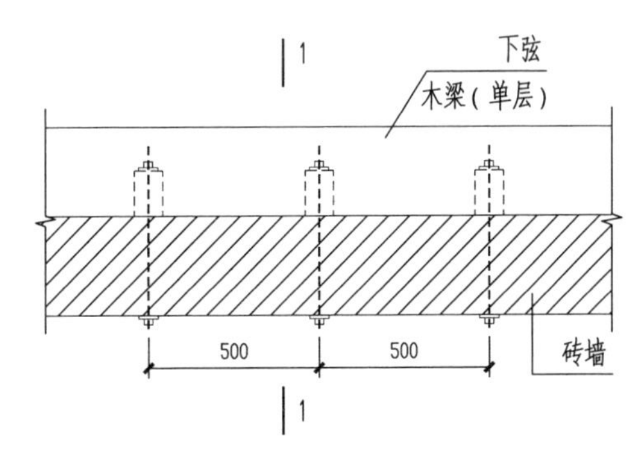

内隔墙与下弦(木梁)连接大样图

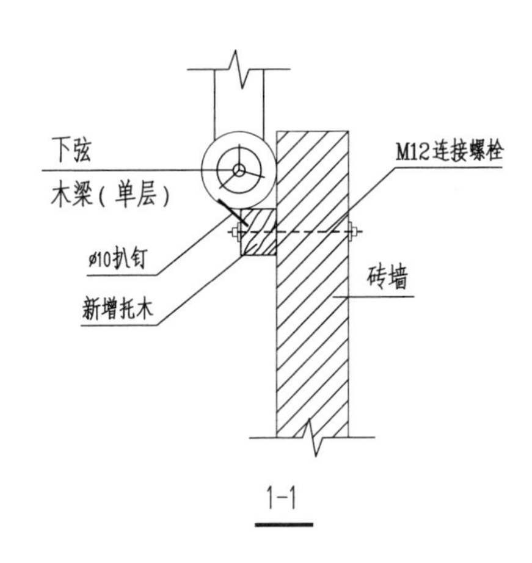

1-1

注:

1. 本图适用于房屋底层围护墙为砖或混凝土小砌块墙体时，墙体和木柱、木梁的增加连接加固。
2. 新增托木高度不小于60 mm，宽度不小于100 mm，厚度不小于60 mm。

砖墙与木柱、木梁增加连接加固								图集号	川2017G128-TY(五)
审核	陈华	陈华	校对	蒋智勇	蒋智勇	设计	侯伟	页	9

四川省农村居住建筑抗震加固图集

(屋盖系统)

批准部门： 四川省住房和城乡建设厅

主编单位： 四川省建筑科学研究院

参编单位： 四川省建筑工程质量检测中心

四川省建筑新技术工程公司

四川通信科研规划设计有限责任公司

批准文号： 川建标发〔2018〕65号

图 集 号： 川2017G128-TY(六)

实施日期： 2018年3月1日

主编单位负责人：

主编单位技术负责人：

技术审定人：

设计负责人： 蒋智勇

目　录

目录								图集号	川2017G128-TY(六)
审核	陈华		校对	侯伟		设计	蒋智勇	页	1

说明

1 一般规定

1.1 本分册适用于农村住房的木屋架（木构架）承重结构的屋盖、砌体结构的硬山承檩坡屋盖，以及砌体和钢筋混凝土结构的现浇钢筋混凝土板屋盖、预制钢筋混凝土板屋盖的既有屋盖系统抗震加固。说明中未尽事宜，可详见节点详图说明。

1.2 屋盖系统的抗震加固方案应根据抗震鉴定结论及指出的隐患和缺陷，结合结构构件特点及加固施工条件，按安全可靠、经济合理的原则确定。

1.3 新增结构构件和局部结构增强的抗震加固应避免导致屋盖系统的扭转、地震作用集中和强杆件弱节点等抗震不利影响；抗震加固的构造措施应加强结构构件连接可靠，保证屋盖系统的整体性。

1.4 8度及以上时，屋盖型式为单坡的屋盖宜采取相适应的措施进行抗震加固。

1.5 当木屋架屋盖出现下列情况时，应采取抗震加固措施。

1.5.1 无下弦的人字形结构、拱形结构、几何可变结构，以及木屋架上弦、下弦及腹杆不齐全或明显受损。

1.5.2 房屋两端开间屋架、中部间隔一开间屋架的上弦屋脊节点和下弦中间节点处未设置竖向支撑。

1.5.3 屋架下弦中间节点处未设置纵向通长水平系杆，或系杆未与各道屋架下弦中间节点和竖向支撑拉结。

1.5.4 两端为硬山搁檩的木屋架屋盖。

1.5.5 木屋架端节点与木柱的连接不牢靠，以及7度及以上的木屋架与木柱未设置斜支撑。

1.6 当硬山搁檩屋盖出现下列情况时，应采取抗震加固措施。

1.6.1 7度及以上时，山尖墙顶未设斜向圈梁。

1.6.2 8度及以上时，未设山墙壁柱的山墙。

1.6.3 檐口至山墙顶部高度大于1.6 m的山尖墙；开设有高窗的山尖墙。

1.6.4 房屋两端开间、横墙间距超过6 m的大开间，以及7度时隔开间的山尖墙处，未设置竖向交叉支撑。

1.7 当小青瓦屋面坡度超过30°，以及覆土屋面覆土厚度：6、7度大于150 mm，8度、9度大于100 mm时，应采取相适应的抗震加固措施。

1.8 当屋盖构件的支承长度小于表1.8的限值时，应采取抗震加固措施。

表1.8 屋盖构件的最小支承长度　　单位：mm

构件名称	木屋架、木梁	对接木龙骨、木檩条		搭接木龙骨、木檩条
位置	墙上	屋架上	墙上	屋架上、墙上
支承长度	240	60	120	满搭
连接方式	木垫块	木夹板与螺栓	砂浆垫层、木夹板与螺栓	

注：当墙体为混凝土小型空心砌块墙时，支承长度小于本图集第（三）分册第3页表1.15的要求时，应采取抗震加固措施。

1.9 当木屋架、木梁与墙体或钢筋混凝土圈梁、构造柱的连接不符合要求时，应采取相适应的加固措施。

1.10 当预制钢筋混凝土板屋盖的预制板搁置长度不满足有下列要求时，应进行抗震加固。

1.10.1 在内墙上的搁置长度：砖墙上不小于100 mm；小砌块墙上不小于80 mm。

1.10.2 在外墙上的搁置长度：砖墙上不小于120 mm；小砌块墙上不小于100 mm.

1.10.3 在混凝土梁上的搁置长度不小于80 mm。

1.11 当出屋面的女儿墙、烟囱、水箱等附属设施未设置牢靠的防倒塌措施时，应采取抗震加固措施。

2 抗震加固方法

2.1 对木屋架屋盖，当山墙采用硬山承檩时，应采取措施将硬山拆换为木屋架承重。

2.2 屋盖屋面的抗震加固应符合下列要求:

2.2.1 当7度及以上时的小青瓦屋面坡度超过30°时，可在人员出入口处设置防坠落伤人的抗震措施。

2.2.2 当7度及以上时的冷摊瓦屋面坡度超过30°时，底瓦弧边的两角宜设置钉孔，采用铁钉与椽条钉牢；盖瓦与底瓦宜采用石灰或水泥砂浆压垄等做法与底瓦粘结牢固；8度及以上时，可在人员出入口处设置防坠落伤人的抗震措施。

2.2.3 当屋面草泥、焦渣等覆土厚度超过限值时，应卸除部分屋面覆土至限值以内。

2.3 木屋架（木构架）屋盖抗震加固方法应符合下列要求:

2.3.1 当木屋架为无下弦人字形屋架时，可采用增设下弦水平钢拉杆进行抗震加固。

2.3.2 在屋盖端开间、中间隔开间可增设竖向交叉支撑。竖向交叉撑与屋架上、下弦之间及竖向交叉撑中部宜采用螺栓连接；竖向撑两端与屋架上、下弦应顶紧不留空隙。

说明							图集号	川2017G128-TY(六)
审核	陈华	陈华	校对	侯伟	侯伟	设计	蒋智勇	蒋智勇	页	2

2.3.3 木屋架增设的纵向水平系杆，应通长设置在屋架跨中下弦节点处。

2.3.4 木屋架端部在墙体、混凝土梁支承处连接的抗震加固，可采用增设角钢和螺栓连接方式进行加固。

2.3.5 檩条与木屋架上弦、檩条与檩条之间，可采用增设檩托、扒钉方式加固。

2.3.6 木屋架端节点与木柱交接处可采用增设U形扁铁加强连接；7度及以上时，可增设木斜撑进行抗震加固。

2.3.7 木结构节点的连接可采用加扒钉、螺栓连接等方式加固。

2.4 硬山搁檩屋盖抗震加固方法应符合下列要求:

2.4.1 当硬山墙及圈梁不符合抗震要求时，可采用双面钢筋网水泥砂浆面层法和顺坡的钢筋水泥砂浆组合砌体圈梁（以下简称组合圈梁）对硬山墙体进行加固。双面钢筋网水泥砂浆面层法的技术要求参见本图集“第（二）分册　砖砌体结构房屋”部分相关内容。顺坡的组合圈梁单面厚度不小于60 mm，纵向钢筋不应少于2ϕ12；砂浆强度等级不应低于M15。

2.4.2 在竖向交叉支撑不满足抗震要求的对应部位，采用增设竖向交叉支撑进行加固。支撑与檩条、系杆之间及支撑中部宜采用螺栓连接；竖向交叉撑两端与檩条、系杆应不留空隙。

2.4.3 屋盖檩条连接、支承长度等构造不满足要求时，可采用增设钢夹板、对拉螺栓、加扒钉、加搭木等方式进行加固。

2.5 木构架、木梁在木柱支撑处，可采用加斜撑、钢夹板和扒钉方式加固。

2.6 檩条与屋架上弦以及檩条与檩条之间的连接，可采用扒钉或8号铅丝进行抗震加固。连接用的扒钉直径宜为：6度、7度时ϕ8 mm，8度时ϕ10 mm，9度宜ϕ12 mm；椽子或木望板可采用圆钉与檩条钉牢加固。

2.7 搁置在屋架上弦上的檩条搭接长度小于屋架上弦的宽度或直径时，以及连接不可靠时，可采用在屋架上增设檩托并采用扒钉或8号铅丝连接进行抗震加固。

2.8 屋盖预制板支承长度不满足要求的加固方法，见本图集“第（二）分册　砖砌体结构房屋”部分相关内容。

2.9 出屋面砖砌烟囱突出高度超过500 mm时，可采用加角钢箍方式进行加固。

3 施工要求

3.1 屋盖系统抗震加固的施工及质量控制应符合相关现行标准的要求。加固用材料性能应符合国家现行标准要求及本图集中对加固材料的要求。

3.2 屋盖抗震加固施工中清除屋面防水及维护结构时，应做好防雨、防晒等的防护措施。

3.3 对木构架及屋架抗震加固施工中，应采取可靠的支撑及防护措施，防止木构架及屋架失稳或物体坠落。

3.4 当木屋架、木檩条中部分构件等严重腐朽或缺陷较多时，需更换相关构件。

3.5 螺栓（杆）植入混凝土构件的施工应符合本图集“第（一）分册　钢筋混凝土框架结构房屋”相关规定。

说明						图集号	川2017G128-TY(六)
审核 陈华	陈华	校对 侯伟	侯伟	设计 蒋智勇	蒋智勇	页	3

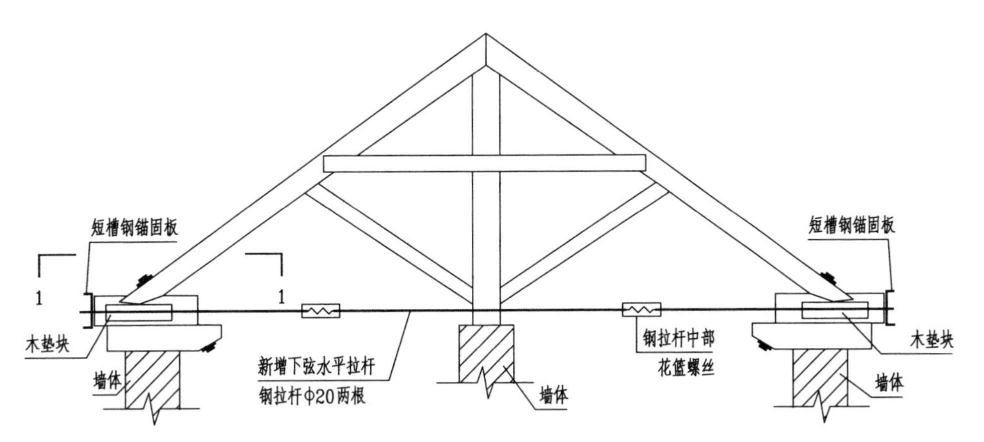

无下弦人字木屋架增设水平拉杆

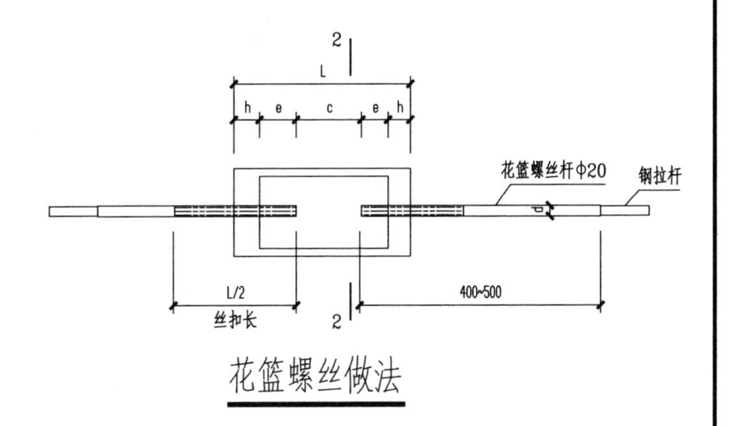

花篮螺丝做法

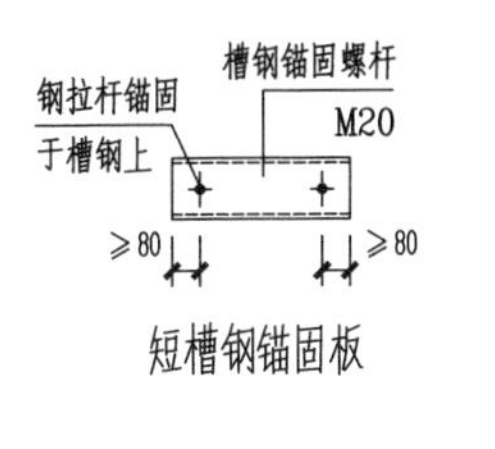

短槽钢锚固板

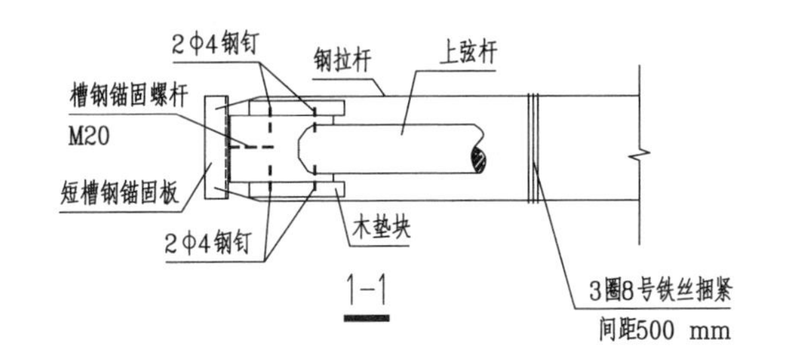

1-1

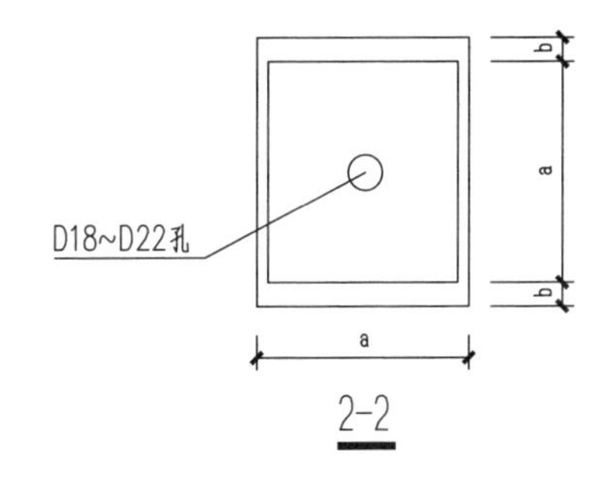

2-2

花篮螺丝尺寸

a/mm	b/mm	c/mm	e/mm	h/mm	L/mm
≥1.8d	≥0.3d	5~9d	2~3d	≥1.3d	250~300

注：

1.槽钢规格不小于160×63×6.5（16#A型），短槽钢锚固板内可附加钢板增加厚度，总厚度不小于10 mm。

2.钢拉杆焊接锚固于短槽钢锚固板上，或采用端部丝杆螺栓锚固于槽钢内（需设置垫板）。

3.钢拉杆在槽钢上的锚固点边距应满足大样图要求。

4.钢拉杆与屋架两端固定后，采用调节拉杆中部的花篮螺丝（见详图）来张紧下弦，张紧时两根花篮螺丝同时加力。

5.花篮螺丝杆可采用成品，花篮螺丝杆直径宜比钢拉杆加粗一级；无成品时可参考本图加工。

6.花篮螺丝与钢拉杆焊接可采用对焊或双面焊接。

无下弦人字形屋架增设钢拉杆加固								图集号	川2017G128-TY(六)
审核	陈华	陈华	校对	侯伟	侯伟	设计	蒋智勇	蒋智勇	页	4

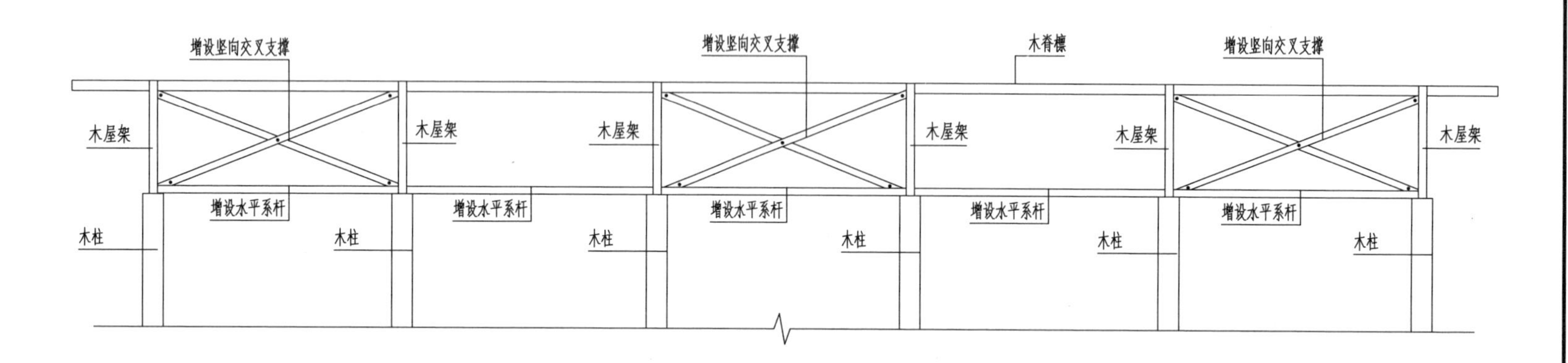

木屋架(木构架)增设竖向交叉撑及水平系杆立面示意图

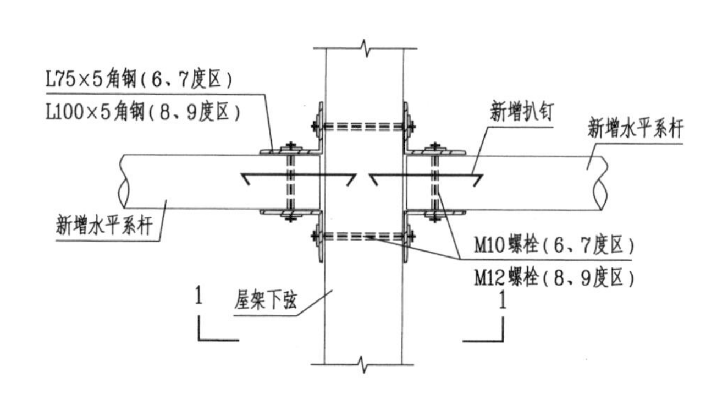

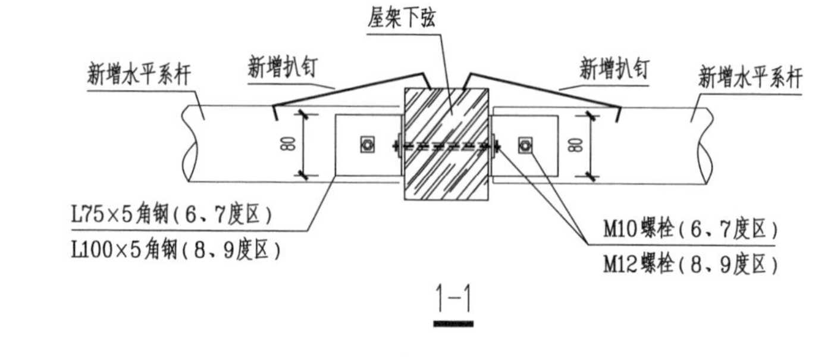

1-1

木屋架(木构架)增设水平系杆

注:
1. 纵向水平系杆增设在三角形木屋架下弦杆的跨中位置。
2. 图中新增用扒钉连接(未注明)时:6、7度区采用Φ8扒钉,8度区采用Φ10扒钉,9度区采用Φ12扒钉。
3. 对拉螺栓与木构件之间应设置钢垫片,垫片尺寸为50×50×4。

木屋架(木构架)间增设纵向水平系杆							图集号	川2017G128-TY(六)
审核	陈华	[signature]	校对	侯伟	[signature]	设计	蒋智勇 [signature]	页	5

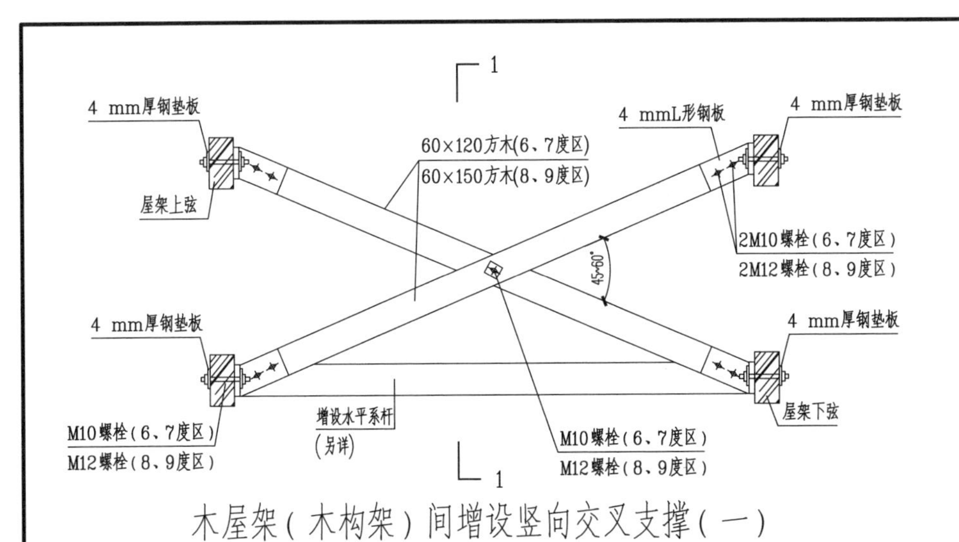

木屋架(木构架)间增设竖向交叉支撑(一)

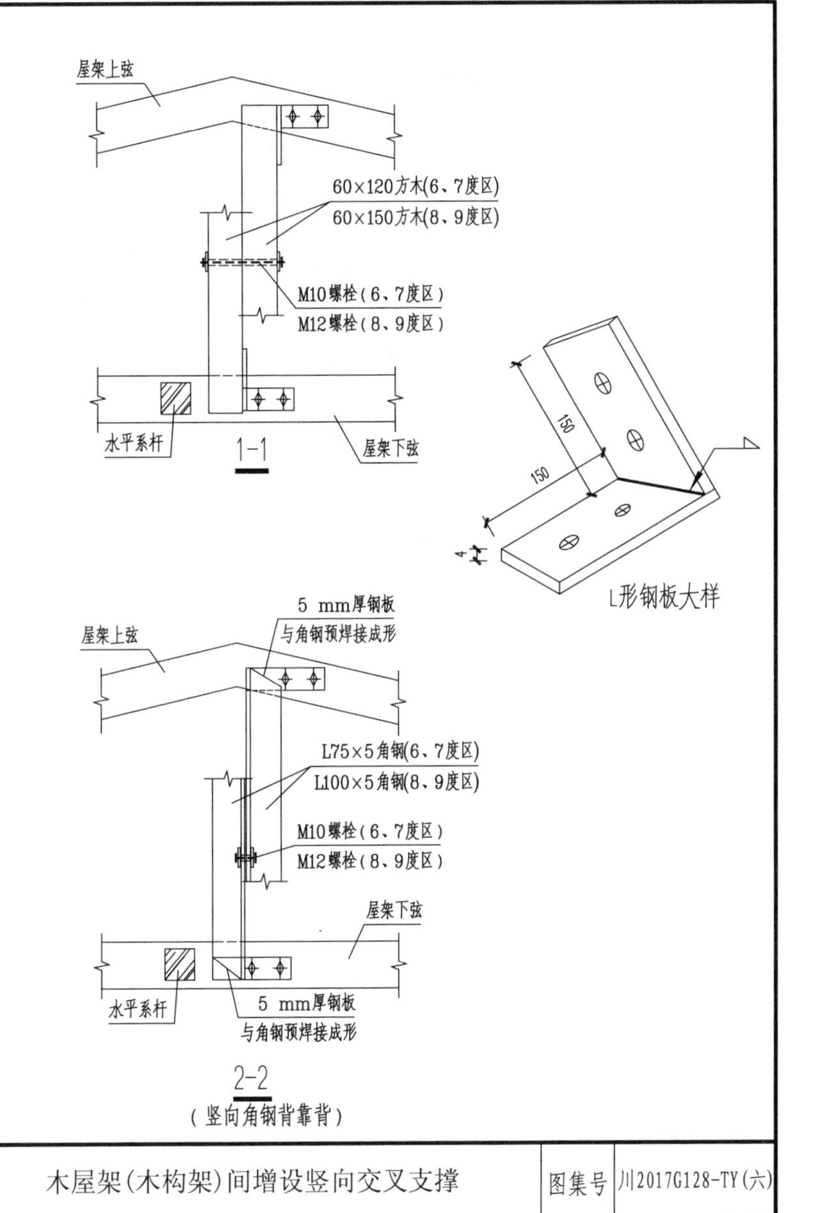

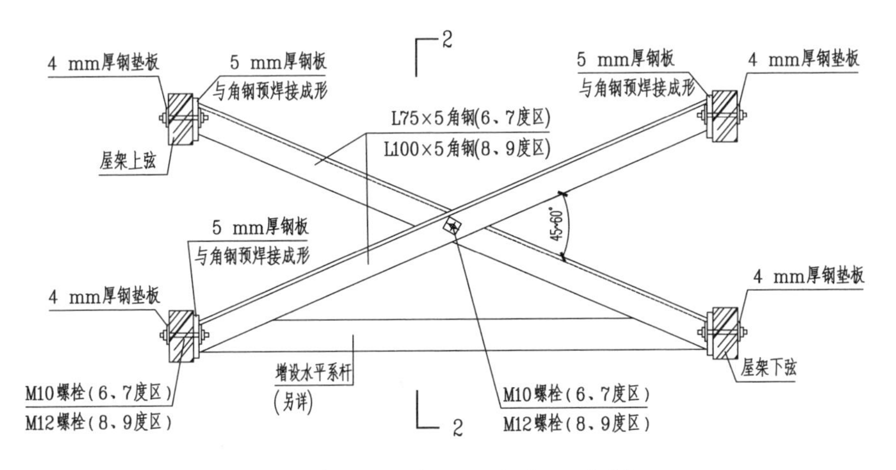

木屋架(木构架)间增设竖向交叉支撑(二)

注:

1. 竖向交叉撑两端与屋架上、下弦应顶紧不留空隙。
2. 对拉螺栓与木构件之间应设置钢垫片,垫片尺寸为50×50×4。
3. 竖向交叉撑采用角钢时,采用5 mm厚钢板作为转接钢板,角钢与钢板根据现场下料尺寸预焊接成型后再与屋架进行连接。

木屋架(木构架)间增设竖向交叉支撑								图集号	川2017G128-TY(六)
审核	陈华	陈华	校对	侯伟	侯伟	设计	蒋智勇	蒋智勇	页 6

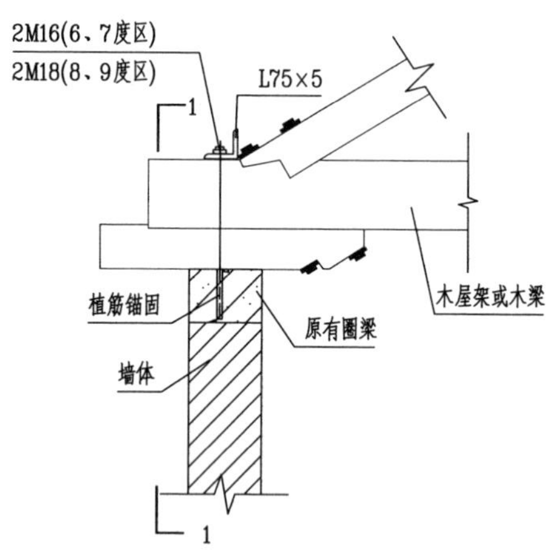

木屋架支座处加固(一)

(支座处有混凝土构件)

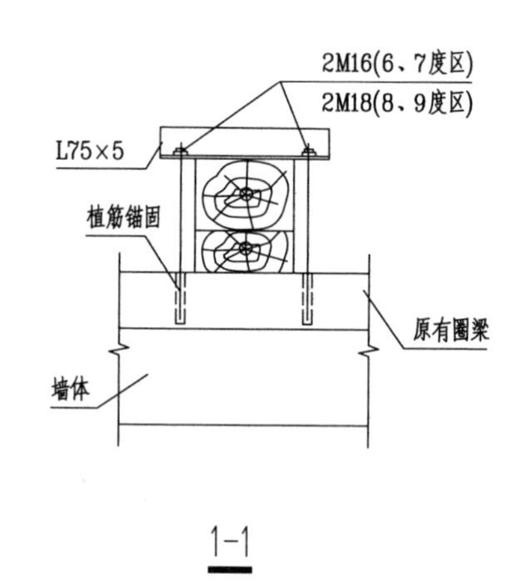

1-1

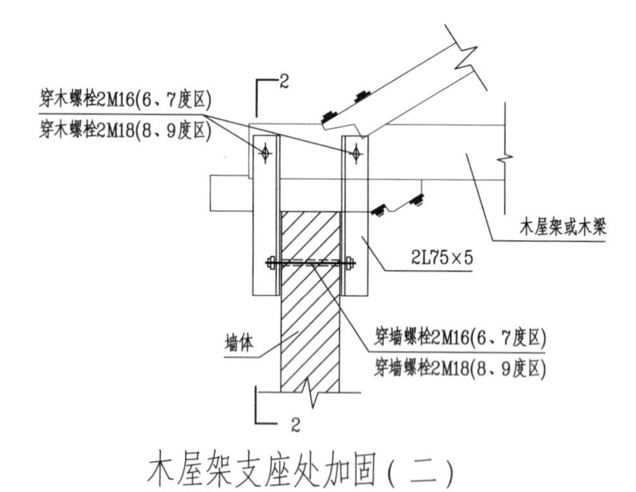

木屋架支座处加固(二)

(支座处为砌体)

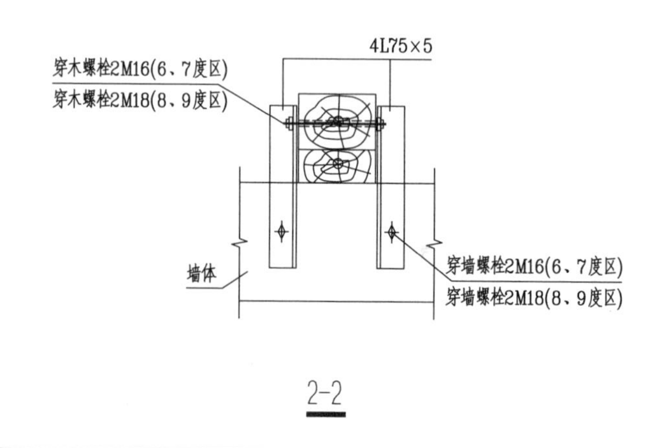

2-2

木屋架支承处加固							图集号	川2017G128-TY(六)
审核	陈华	陈华	校对	侯伟	[signature]	设计 蒋智勇	蒋智勇 页	7

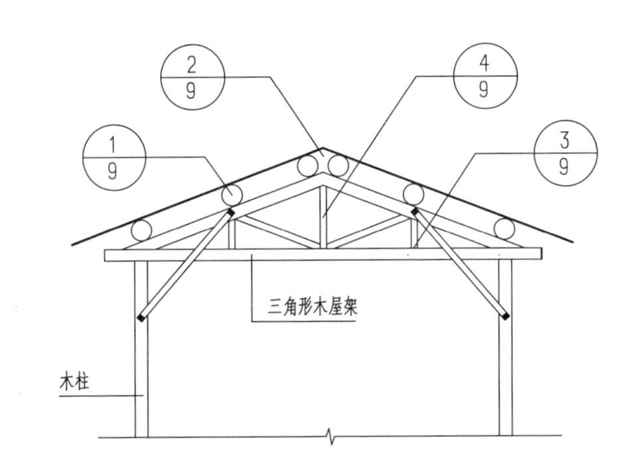

(a) 木柱木屋架

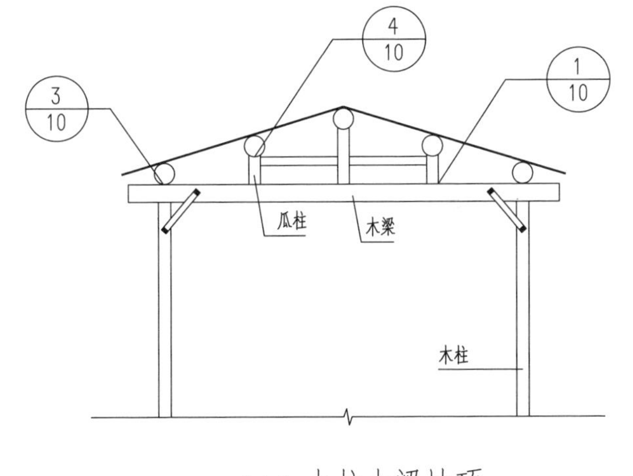

(b) 木柱木梁坡顶

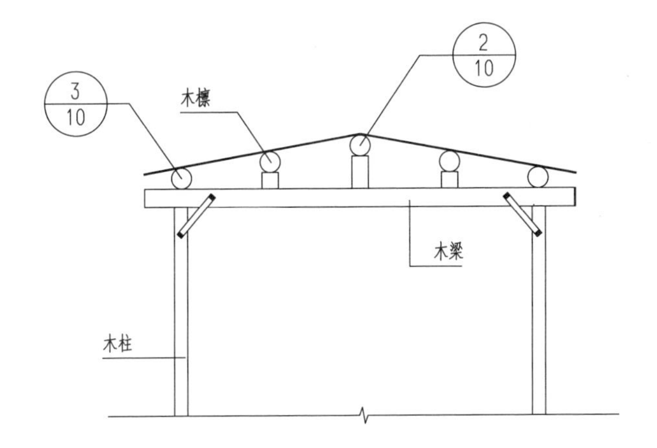

(c) 木柱木梁平顶

木构架房屋主要结构形式								图集号	川2017G128-TY(六)
审核	陈华	[签名]	校对	侯伟	[签名]	设计	蒋智勇	[签名] 页	8

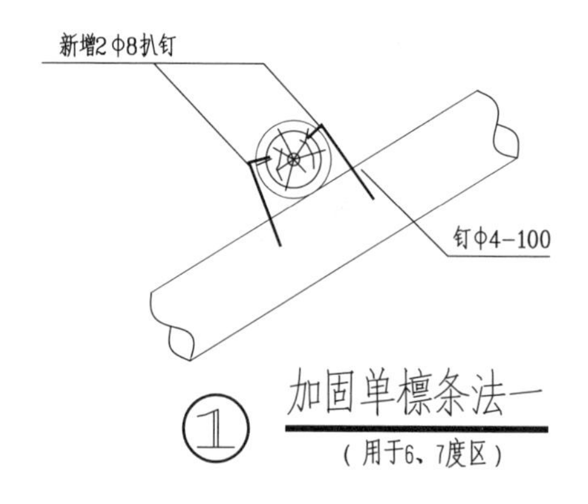

① 加固单檩条法一

（用于6、7度区）

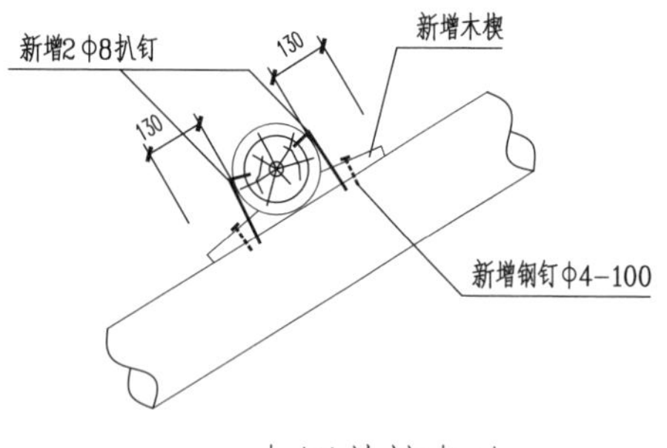

① 加固单檩条法二

（用于8、9度区）

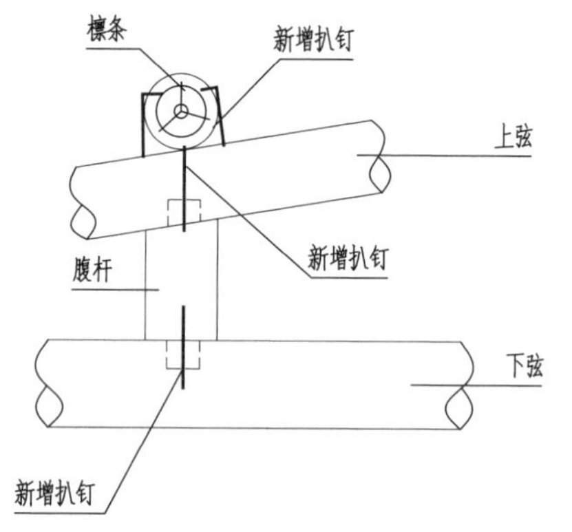

③ 屋架腹杆与弦杆节点扒钉加固

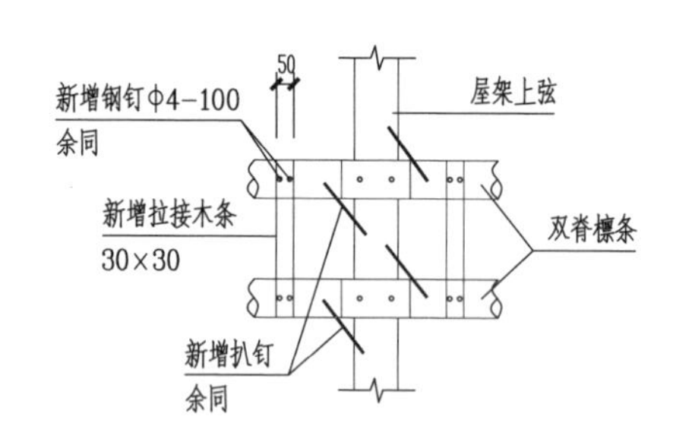

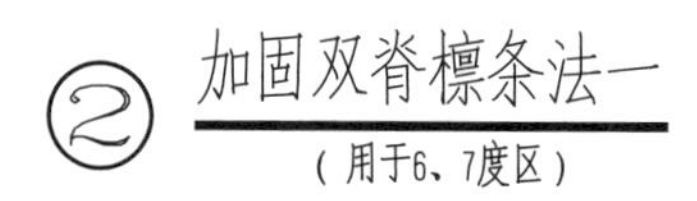

② 加固双脊檩条法一

（用于6、7度区）

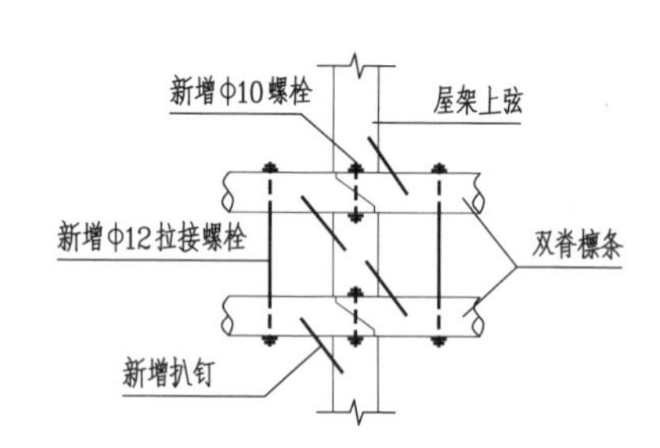

② 加固双脊檩条法二

（用于8、9度区）

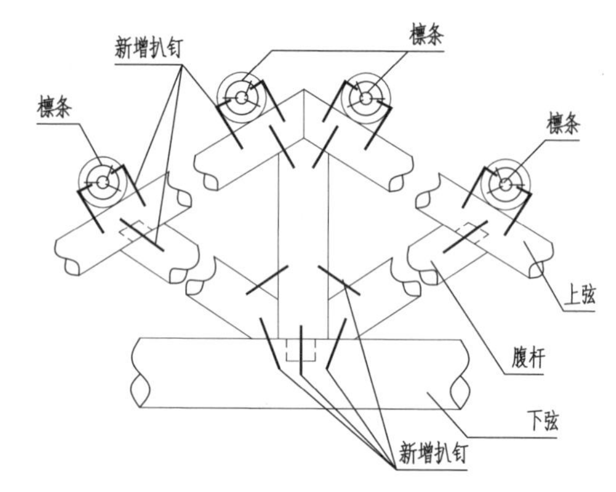

④ 屋架节点扒钉加固

注：

1. 图中木檩条与木梁、上弦，腹杆与上弦、下弦，瓜柱与木梁、檩条，木柱与木梁间，当采用扒钉连接（未注明）时：6、7度区采用Φ8扒钉，8度区采用Φ10扒钉，9度区采用Φ12扒钉。
2. 对拉螺栓与木构件之间应设置钢垫片，垫片尺寸为50×50×4。

木屋架（木构架）节点构造加固措施（一）								图集号	川2017G128-TY（六）
审核	陈华	陈华	校对	侯伟	侯伟	设计	蒋智勇	蒋智勇	页	9

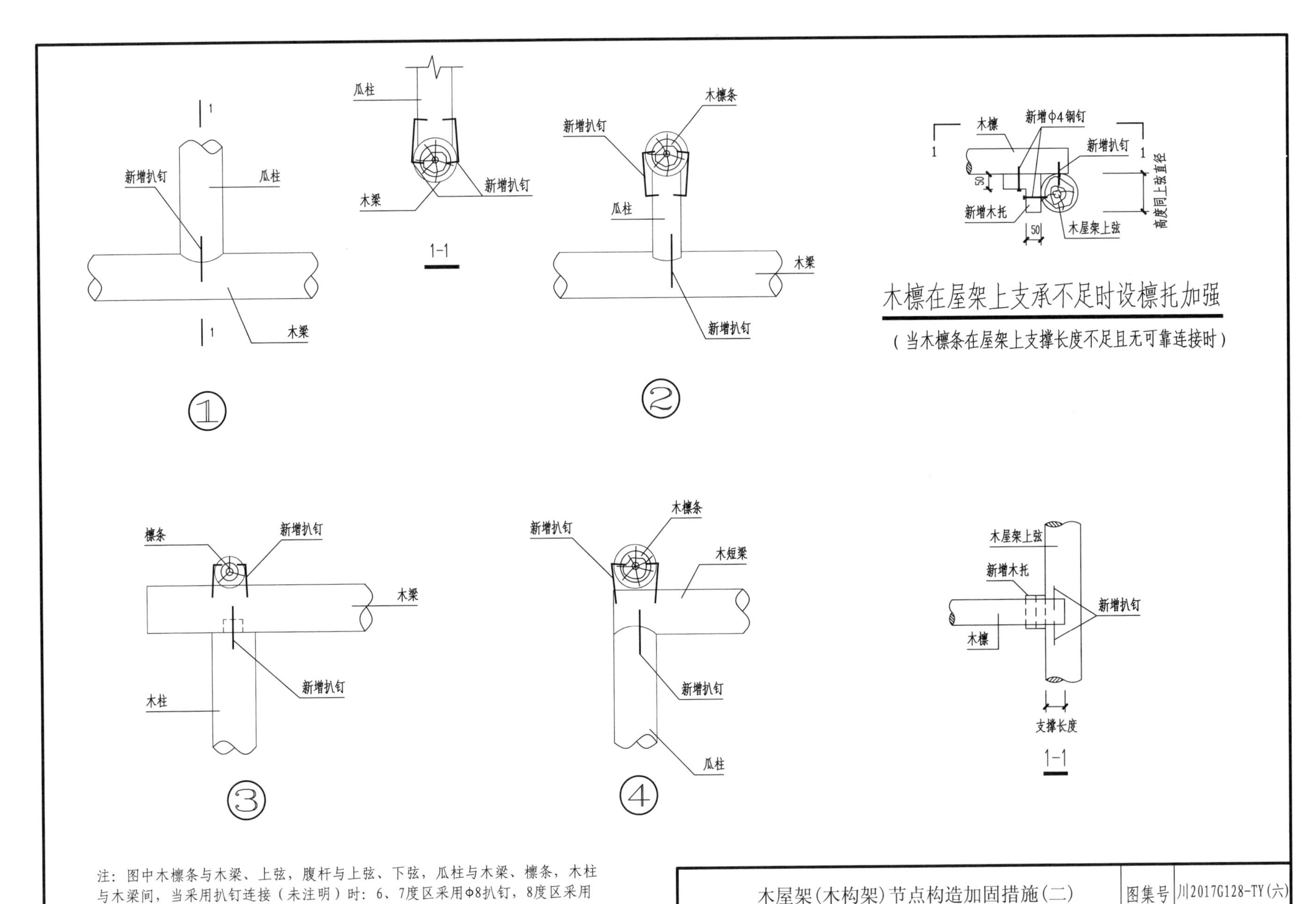

注：图中木檩条与木梁、上弦，腹杆与上弦、下弦，瓜柱与木梁、檩条，木柱与木梁间，当采用扒钉连接（未注明）时：6、7度区采用Φ8扒钉，8度区采用Φ10扒钉，9度区采用Φ12扒钉。

木屋架(木构架)节点构造加固措施(二)							图集号	川2017G128-TY(六)
审核	陈华	[签名]	校对	侯伟	[签名]	设计 蒋智勇 [签名]	页	10

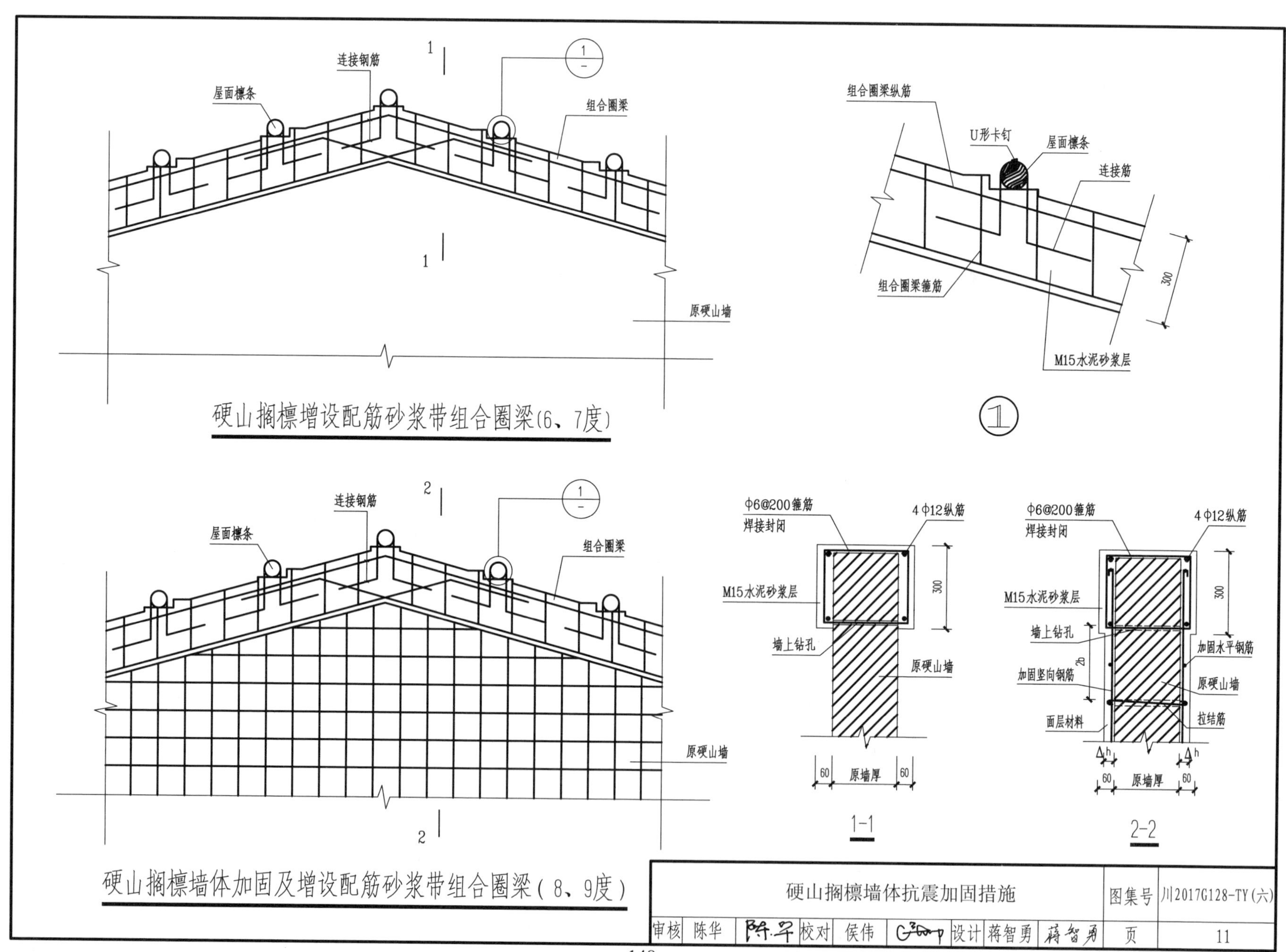

连接钢筋
屋面檩条
组合圈梁
原硬山墙
1
1
硬山搁檩增设配筋砂浆带组合圈梁(6、7度)
组合圈梁纵筋
U形卡钉
屋面檩条
连接筋
组合圈梁箍筋
M15水泥砂浆层
300
①
连接钢筋
屋面檩条
组合圈梁
原硬山墙
2
2
硬山搁檩墙体加固及增设配筋砂浆带组合圈梁(8、9度)
Φ6@200箍筋
焊接封闭
4Φ12纵筋
M15水泥砂浆层
墙上钻孔
原硬山墙
300
60
原墙厚
60
1-1
Φ6@200箍筋
焊接封闭
4Φ12纵筋
M15水泥砂浆层
墙上钻孔
加固水平钢筋
加固竖向钢筋
原硬山墙
面层材料
拉结筋
2b
300
h
h
60
原墙厚
60
2-2
硬山搁檩墙体抗震加固措施
图集号
川2017G128-TY(六)
审核
陈华
校对
侯伟
设计
蒋智勇
页
11

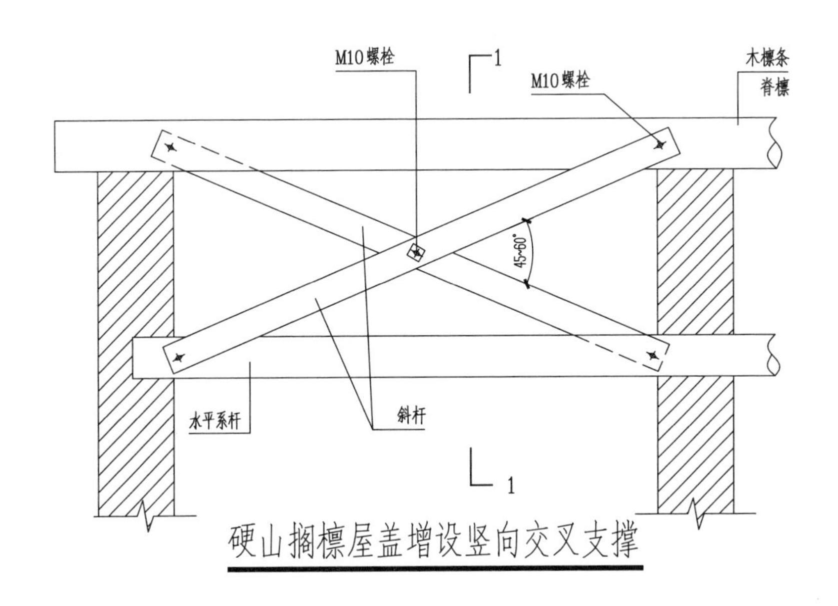

硬山搁檩屋盖增设竖向交叉支撑

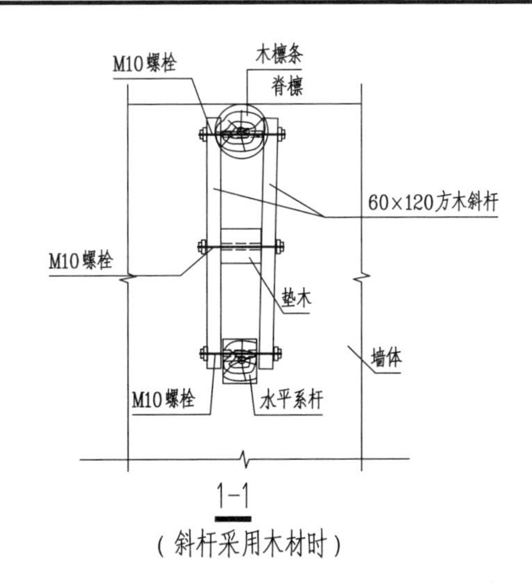

1-1

（斜杆采用木材时）

硬山搁檩竖向交叉支撑设置要求及对应加固措施

设防烈度	7度及以下	8度、9度
设置要求	房屋两端开间、横墙间距超过6 m的大开间、7度时隔开间的山尖墙处	不应采用硬山搁檩屋盖
加固措施	增设竖向剪刀撑	已存在时，增设竖向剪刀撑

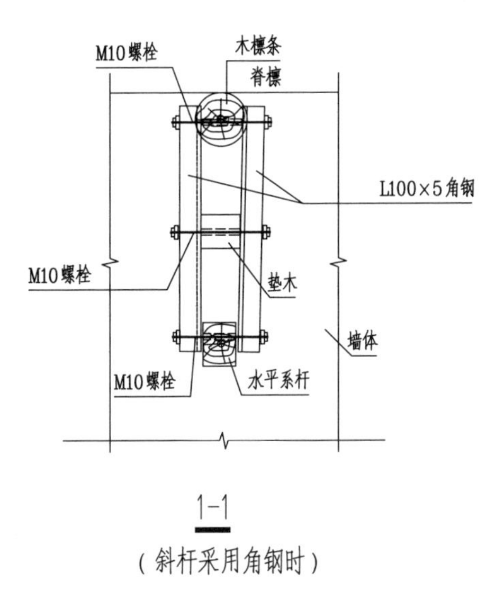

1-1

（斜杆采用角钢时）

注：

1. 竖向交叉撑两端与屋架上、下弦应顶紧不留空隙。
2. 原房屋无下部水平系杆时，新增水平系杆在墙体上局部掏洞后，用砂浆填实。新增水平系杆采用不小于80 mm×100 mm的方木或直径不小于100 mm的圆木。
3. 竖向交叉撑的斜杆可采用方木，也可采用角钢。对拉螺栓与木构件之间应设置钢垫片，垫片尺寸为50 mm×50 mm×4 mm。

硬山搁檩墙间增设交叉撑								图集号	川2017G128-TY(六)
审核	陈华	陈华	校对	侯伟	[signature]	设计	蒋智勇	蒋智勇	页	12

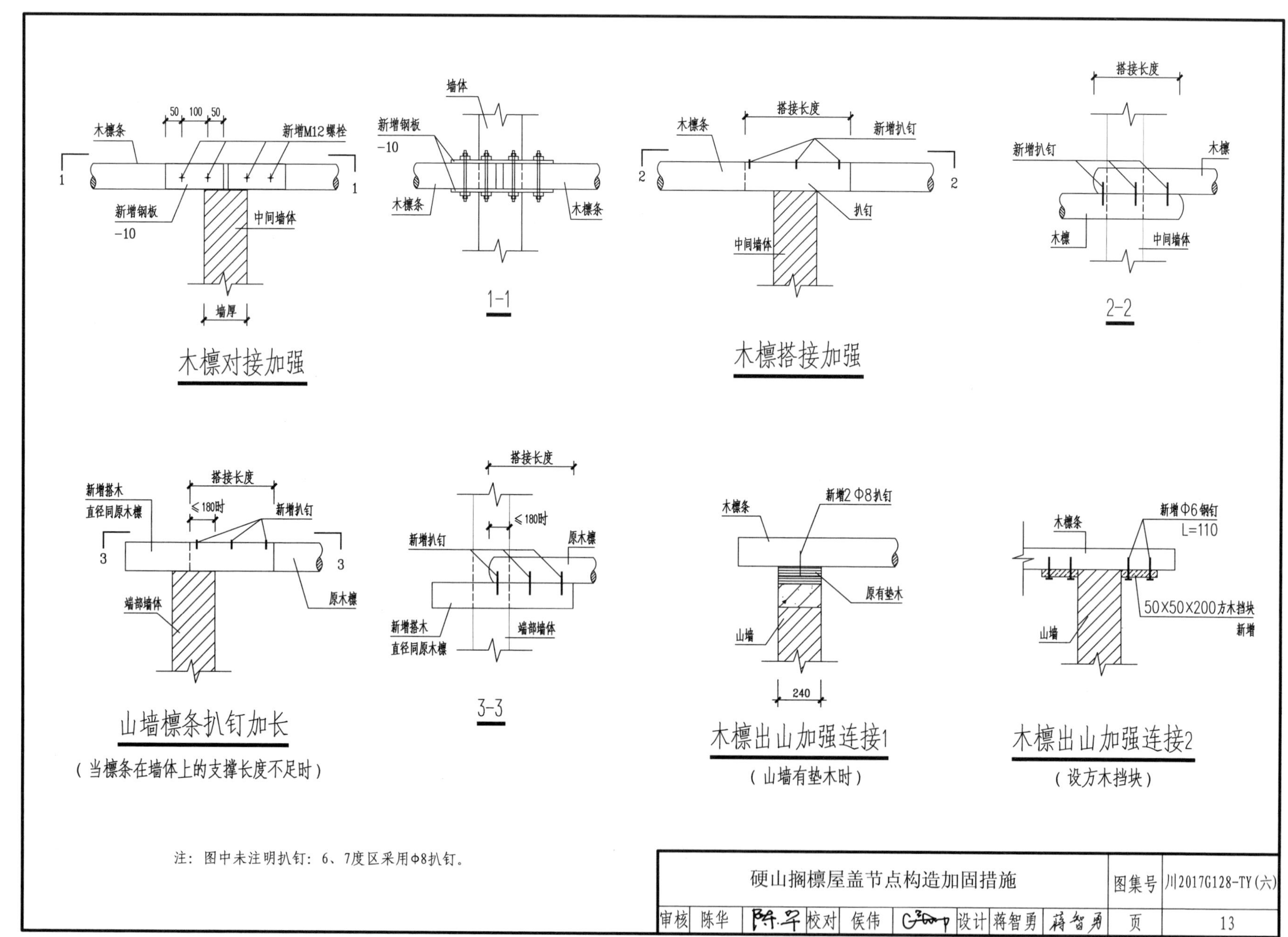
木檩条
50 100 50
新增M12螺栓
1
1
新增钢板
-10
中间墙体
墙厚
木檩对接加强
墙体
新增钢板
-10
木檩条
木檩条
1-1
搭接长度
木檩条
新增扒钉
2
2
扒钉
中间墙体
木檩搭接加强
搭接长度
新增扒钉
木檩
木檩
中间墙体
2-2
新增搭木
直径同原木檩
搭接长度
≤180时
新增扒钉
3
3
端部墙体
原木檩
山墙檩条扒钉加长
（当檩条在墙体上的支撑长度不足时）
搭接长度
≤180时
新增扒钉
原木檩
新增搭木
直径同原木檩
端部墙体
3-3
木檩条
新增2Φ8扒钉
原有垫木
山墙
240
木檩出山加强连接1
（山墙有垫木时）
木檩条
新增Φ6钢钉
L=110
50X50X200方木挡块
新增
山墙
木檩出山加强连接2
（设方木挡块）
注：图中未注明扒钉：6、7度区采用Φ8扒钉。
硬山搁檩屋盖节点构造加固措施
图集号 川2017G128-TY(六)
审核 陈华 校对 侯伟 设计 蒋智勇
页 13